工学结合·基于工作过程导向的项目化创新系列教材

建筑制图

JIANZHU ZHITU

主　编　张彩凤　于秀开
副主编　侯献语　徐利辉
夏　云　王晓强
李文洁
参　编　张　兵　宋亚蕊

華中科技大學出版社
http://www.hustp.com
中国·武汉

内容简介

本书是依据我国现行的规程、规范，结合高职院校学生实际能力和就业特点，根据教学大纲及培养应用型人才的总目标编写而成的。本书充分总结教学与实践经验，对基本理论的讲授以应用为目的，教学内容以必需、够用为度，突出实训、实例，紧跟时代和行业发展步伐，力求体现高职高专教育注重职业能力培养的特点。

本教材共分10个学习情境，内容包括制图的基本知识和技能、正投影基础、基本体的投影、立体表面的交线、轴测投影图、建筑形体的组合形式和形体分析法、建筑形体的表达方法、建筑施工图、设备施工图等。

为了方便教学，本书还配有教学课件，可以在“我们爱读书”网（www.ibook4us.com）浏览，任课教师可以发邮件至 husttujian@163.com 索取。

本教材图文并茂、深入浅出、简繁得当，可作为高职高专院校建筑工程、建筑钢结构、建筑管理、市政工程、监理工程、工程造价等土建类专业的教材；也可供工程技术人员参考借鉴，还可作为成人、函授、网络教育、自学考试等参考用书。

图书在版编目(CIP)数据

建筑制图/张彩凤，于秀开主编. —武汉：华中科技大学出版社，2013.9(2020.8重印)
ISBN 978-7-5609-9062-0

Ⅰ.①建… Ⅱ.①张… ②于… Ⅲ.①建筑制图-高等职业教育-教材 Ⅳ.①TU204

中国版本图书馆CIP数据核字(2013)第114091号

建筑制图 张彩凤 于秀开 主编

策划编辑：康 序
责任编辑：康 序
责任校对：朱 霞
责任监印：朱 玢
出版发行：华中科技大学出版社(中国·武汉) 电话：(027)81321913
武汉市东湖新技术开发区华工科技园 邮编：430223
录 排：武汉三月禾文化传播有限公司
印 刷：武汉市首壹印务有限公司
开 本：787mm×1092mm 1/16
印 张：15.25
字 数：385千字
版 次：2020年8月第1版第5次印刷
定 价：38.00元

前言

高等职业教育的目标是培养高等技术应用型人才，即面向生产第一线的应用型人才。“建筑制图”是高等职业院校土木工程类专业重要的专业基础课。根据高等职业院校的土建类专业的培养目标，本课程应该以培养学生的读图能力和一定的绘制建筑工程图的能力为主要目标。

在建筑工程中，无论是高楼大厦，还是简单的房屋，都要根据设计完善的图纸进行施工。这是因为建筑物的形状、大小、结构、设备、装修等，都不能用语言或文字完全描述清楚。所以，图纸是建筑工程不可缺少的重要技术资料，被称为工程界的技术语言。

建筑制图课程是建筑类专业必修的技术基础课，是研究绘制和阅读工程图、研究在平面上解决空间几何问题的理论和方法的学科。在学习过程中，培养学生的制图技能和空间想象能力、空间构思能力。

本课程的内容包括画法几何、制图基础、专业制图。具体要达到的学习目的如下：

(1) 学习各种投影法，其中主要的是正投影法的基本理论及其应用；

(2) 培养表达、阅读和绘制工程图样的能力；

(3) 培养空间想象力和解决空间几何问题的图解能力；

(4) 培养认真负责的工作态度和严谨求实、一丝不苟的工作作风。

针对高等职业教育的特点，在本书编写过程中，我们遵循基础理论教学以应用为目的，以必需、够用为度的原则。对于一些纯理论的几何内容及与专业无关的内容或与高等职业教育培养目标不相符的内容进行了大胆的取舍，同时加强了与专业关系密切的内容。针对高等职业教育的特点，在书中都插入了与投影图相配的形象逼真的立体图，用于培养学生空间想象和空间思维能力。读图能力的培养一直以来都是制图教学的难点与重点，针对这一情况，在书中我们以大量的实例为研究对象对学生读图中遇到的问题进行详细的讲解。

本书共分 10 个学习情境，内容包括制图的基本知识和技能、正投影基础、基本体的投影、立体表面的交线、轴测投影图、建筑形体的组合形式和形体分析法、建筑形体的表达方法、建筑施工图、设备施工图等。

本书由安徽水利水电职业技术学院张彩凤、辽宁地质工程职业学院于秀开担任主编；由辽宁省交通高等专科学校侯献语、中铁隧道集团中等专业学校徐利辉、泰州职业技术学院夏云、鄂州职业大学王晓强、山西旅游职业学院李文洁任副主编；由南阳工业学校张兵、宋亚蕊任参编。全书由张彩凤负责统稿。

为了方便教学，本书还配有教学课件，可以在“我们爱读书”网(www.ibook4us.com)浏览，任课教师可以发邮件至 husttujian@163.com 索取。

限于编者的技术水平有限，书中不免有不足之处，恳请读者和专家同行批评指正。

编　者

2020 年 6 月

前言

目录

学习情境1 制图的基本知识和技能

学习目标

1. 知识目标

(1) 掌握图幅、图框、字体等绘图的基本规定。
(3) 掌握尺寸标注的规定。
(2) 熟悉常用的绘图工具及其使用方法。
(4) 掌握几何作图法。
(5) 掌握绘图的步骤和方法。

2. 能力目标

(1) 能够熟练应用绘图工具绘制符合制图标准的图纸。
(2) 能够熟练应用几何作图方法绘制几何图形。

引例导入

工程图样作为工程界的共同语言，是产品设计、制造、安装、检测等过程中的重要技术资料，是技术交流的重要工具。为便于绘制、阅读、管理和交流，必须对图样的画法、尺寸标注等作出统一规定，这个规定就是制图标准。工程技术人员必须熟悉并遵守有关制图标准，才能保证绘图及读图的顺利进行。

任务 1 制图标准的基本规定

建筑工程图是表达建筑工程设计的重要技术资料，是施工的依据。对建筑工程图的内容、画法、格式等必须有统一的规定。为此，国家计划委员会从 1987 年起颁发了有关房屋建筑制图的国家标准（简称国标）共六种。2001 年，建设部会同有关部门对这六项标准进行修订，经有关部门会审、批准，于 2002 年 3 月 1 日期实施。

六种国标有：《房屋建筑制图统一标准》（GB/T 50001—2010）、《总图制图标准》（GB/T 50103—2010）、《建筑制图标准》（GB/T 50104—2010）、《建筑结构制图标准》（GB/T 50105—2010）、《给水排水制图标准》（GB/T 50106—2010）、《采暖通风与空气调节制图标准》（GB/T 50114—2011）。标准对施工图中常用的图纸幅面、比例、字体、图线（线型）、尺寸标注、材料图例等内容作了具体规定，下面逐一介绍这些规定的要点。

一、图纸幅面

凡设计用图纸的大小，都必须符合表 1-1 中的规定。表 1-1 中代号的意义如图 1-1 所示。

图纸幅面尺寸相当于$\sqrt{2}$系列，即 $L=\sqrt{2}B$，如图 1-1(a)。A0 号图幅的面积为 1 m^2，A1 号幅面是 A0 号幅面的对开，其他幅面依此类推（见图 1-1(b)）。

表 1-1　图幅尺寸表　　单位：mm

尺寸代号	幅面代号				
	A0	A1	A2	A3	A4
$B\times L$	841×1 189	594×841	420×594	297×420	210×297
c	10			5	
a	25				

必要时图纸幅面的长边可按表 1-2 加长，特殊情况下，还可以使用 841 mm×891 mm、1 189 mm×1 261 mm 两种近似方形的图纸。

表 1-2　图纸长边加长后的尺寸　　单位：mm

图幅代号	长边尺寸	长边加长后尺寸
A0	1 189	1 486、1 635、1 783、1 932、2 080、2 230、2 378
A1	841	1 051、1 261、1 471、1 682、1 892、2 102
A2	594	743,891,1 041、1 189、1 338、1 486、1 635、1 783、1 935、2 080
A3	420	630,841,1 051、1 261、1 471、1 682、1 892

图纸以短边作垂直边称为横式，以短边作水平边的称为立式，一般 A0～A3 图纸宜横式使用（见图 1-1(c)），必要时，也可立式使用（见图 1-1(d)），但 A4 幅面用立式（见图 1-1(e)）。

一个工程或一个专业所用的图纸，选用图幅时宜以一种规格为主，不宜多于两种幅面，应尽量避免大小图幅掺杂使用，一般目录及表格所采用的 A4 幅面可不在此限。

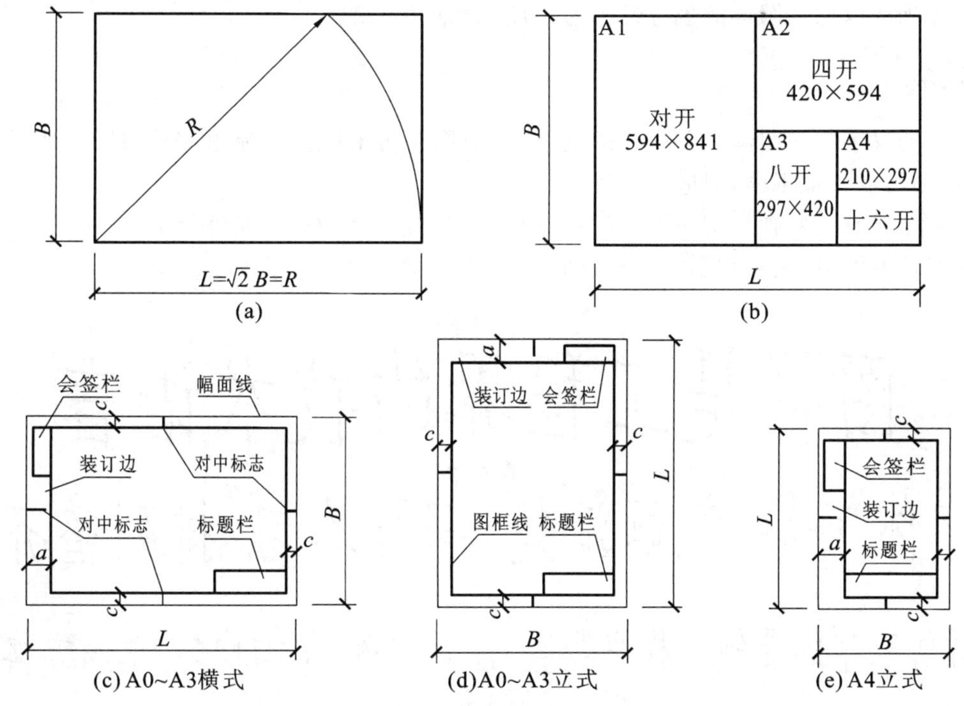

图 1-1　图纸幅面格式及尺寸代号

图纸右下角一栏，称为图纸标题栏（简称图标），用来填写设计单位、工程名称、图名、图号以及设计人、制图人、审批人的签名和日期等（见图 1-2）。

<table>
<tr><td colspan="3">设计单位名称</td></tr>
<tr><td rowspan="2">签字区</td><td>工程名称</td><td rowspan="2">图号区</td></tr>
<tr><td>图名区</td></tr>
</table>

图 1-2　标题栏格式

需要会签的图纸，在图纸的左侧上方或图框线右上方设有会签栏（见图 1-1(c)、(d)），会签栏格式如图 1-3 所示。学校学生作业图纸不用会签栏，标题栏各校有各自的规定。

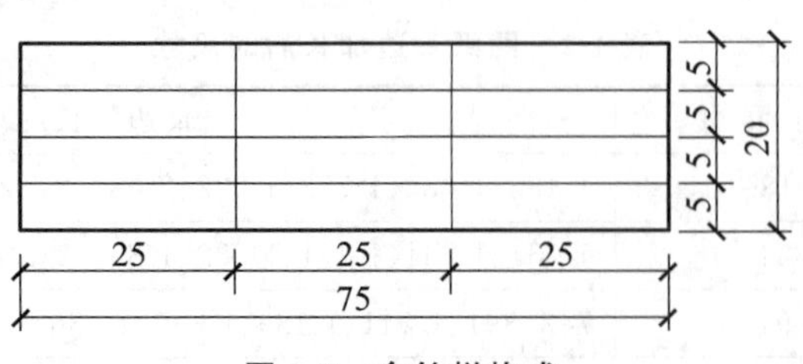

图 1-3　会签栏格式

二、字体

工程图样上常用的文字有汉字、阿拉伯数字、拉丁字母，有时也用罗马数字、希腊字母。

工程制图所需书写的文字均应笔画清晰、字体端正、排列整齐、间隔均匀，不得潦草，标点符号应清楚正确。以保证图样的规范性和通用性，避免发生误认。

1. 汉字

图样中的汉字应采用国家公布的简化字，宜采用长仿宋体。大标题、图册封面、地形图等的汉字，也可书写成其他字体，但应易于辨认。

长仿宋体字具有笔画粗细一致，起落转折顿挫有力、笔锋外露、棱角分明、清秀美观、挺拔刚劲又清晰好认的特点，是工程图样上最适宜的字体(见图 1-4)。

14号字

图样是工程界的技术语言

10号字

字体工整　笔画清楚　间隔均匀　排列整齐

7号字

写仿宋字的要领：横平竖直　注意起落　结构均匀　填满方格

5号字

房屋建筑桥梁隧道水利枢纽结构设计施工建造生产工艺企业管理

图 1-4　长仿宋体字例

1）长仿宋体字的规格

长仿宋体字的字号、字高和字宽分为六级(见表 1-3)，长仿宋体的字宽为字高的 2/3。

表 1-3　长仿宋体字号、字高和字宽　　单位：mm

字号	20	14	10	7	5	3.5
字高	20	14	10	7	5	3.5
字宽	14	10	7	5	3.5	2.5

2）书写长仿宋体字的基本要领

书写长仿宋体字的要领可归纳为：横平竖直、起落有锋、布局均匀、添满方格。

（1）“横平”是指字中横画一定要又平又直，特别是长横，它在字中左右顶格起着均衡左右的作用。切不可稍带弯曲，但也不是非得写成水平，可顺运笔方向稍许上斜，这更增加字的美观，写时也很顺手。

“竖直”是指竖笔一定要写成铅直状，特别是长竖在字中起主导作用，更不能歪斜或带弧形。

横、竖画是一个字的骨干笔，对整个字的结构形成骨架，是写好长仿宋体的关键笔画，必须努力练好。

（2）起落有锋。“起”是指每一笔画的开始，“落”是指每一笔画的结束。长仿宋体字要求起笔、落笔呈三角形且棱角分明，从而使所写字清秀美观，这就要求对每种笔画有一定的笔法。

（3）布局均匀。布局均匀是指每一个字中的笔画的整体布局要做到均匀紧凑、美观。为此要掌握汉字的各种结构，认真分析每个字中的组成部分的搭配关系和组合规律，从而灵活地调整各笔画间隔，使各种不同结构的字的歌组成部分比例适当，每一笔画所占位置适宜（见图 1-5）。

当结构为独横独竖的单体字时，竖、横画在字中起骨干作用。这样的竖画要上下顶格且竖直，这样的横画要左右顶格，起到左右平衡的作用（见图 1-5(b)）。

当字体为多横、多竖结构时，横画、竖画之间应平行等距。多横画字一般写成上短下长，或上下长、中间短。对竖画并列的字，常写成左低右高（见图 1-5(c)）。

当字体的外形笔画为横、竖画时，要缩格书写成如图 1-5(d)所示的正确书写形式。不能写成如图 1-5(d)所示的错误形式。

当字的组成部分较多时，要注意各部分所占比例，但又不能完全限制在这个比例范围内，要处理好笔画的穿插，这样结构才会均匀而又紧凑（见图 1-5(e)）。

（4）充满方格。所谓充满方格是指一个字上、下、左、右的主笔的笔锋要触及方格。从图 1-5 中就能看到，方格的四边都有主笔锋触及。

3）长仿宋体字的书写方法

初级长仿宋体字要按字高、字宽用轻、淡、细线打好格子（见图 1-5(a)）。在下笔之前要认真看“样字”，从中找出样字的结构特点、笔画的搭配规律，做到心中有字，然后再写，千万不要看一笔写一笔，写完后应背下字的结构，结构准确是写好字的关键。在熟悉字体结构的同时，要勤动手练好基本笔画的笔法，只有这样才能写出笔锋，从而写出长仿宋字体的风格。

正确的练字方法应该是多看、多临摹、多写，持之以恒。为了满足工程图样的要求，可先练专业用字，而后练其他用字。

2. 拉丁字母和数字

国家标准将字母、数字的高度（单位为 mm，以后数字后无单位的，均指 mm）分为 7 级，它们依此为 20、14、10、7、5、3.5、2.5。

拉丁字母和数字有直体和斜体两种书写方法。如需要写成斜体字，其斜度应从字的底线逆时针向上倾斜 75°。斜体字的高度与宽度应与相应的直体字相等。拉丁字母、阿拉伯数字与罗马数字的书写规则见表 1-4。拉丁字母、阿拉伯数字和罗马数字的直体和斜体如图 1-6 所示。

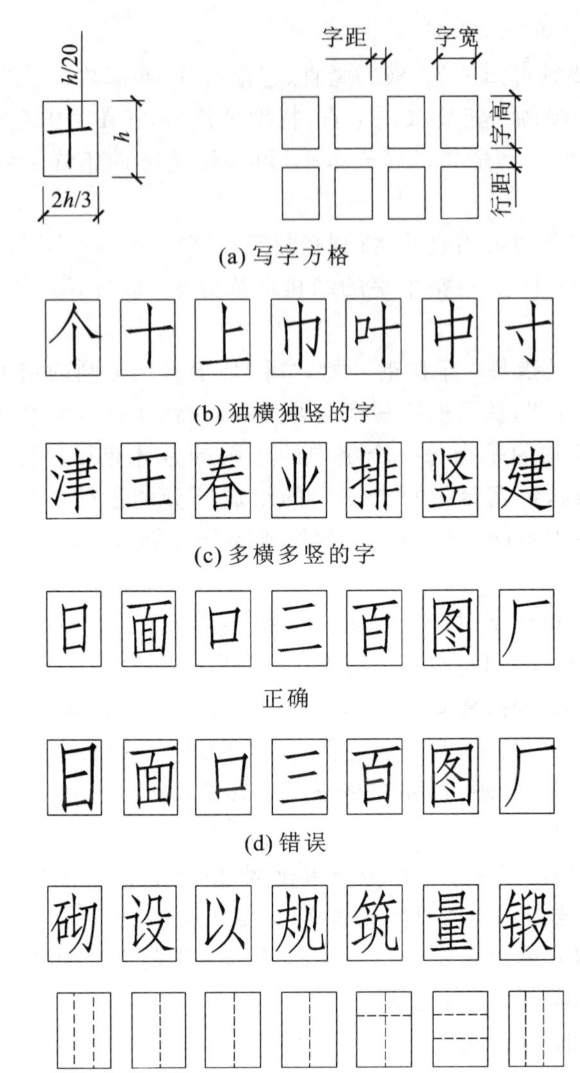

(e) 字体各部分的搭配

图 1-5　字体结构分析

表 1-4　拉丁字母、阿拉伯数字及罗马数字的书写规则　　单位:mm

窄字体		一般字体	
字母高度	大写字母	h	h
	小写字母(上下均无延伸)	$(7/10)h$	$(10/14)h$
小写字母伸出的头部或尾部		$(3/10)h$	$(4/14)h$
笔画宽度		$(1/10)h$	$(1/14)h$
间距	字母间距	$(2/10)h$	$(2/14)h$
	上下行基准线最小间距	$(15/10)h$	$(21/14)h$
	词间距	$(6/10)h$	$(6/14)h$

h ABCDEFGHIJKLMNO

PQRSTUVWXYZ

7/10 h abcdefghijklmnopq

rstuvwxyz

0123456789IVXΦ

图 1-6 拉丁字母、阿拉伯数字及罗马数字

三、图线

工程图中的内容，必须采用不同的线型、不同的线宽来表示，线宽比即粗线∶中粗线∶细实线＝4∶2∶1。建筑工程图中，常用的几种图线的名称、线型、线宽和一般用途见表 1-5。图线在工程中的实际应用如图 1-7 所示。

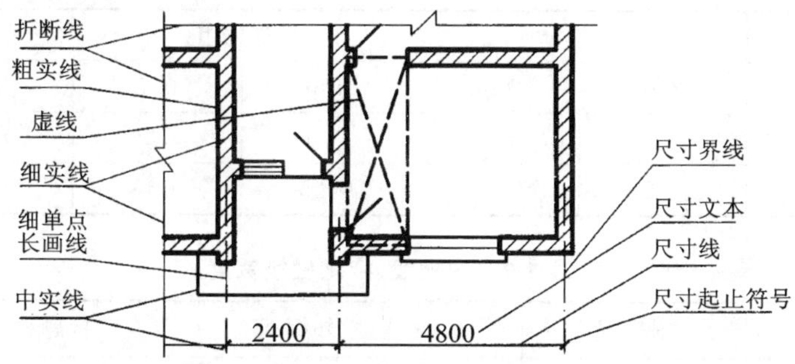

图 1-7 图线的应用及尺寸的组成

表 1-5　图线的线型和线宽　　单位:mm

名称		线型	线宽	一般用途
实线	粗		b	主要可见轮廓线
	中		$0.5b$	可见轮廓线
	细		$0.25b$	可见轮廓线、图例线等
虚线	粗		b	见有关专业制图标准
	中		$0.5b$	不可见轮廓线
	细		$0.25b$	不可见轮廓线、图例线等
单点长画线	粗		b	见有关专业制图标准
	中		$0.5b$	见有关专业制图标准
	细		$0.25b$	中心线、对称线等
双点长画线	粗		b	见有关专业制图标准
	中		$0.5b$	见有关专业制图标准
	细		$0.25b$	假想轮廓线、成型前原始轮廓线
折断线			$0.25b$	断开界面
波浪线			$0.25b$	断开界面

图线以可见轮廓线的粗度 b 为标准,按《房屋建筑制图统一标准》规定,图线 b 采用 2.0 mm、1.4 mm、1.0 mm、0.7 mm、0.5 mm、0.35 mm 等 6 种线宽。画图时,根据图样的复杂程度和比例大小选用不同的线宽组(见表 1-6)。

每个图样应根据复杂程度与比例大小,先选定基本线宽 b,再选用相应的线宽组。同类线应粗细一致。

在同一张图幅内,相同比例的图应选用相同的线宽组。同类线粗细一致。

图框线、标题栏分格线宽度按表 1-7 选用。

表 1-6　线条宽度表　　单位:mm

线宽比	线宽组					
b	2.0	1.4	1.0	0.7	0.5	0.35
$0.5b$	1.0	0.7	0.5	0.35	0.25	0.18
$0.25b$	0.5	0.35	0.25	0.18		

表 1-7　图框线、标题栏线宽度　　单位:mm

图幅代号	图框线	标题栏外框线	标题栏分格线和会签栏线
A0、A1	1.4	0.7	0.35
A2、A3、A4	1.0	0.7	0.35

图线相交的画法如表 1-8 所列，并注意以下几点：

(1) 虚线与虚线或虚线与其他线相交时，应相交在线段，不要相交在空隙处；

(2) 两粗实线或两虚线相交时，要交足但不能超出；

(3) 两单点长画线相交时，应相交在线段，不要相交在空隙处；

(4) 虚线是实线的延长线时，实线要画到分界线处留下一段空隙再接着画虚线。

表 1-8 图线相交的画法

序号	内容	正确	错误
1	虚线与虚线或与其他图线相交		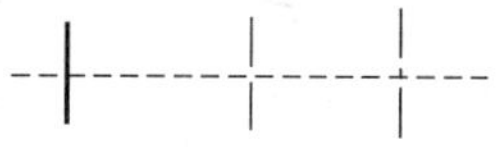
2	两粗实线或两虚线相交		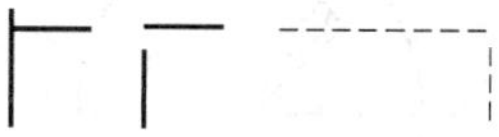
3	两单点长画线相交		
4	虚线在实线的延长线上	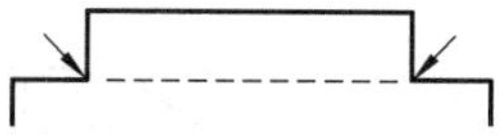	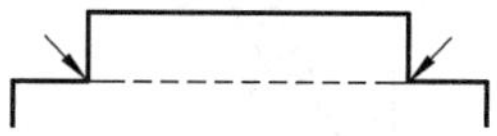

图线不得与文字，数字或符号重叠、混淆，不可避免时，应首先保证文字的清晰。

四、尺寸标注

建筑工程图中不仅应画出建筑物形状，更主要的是必须准确、完整、详尽而清晰地标注各部分实际尺寸，这样的图纸才能作为施工的依据。尺寸由尺寸线、尺寸界线、尺寸起止符号和尺寸数字组成(见图 1-8)。尺寸线和尺寸界线采用细实线绘制。

线性尺寸的尺寸界线必须与被注长度垂直，其一端应离开图样轮廓不小于 2 mm，另一端超出尺寸线 2～3 mm。图样轮廓线可作尺寸界线。

尺寸线应与被注长度平行。图样本身的任何图线均不得用作尺寸线。任何图线不得穿过尺寸数字。

图样上的尺寸，应以尺寸数字为准，不得从图上直接量取。图上的尺寸单位，除标高及总平面图以 m 为单位外，其他以 mm 为单位(以后各章节凡以 mm 为单位的数字不再在数字后重写"mm"字样)。

尺寸起止符号一般为 45°倾斜的中粗短画线，其倾斜方向应与尺寸界线成顺时针 45°角，其长度一般为 2～3 mm。

(1) 圆、圆弧的尺寸标注(见图 1-8(a)、(c))：圆和大于半圆的圆弧，一般标注直径，尺寸线通过圆心，用箭头作尺寸的起止符号，指向圆弧，并在直径数字前加注直径代号"ϕ"。较小圆的尺

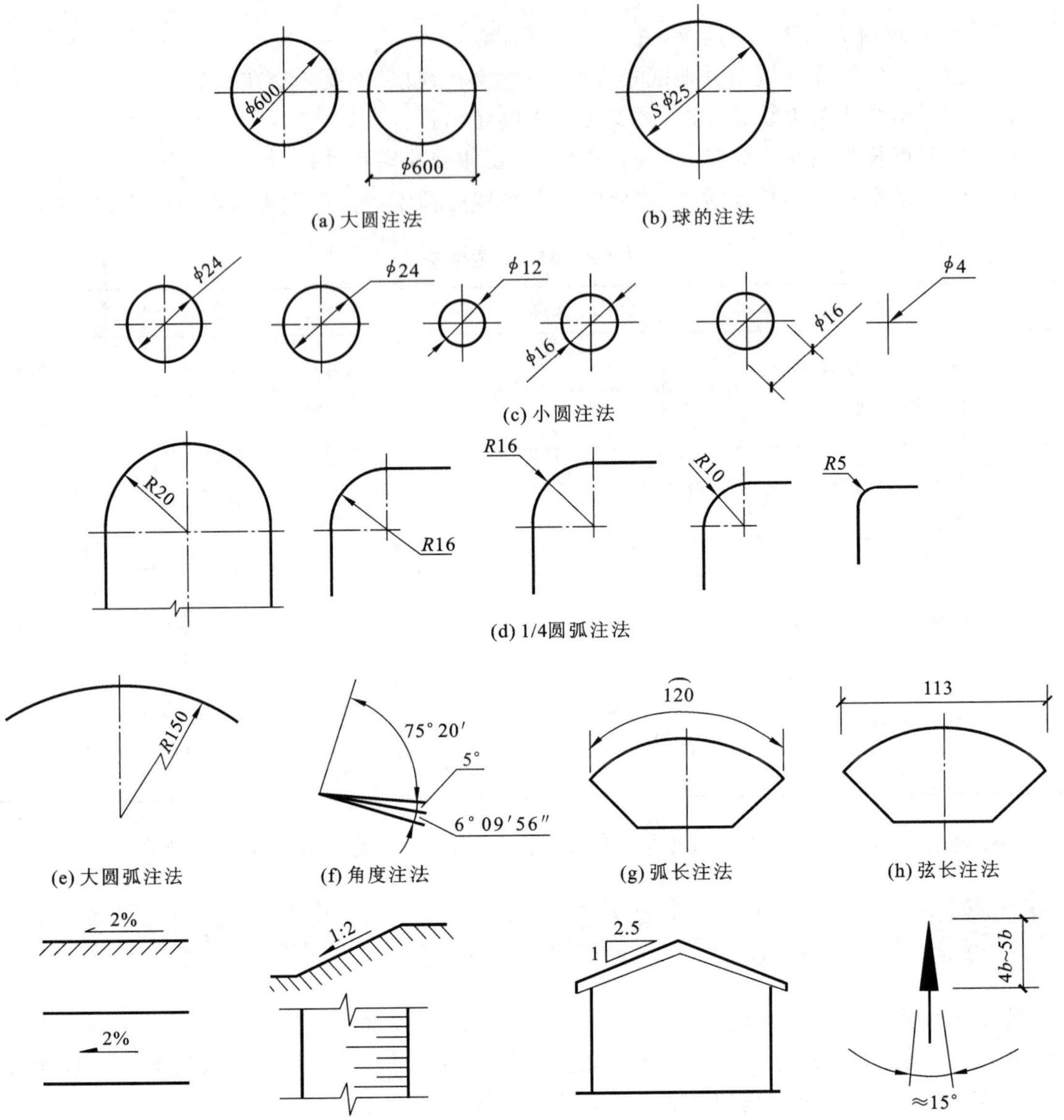

(a) 大圆注法　(b) 球的注法

(c) 小圆注法

(d) 1/4圆弧注法

(e) 大圆弧注法　(f) 角度注法　(g) 弧长注法　(h) 弦长注法

(i) 坡度注法　(j) 箭头画法

图 1-8　圆、球、圆弧、角度、弧长、弦长、坡度的画法

寸可以标注在圆外。

半圆和小半圆的圆弧(图 1-8(d)、(e)),一般标注半径尺寸,尺寸线的一端从圆心开始,另一端用箭头指向圆弧,在半径数字前加注半径代号“*R*”。较小圆弧的半径数字,可引出标注,较大圆弧的尺寸线画成折线状。

(2) 角度、弧长、弦长的尺寸标注(见图 1-8(f)、(g)、(h)):角度的尺寸线用圆弧表示,尺寸界线为角的两边线,起止符号为箭头。当角度小,无法画下箭头时,可用小圆点代替。角度数字应水平书写。

弧长的尺寸线为与该圆弧同心的圆弧,尺寸界线应与该圆弧的弦垂直,起止符号为箭头,并且在弧长数字的上方加注“⌒”符号。弦长的尺寸线应与弦长平行,尺寸界线与弦长垂直,起止符号为中粗的45°短画线。

（3）球的尺寸标注与圆的尺寸标注基本相同，只需在半径或直径代号（R 或 ϕ）前加写“S”（见图1-8(b)）。

（4）坡度的标注：直角三角形斜边的坡度是用坡度角的正切值来表示的。也可换算成百分比，但在坡度数字下边加注符号“→”，并使箭头指向下坡方向。坡度也可以用直角三角形形式标注（见图1-8(i)）。尺寸箭头画法如图1-8(j)所示。

（5）非圆曲线、相同要素、等长尺寸以及单线图的尺寸标注，请参阅《房屋建筑制图统一标准》。

（6）标注尺寸时应注意的事项，如表1-9所示。

表1-9 尺寸标注的注意事项

说 明	正 确	错 误
轮廓线、中心线可以用作尺寸界线，但不能作尺寸线	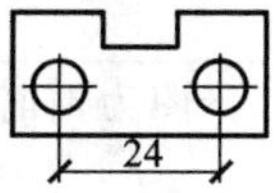 —	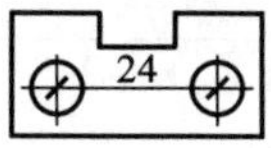 —
不能用尺寸界线作为尺寸线	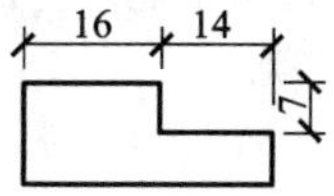 —	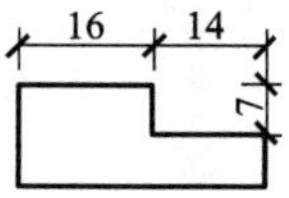 —
应将大尺寸标注在外边，小尺寸标注在里边	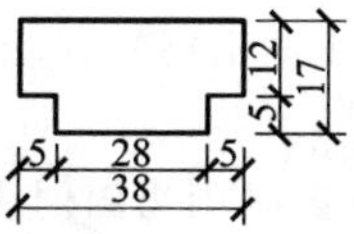 —	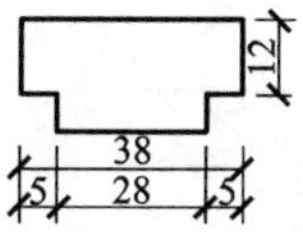 —
水平方向的尺寸数字应从左到右书写在尺寸线的中间上方，垂直下方的尺寸数字应从下到上书写在尺寸线的中间左方 同一张图纸内的所有尺寸数字应大小一致	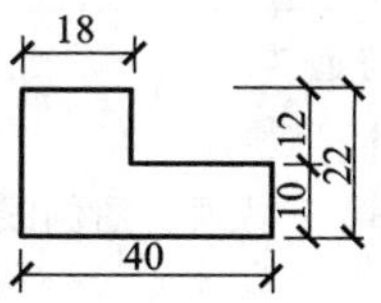 —	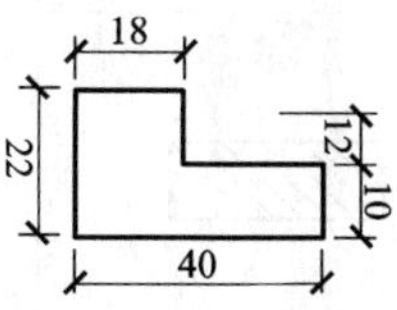 —
尺寸数字的方向，应按(a)图的规定注写，若尺寸数字在30°斜线区内，宜按(b)图的形式注写	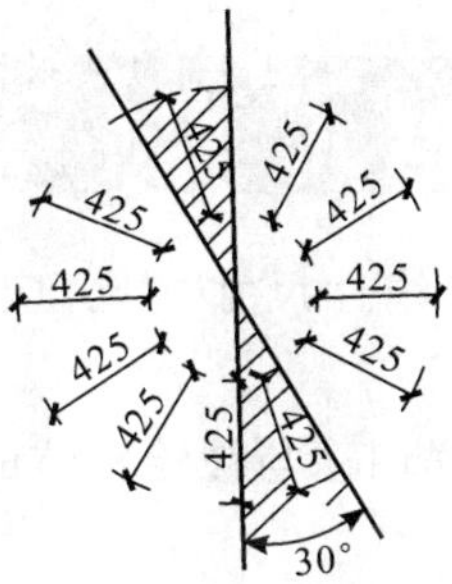 (a)	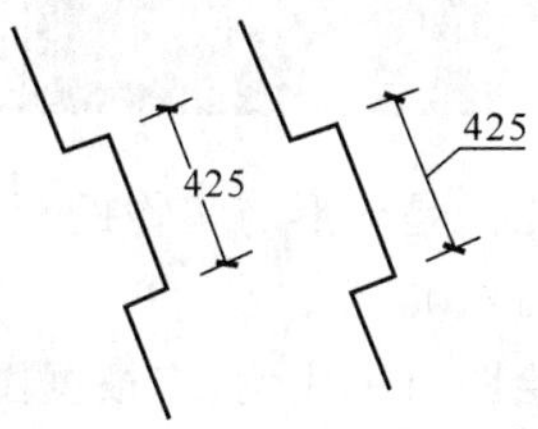 (b)
尺寸界线之间较窄时，最外边的尺寸数字可注写在尺寸界线外侧，中间相邻的尺寸数字可上下错开或用引出线引出后再标注	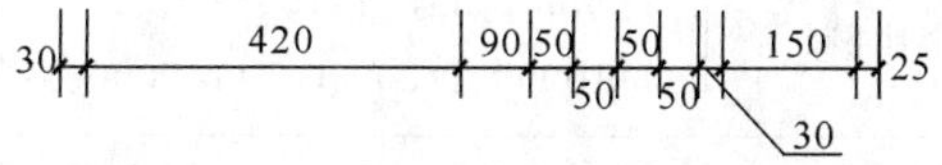 —	

五、建筑材料图例

在建筑工程图中，除了应用文字说明建筑材料的名称以外，还需在断面中画出它们在国家标准中所规定的图例。表 1-10 选例了一些常用的建筑材料图例。其他的建筑材料图例见《建筑制图标准》(GB/T 50104—2010)。材料图例中的斜线、短斜线等为 45°实线。

表 1-10 建筑材料图例

图 例	名称与说明	图 例	名称与说明
	自然土壤		木材 左图为垫木、木砖、木龙骨 右图为横断面
	素土夯实		
	上图为混凝土，下图为钢筋混凝土 1. 本图例仅适用于能承重的混凝土及钢筋混凝土 2. 包括各种标号、骨料、添加剂的混凝土 3. 在剖面图上画出钢筋时，不画图例线 4. 断面较窄，不易画出图例线时，可涂黑		左图为砂、灰土 右图为粉刷材料
			金属 1. 包括各种金属 2. 图形小时，可涂黑
	普通砖 1. 包括砌体、砌块 2. 断面较窄，不易画出图例线时，可涂红		饰面砖 包括铺地砖、马赛克、陶瓷锦砖、人造大理石等

六、图名与比例

比例是图形与实物的对应线性尺寸之比，应用阿拉伯数字来表示。例如，2∶1、1∶1、1∶5、1∶10、1∶100 等。

绘图所用比例，应根据图样用途与被绘物体的复杂程度，从表 1-11 中选用，并优先选用表中的常用比例。

表 1-11 绘图所用的比例 单位：mm

常用比例	1∶1、1∶2、1∶5、1∶10、1∶20、1∶50、1∶100、1∶150、1∶200、1∶500、1∶1000、1∶2000、1∶5000、1∶10000、1∶20000、1∶100000、1∶200000
可用比例	1∶3、1∶4、1∶6、1∶15、1∶25、1∶30、1∶40、1∶60、1∶80、1∶250、1∶300、1∶400、1∶600

按规定,在图样下边应用长仿宋体字写上图样名称和绘图比例。比例应书写在图名的右侧,字号应比图名字号小一号或二号。图名下应画一条粗基准线,其粗度应不粗于本图纸所画图形的粗实线,同一张图纸上的这种粗基准线的粗度应一致(见图 1-9)。

当同张图纸中只用一种比例时,也可将比例书写在图纸的标题栏内。

平面图 1∶100

图 1-9 图名与比例

任务 2 绘图工具及用法

制图所需工具和仪器有图板、丁字尺、铅笔、圆规等。了解它们的性能、熟练掌握它们的正确使用方法,并注意维护保养,是提高绘图质量、加快绘图速度的保证。

1. 图板

图板是用来安放图纸进行画图的工具。

图板有几种规格,可根据需要选用。一般有 0 号图板(900 mm×1200 mm)、1 号图板(600 mm×900 mm)及 2 号图板(450 mm×600 mm)。

图板均用木料制成,板面要求光滑平整。图板的两短边一般作为工作边,且必须平直,这样才能确保所画线条平直,使用时要注意保护短边(见图 1-10)。

2. 丁字尺

丁字尺由尺头和尺身构成(见图 1-10),尺头与尺身的工作边必须垂直。尺头与尺身的连接必须牢固,否则画图不准确。

所有水平线都要借助丁字尺画出。画线时用左手的大拇指按住尺身,其余四指把住尺头,使它始终贴住图板左边(工作边),然后上下推动到需要画线的位置,右手执笔从左到右画水平线。画一组水平线时,应由上到下逐条画成。

切勿用丁字尺的尺头贴住图板的上下边画垂直线,也不能用丁字尺的非工作边画线。

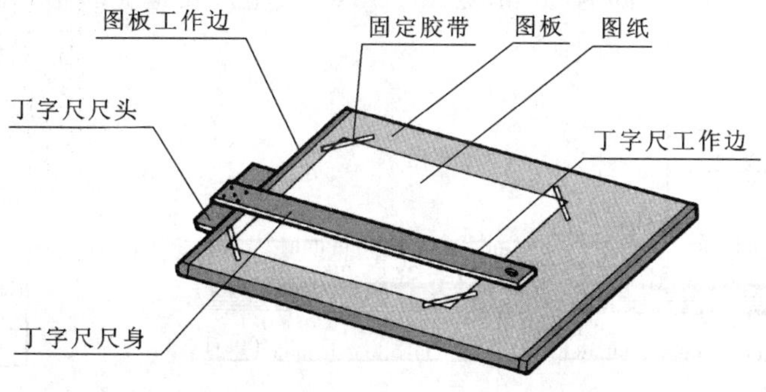

图 1-10 图板与丁字尺

3. 三角板

三角板是制图的主要工具之一。三角板由两块组成一副：其中一块是两锐角都是45°的直角三角形，另一块是两锐角各为30°、60°的直角三角形。

三角板与丁字尺配合可以画出垂直线以及与水平方向成15°或15°倍角的斜线，还能画出平行线(见图1-11)。

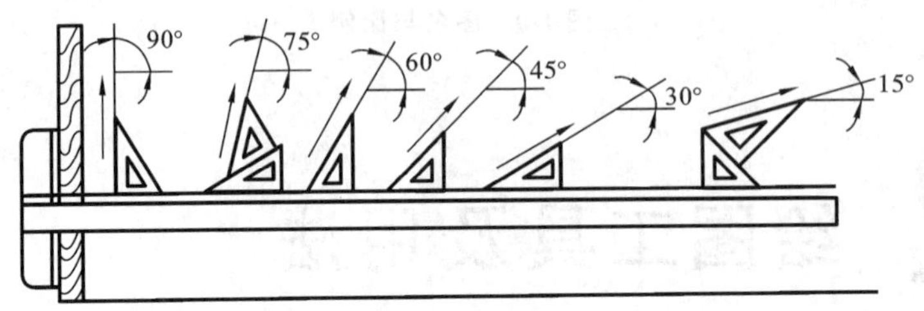

图1-11　三角板的使用

4. 铅笔

绘图用铅笔种类很多，其型号以铅芯的软硬程度来分。H表示硬，B表示软，H或B前面的数字越大表示越硬或越软。例如，3B的铅芯比2B的铅芯软，3H的铅芯比2H的铅芯硬。绘制工程图常用H打底稿，用HB或B来加深。削铅笔时要注意保留有标号的一端，以便使用时容易区分其软硬程度。

5. 比例尺

比例尺是用来缩小(也可以放大)图形用的。绘图常用的比例尺是三棱柱状，所以又称为三棱尺。比例尺的三个棱面上刻有6种刻度，分别表示1∶100、1∶200、1∶500等6种比例刻度(见图1-12)。

比例尺上的数字以m为单位，以1∶100为例，尺上刻度m是表示实际尺寸为1 m长，也就是说，尺上从0到1 m处的长度是实际尺寸1 m的1%。1∶200、1∶300等的用法依此类推。

绘图时先选定比例。例如要用1∶100在图纸上画出3300 mm长一线段，有了比例尺就无须要计算，只要在比例尺的1∶100的尺面上找到3.3 m，那么尺面上从0～3.3 m的一段长度，就是在图纸上需要的线段长。

一个尺面上的比例，还可以缩小或者放大来使用，例如，1∶100可以当作1∶10或者1∶1000的比例来使用，当作1∶10来使用时，要将刻度上的3 m缩小至1/10，即为0.3 m，当作1∶1000使用时，要将刻度上的3 m放大10倍，即为30 m(见图1-13)。其他尺面是上的比例也可照此灵活使用。

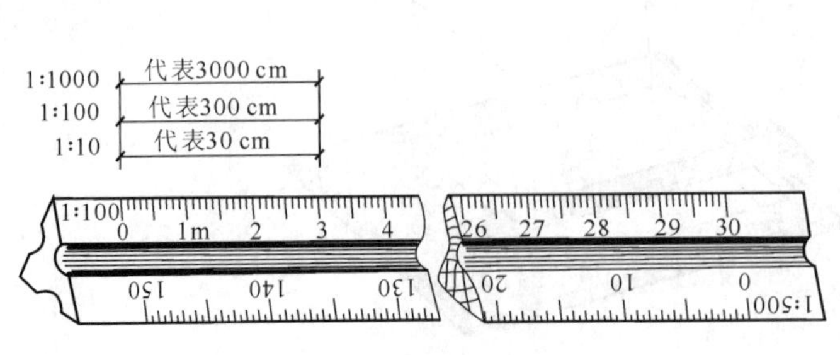

图1-12　三棱比例尺

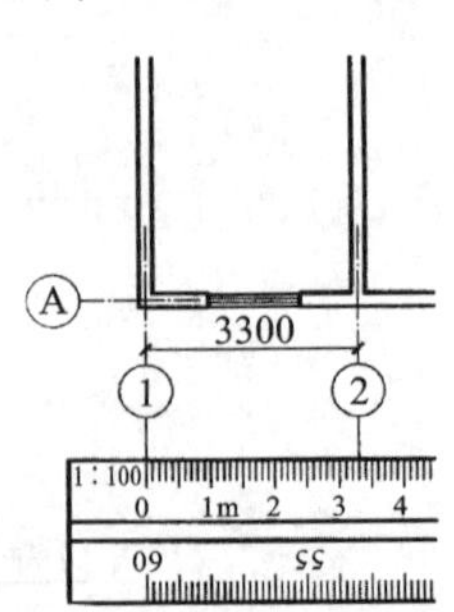

图1-13　比例缩放

应当注意的是，不管画图时采用何种比例，在图纸上的标注的尺寸数字应为实际尺寸的数值，与比例无关。

6. 圆规

圆规是绘图仪器中的主要工具，用来画圆和圆弧。绘图时将带针插脚轻轻插入圆心处，使带铅芯的插脚接触图纸，然后转动圆规手柄，沿顺时针方向画圆或圆弧。

使用前应调整带针插脚，使针尖略长于铅芯。铅芯应磨削成65°的斜面(见图1-14(a))。画圆或圆弧的铅芯型号应比画同类型线所用铅芯软一号。

画大圆时，要在圆规插脚接延长杆(见图1-14(b))。画图时针尖与铅芯都应垂直于纸面，左手按住针尖，右手转动带铅芯的插脚画图。

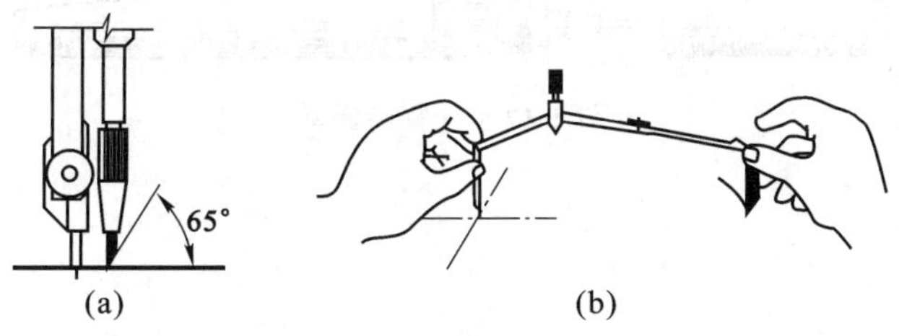

图1-14 圆规

7. 分规

分规是用来等分线段和移置已知尺寸于图纸的一种仪器。使用分规时，要检查两针脚高是否一致，若不一致则要旋松螺丝调整。

用分规等分线段的方法如图1-15所示。例如，要分$\overline{ab}$为五等分，先用目估测，将分规两脚间距离调整到约为$\overline{ab}$的1/5长，自0点开始试分，若第5点不落在b处，则要将分规两脚间距离再加大$\overline{ab}$的1/5，再从0点开始试分，直至第5点与b重合为止。

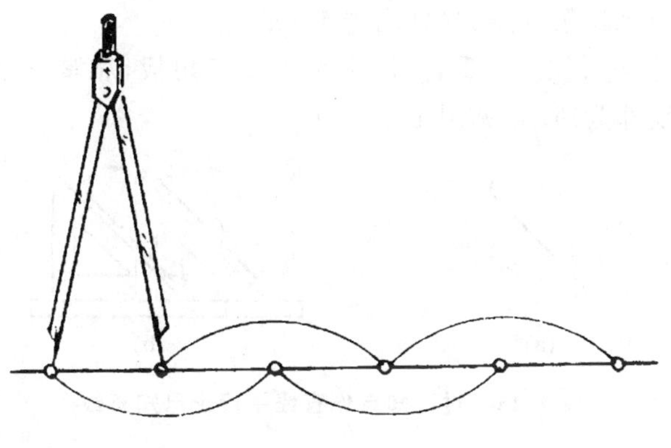

图1-15 分规

8. 直线笔和针管绘图笔

墨线笔是描图和在图纸上画墨线的仪器。由于计算机绘图的普及使用，现在墨线笔已基本不再使用，我们只做简单了解。直线笔和针管绘图笔分别如图 1-16、图 1-17 所示。

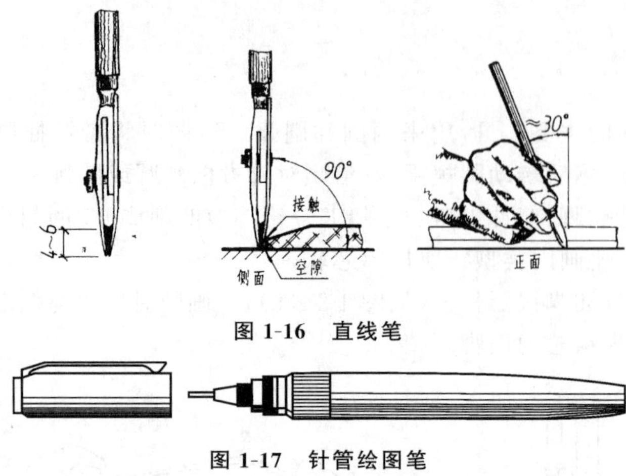

图 1-16　直线笔

图 1-17　针管绘图笔

任务 3　几何作图的方法

为了能正确、迅速地画出工程图中的某些平面图形，首先要熟练地掌握各种几何图形的作图原理和方法。

1. 过已知点作直线平行于已知直线

过已知点作直线平行于已经直线的方法如下。

(1) 已知直线 AB 及 AB 级外点 P(见图 1-18(a))。

(2) 使三角板的一边与直线 AB 重合；用丁字丁或三角板，靠紧三角板的另一个边；移动三角板至点 P，过 P 画直线即为所求(见图 1-18(b))。

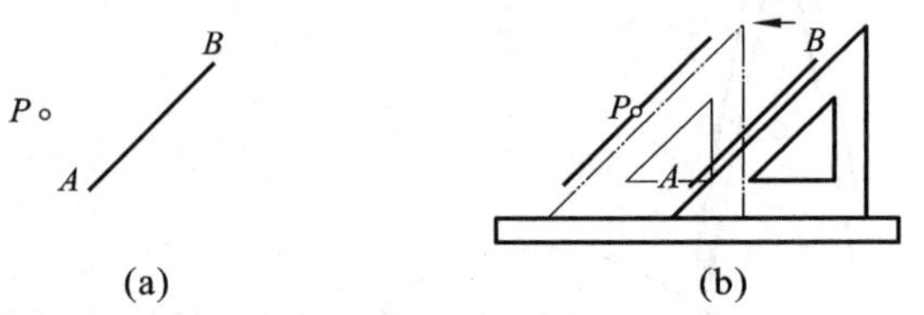

图 1-18　过已知点作直线平行于已知直线

2. 过已知点作直线垂直于已知直线

过已经点作直线垂直于已知直线的方法如下。

(1) 已知直线 AB 及 AB 线上点 P(见图 1-19(a))。

(2) 使三角板的一直角边与直线 AB 重合；用丁字尺或三角板，靠紧三角板的斜边；移动三角板使其另一直角边过点 P，并画直线即为所求(见图 1-19(b))。

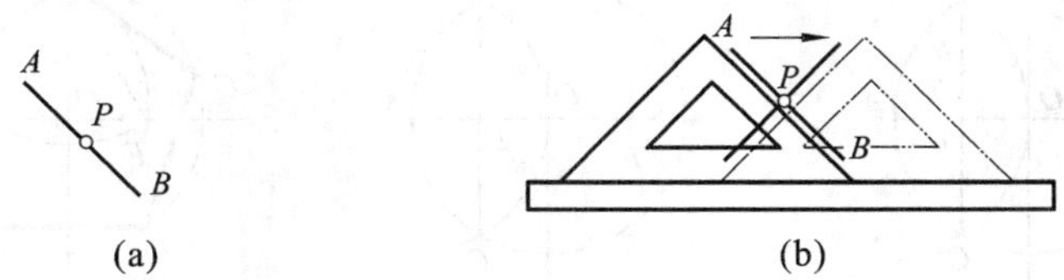

图 1-19　过已知点做直线垂直于已知直线

3. 等分段线

等分线段的方法如下。

(1) 已知直线 AB(图 1-20(a))。

(2) 过点 A 任作一直线 AC，在 AC 上按任意长度截取 5 等份，得 1_0、2_0、3_0、4_0、5_0。连直线 5_0B，并过点 1_0、2_0、3_0，4_0，作直线平行 5_0B 交 AB 于 1、2、3、4，即为所求(见图 1-20(b))。

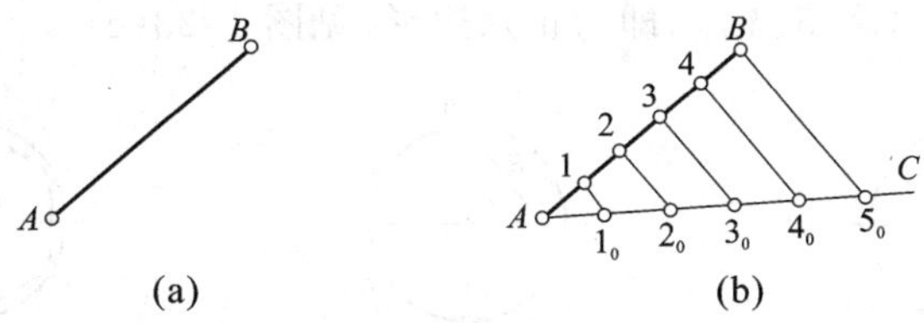

图 1-20　五等分直线段

4. 等分两平行线间的距离

等分两平行线间的距离方法如下。

(1) 已知平行线 AB 和 CD(见图 1-21(a))。

(2) 置点 C 于 CD 上，摆动尺身，使刻度 5 落在 AB 上，得 1、2、3、4 各分点(见图 1-21(b))。

(3)过各等分点作 AB(或 CD)的平行线，即为所求(见图 1-21(c))。

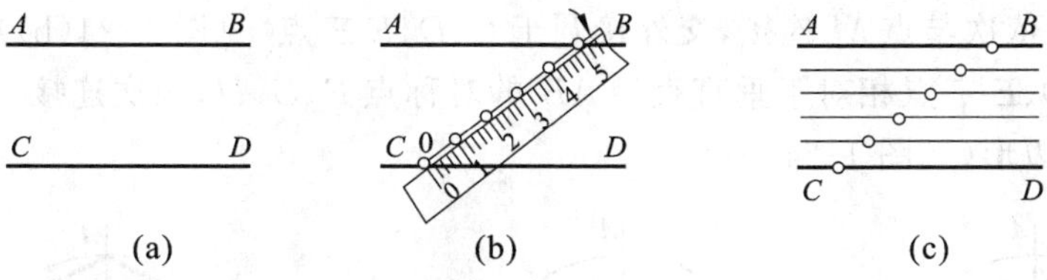

图 1-21　等分两平行线间的距离

5. 作已知圆的内接正五边形

已知外接圆直径求作正五边形，如图 1-22 所示。

(1) 作外接圆。找到水平半径 OA 的中点 D。

(2) 以 D 为圆心，以到垂直直径端点的距离 DE 为半径画弧，交水平直径于点 F。

(3) 以 E 为圆心，以 EF 为半径画弧交外接圆于 G、H 两点，再分别以点 G、H 为圆心，EF

为半径对称地截取点 I、J。顺次连接 E、G、I、J、H 五个点得到正五边形。

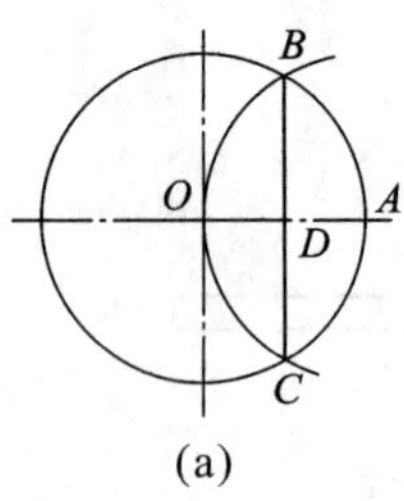

(a)

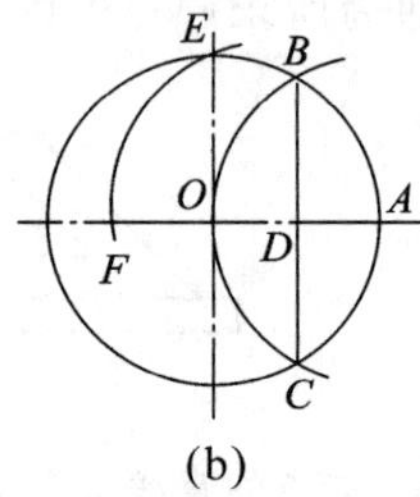

(b)

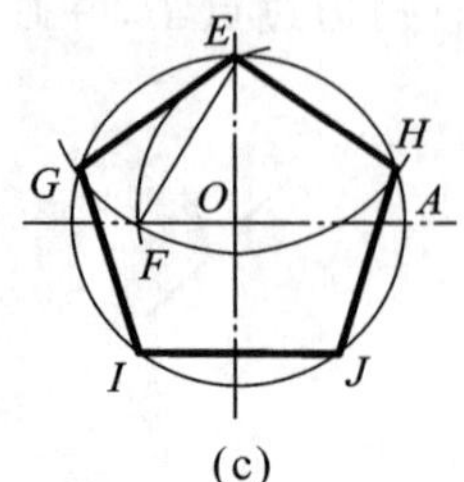

(c)

图 1-22 作圆的内接五边形

6. 作已知圆的内接正六边形

作已知圆的内接正六边形的方法如下。

(1) 已知圆 O(见图 1-23(a))。

(2) 以半径 R 为边长，在圆周上截得 1、2、3、4、5、6 点(见图 1-23(b))。

(3) 按顺序连接 1、2、3、4、5、6 点，即为正六边形(见图 1-23(c))。

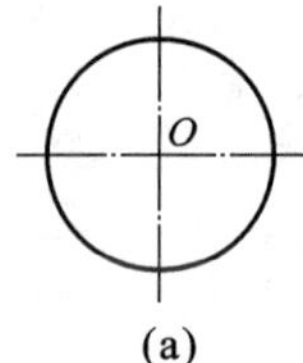

(a)

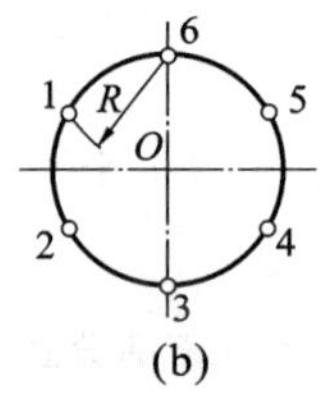

(b)

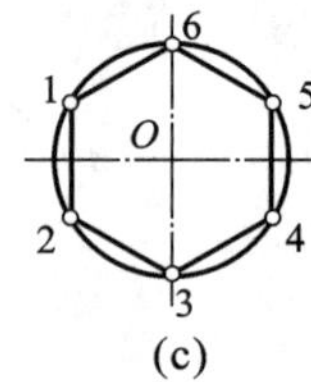

(c)

图 1-23 作圆的内接正六边形

7. 作圆内接正 n 边形

作圆的内接正 n 边形方法如下。

(1) 作外接圆，再 7 等分垂直直径 AB(见图 1-24(a))。

(2) 以垂直直径端点 A 为圆心、外接圆直径 AB 为半径画弧，交水平直径延长线于点 M。将 AB 上的偶数点依次与点 M 连接，交外接圆于 C、D、E 三点(见图 1-24(b))。

(3) 找到 C、D、E 三点相对于垂直直径 AB 的对称点 F、G、H，顺次连接 A、C、D、E、H、G、F 七个点，得到正七边形(见图 1-24(c))。

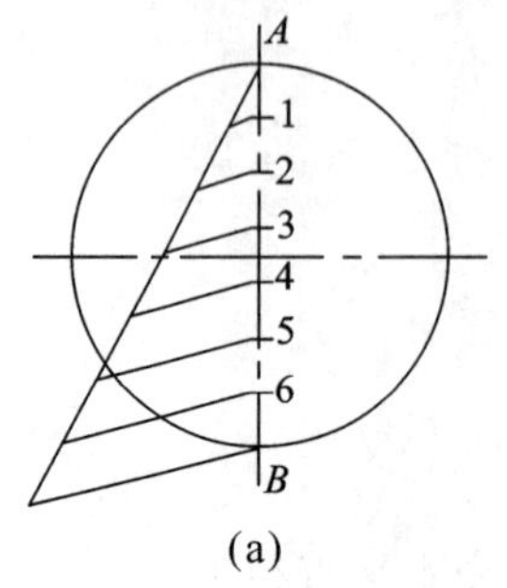

(a)

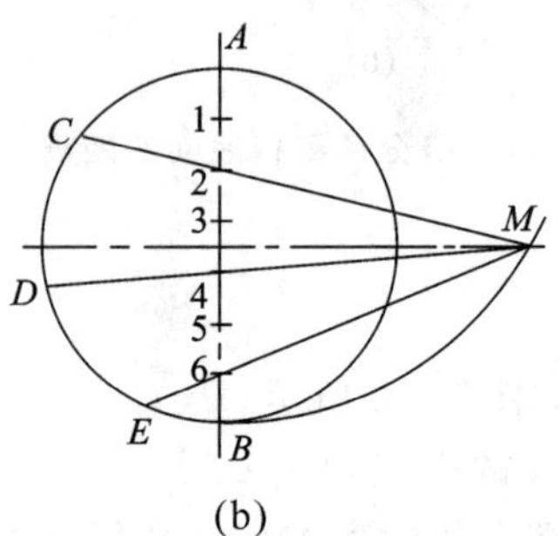

(b)

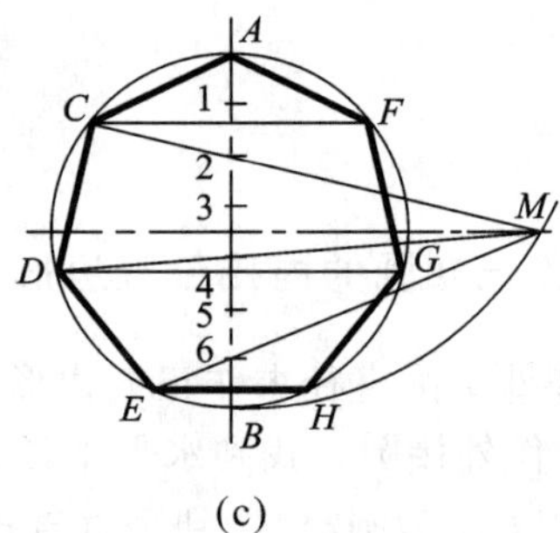

(c)

图 1-24 作圆的内接正七边形

8. 已知长短轴作椭圆

1）四心圆弧法

四心圆弧方法作图步骤如下。

（1）画出两条正交的中心线，确定椭圆的中心 O，长轴的左端点 A、右端点 B 和短轴的上端点 C、下端点 D，然后连接 AC，如图 1-25(a)所示。

（2）以点 O 为圆心，OA 为半径画圆弧交 OC 延长线于点 E。

（3）以点 C 为圆心，CE 为半径画圆弧交 AC 于点 F。

（4）作 AF 的垂直平分线交 AB 于点 1、CD 于点 2，然后求点 1、2 对于长轴 AB、短轴 CD 的对称点 3 和对称点 4，则点 1、2、3、4 为组成椭圆四段圆弧的圆心。连接 12、14、23、34 并延长，即得四段圆弧的分界线，如图 1-25(b)所示。

（5）分别以点 1、2、3、4 为圆心，以 $1A$ 和 $2C$ 为半径分别画两段小圆弧和两段大圆弧至分界线，如图 1-25(c)所示。

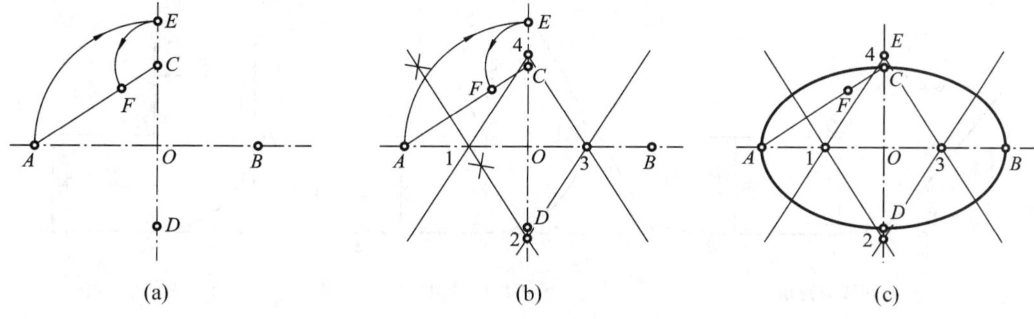

图 1-25　四心圆弧法作椭圆

2）同心圆法

同心圆法作图步骤如下。

（1）以椭圆中心为圆心，分别以长、短轴长度为直径，作两个同心圆，如图 1-26(a)所示。

（2）过圆心作任意直线交大圆于点 1、2，交小圆于点 3、4，分别过点 1、2 引垂直线，过点 3、4 引水平线，它们的交点 a、b 即为椭圆上的点，如图 1-26(b)所示。

（3）按第二步的方法重复作图，求出椭圆上一系列的点，如图 1-26(c)所示。

（4）用曲线板光滑地连接诸点，即得所求的椭圆，如图 1-26(d)所示。

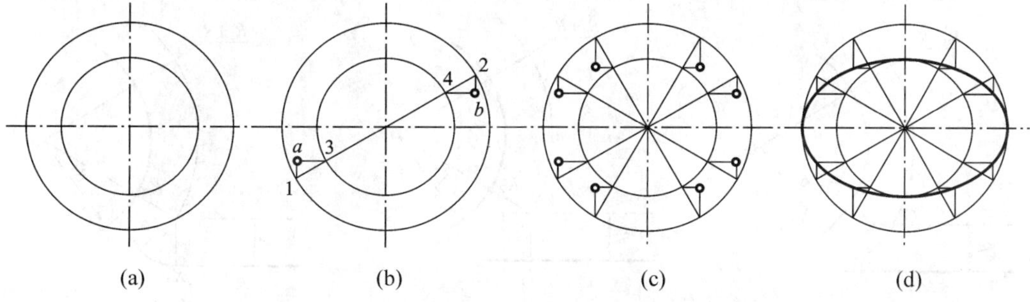

图 1-26　四心圆弧法作椭圆

9. 曲线连接

绘图过程中，经常会遇到曲线连接的问题。曲线连接实际上就是用已知半径的圆弧去光滑地连接两已知线段(直线或圆弧)。其中起连接作用的圆弧称为连接弧。这种光滑连接在几何中即为相切。切点就是连接点。作图时，应找到连接圆弧的圆心及切点。下面分三种情况进行介绍。

1) 用已知半径圆弧连接两已知直线

作图步骤如下。

(1) 求连接弧的圆心。作两辅助直线分别与 AC 及 BC 平行，并使两平行线之间的距离都等于 R，两辅助直线的交点 O 就是所求连接圆弧的圆心(见图 1-27(a))。

(2) 求连接弧的切点。从点 O 分别向两已知直线作垂线得点 M、N。点 M、N 即所求切点(见图 1-27(b))。

(3) 作连接弧。以点 O 为圆心，OM 或 ON 为半径作圆弧，与 AC 及 BC 切于两点 M、N，完成连接，如图 1-27 所示。

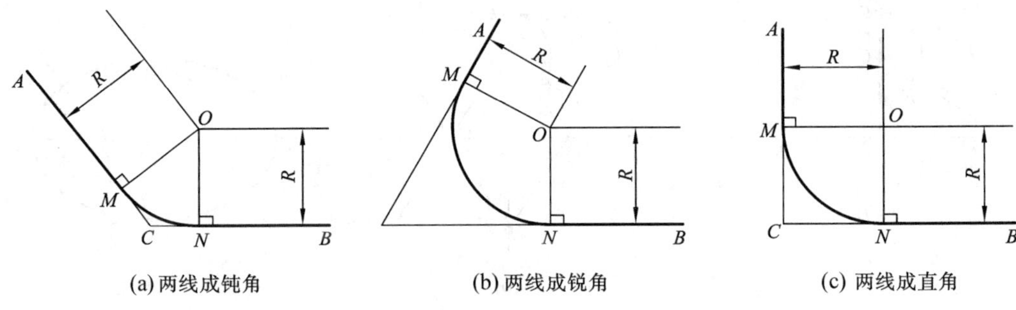

(a) 两线成钝角　(b) 两线成锐角　(c) 两线成直角

图 1-27　用圆弧连接两已知直线

2) 用已知半径圆弧连接已知圆弧和已知直线

作图步骤如下。

(1) 求连接弧的圆心。作辅助直线平行已知直线，距离等于 R。以点 O_1 为圆心，R_1+R 为半径作圆弧，交辅助直线于点 O，O 点即为连接圆弧的圆心，如图 1-28(a)所示。

(2) 求连接弧的切点。从点 O 向已知直线作垂线，得点 K_1，连接 OO_1 与已知圆弧交于点 K_2。点 K_1、K_2 即所求切点，如图 1-28(b)所示。

(3) 作连接弧。以点 O 为圆心，OK_1 或 OK_2 为半径作圆弧，完成圆弧连接，如图 1-28(c)所示。

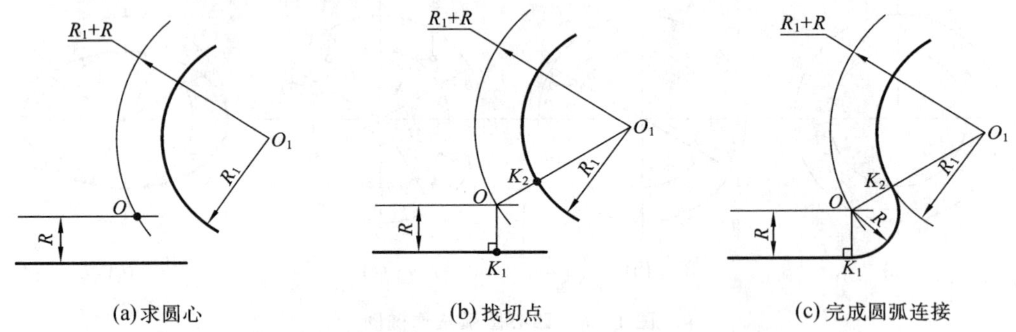

(a) 求圆心　(b) 找切点　(c) 完成圆弧连接

图 1-28　用半径为 R 的圆弧连接 R_1 圆弧及直线 L

3）用圆弧连接两已知圆弧

用圆弧连接两已知圆弧可分两种情况，即外切和内切，外切时找圆心的半径为 $R+R_{外}$，内切时找圆心的半径为 $R_{内}-R$。

（1）用 R_3 圆弧外切两已知圆弧（R_1、R_2）的作图方法。

分别以点 O_1、O_2 为圆心，R_1+R_3 和 R_2+R_3 为半径画圆弧得交点 O_3，即为连接圆弧的圆心；连接 O_1O_3、O_2O_3 与已知圆弧分别交于点 K_1、K_2。点 K_1、K_2 即所求切点，如图 1-29(a)所示。以点 O_3 为圆心，R_3 为半径作圆弧，完成圆弧连接，如图 1-29(b)所示。

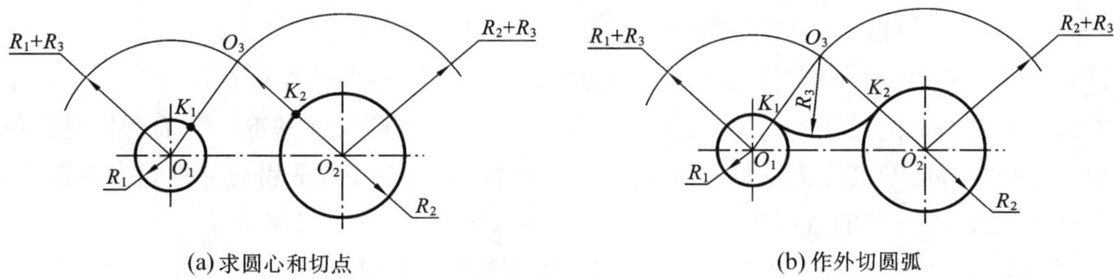

(a) 求圆心和切点　　(b) 作外切圆弧

图 1-29　用圆弧连接两已知圆弧

（2）用 R_4 圆弧内切两已知圆弧（R_1、R_2）的作图方法。

分别以点 O_1、O_2 为圆心，R_4-R_1 和 R_4-R_2 为半径画圆弧得交点 O_4，点 O_4 即为连接圆弧的圆心。连接 O_1O_4、O_2O_4 与已知圆弧分别交于点 K_1、K_2。点 K_1、K_2 即所求切点，如图 1-30(a)所示。以点 O_4 为圆心，R_4 为半径作圆弧，完成圆弧连接，如图 1-30(b)所示。

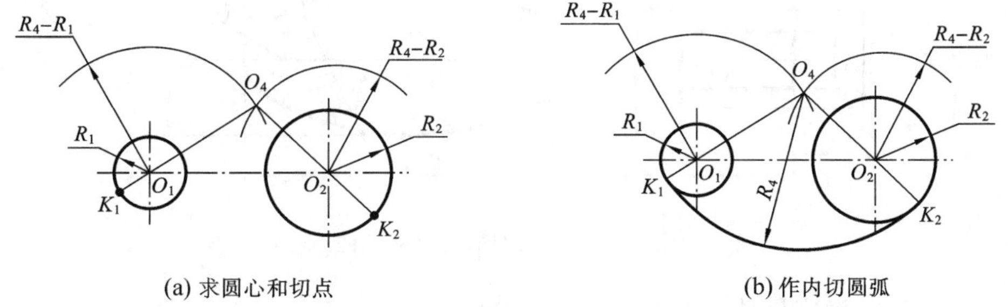

(a) 求圆心和切点　　(b) 作内切圆弧

图 1-30　用圆弧连接两已知圆弧

任务 4　平面图形的画法

所有的工程设计都是通过平面图形及相应的文字说明表达出来的，施工过程中的技术交流也经常需要借助平面图形来相互沟通。所以要熟练掌握平面图形的分析方法和具体画法。

绘制平面图形前，要对平面图形进行线段分析和尺寸分析，从而知道哪些线段可以直接画出，哪些线段要根据相关的几何条件作图。

一、平面图形的尺寸分析

平面图形由许多线段(直线或曲线)组成,从哪里开始画图往往并不明确,因此需要分析图形的组成及其线段的性质,从而确定画图的步骤。

平面图形是有尺寸标注的,对尺寸标注的要求是:正确、完整、清晰。

正确——尺寸符合国家标准的规定,尺寸数值不能写错和出现矛盾。

完整——尺寸要标注齐全,不缺尺寸,也没有重复的尺寸。

清晰——尺寸的位置要安排在图形的明显处,标注清楚,布局合理。

在标注平面图形的尺寸时,首先要确定标注尺寸的起点,即尺寸基准。平面图形是二维的,因此要确定长度方向及高度方向的尺寸基准。对于平面图形来说,常用的基准是对称图形的对称线、圆的中心线或较长的直线等。

平面图形的尺寸按其作用不同,可分为定形尺寸和定位尺寸两类。

定形尺寸——确定图形各部分大小的尺寸。

定位尺寸——确定图形中各组成部分相对位置的尺寸。

现以图 1-31 为例,进行平面图形的尺寸分析。

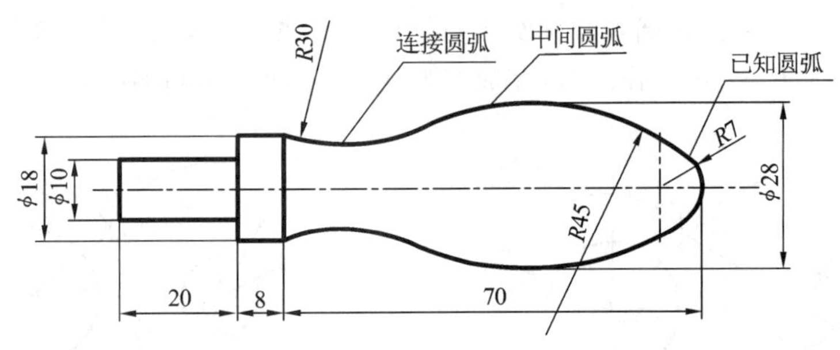

图 1-31　平面图形的尺寸标注

(1)先分析形状,确定尺寸基准。

如图 1-31 所示的中心线为高度方向的尺寸基准(即上下方向的尺寸基准);长度方向,可选择尺寸 8 左边的直线作为尺寸基准(即左右方向的尺寸基准)。

(2)在分析了这个平面图形的形状后,考虑并标注各部分的定形尺寸。如尺寸 $R45$、$R30$、$R7$、20、8、$\phi18$、$\phi10$、$\phi28$ 等。

(3)根据对这个平面图形的形状分析,考虑并标注出各部分所需的定位尺寸。定位尺寸都应基于尺寸基准,如图 1-31 中的尺寸 70。

最后,按正确、完整、清晰的要求核对所注的尺寸,避免出现遗漏、重复、不够清晰等问题。

二、平面图形的线段分析和画图步骤

平面图形中的线段(包括直线和圆弧),根据其定位尺寸的完整与否,可分为以下三类。

(1)已知线段:定形尺寸和定位尺寸齐全的线段,能直接画出。如图 1-31 中的直线 20、直线 8、$R7$ 的圆弧等。

(2)中间线段:已知定形尺寸,但缺少一个定位尺寸的线段,必须依靠其与一端相邻线段的连接关系才能画出。如图 1-31 中 $R45$ 的圆弧。

(3)连接线段:只有定形尺寸,而无定位尺寸的线段,也必须依靠其与两端线段的连接关系才能确定画出。如图 1-31 中 $R30$ 的圆弧。

三、平面图形的作图步骤

在对其进行线段分析的基础上,应先画出已知线段,再画出中间线段,最后画出连接线段,具体作图步骤如图 1-32 所示。

步骤一:分析图形,根据所标注的尺寸确定已知线段、中间线段、连接线段。画出长度方向和高度方向的基准线。如图 1-32(a)所示。

步骤二:画出已知线段,如图 1-32(b)所示。

步骤三:画出中间线段 $R45$ 的圆弧,分别与相距 28 的两根平行线相切、与半径为 $R7$ 的圆弧内切。如图 1-32(c)所示。

步骤四:利用圆弧连接的方法,确定连接线段 $R30$ 圆弧的圆心位置,画出此连接圆弧。如图 1-32(d)所示。

步骤五:擦除多余的作图线,按照线型要求加深图线,完成全图。如图 1-32(e)所示。

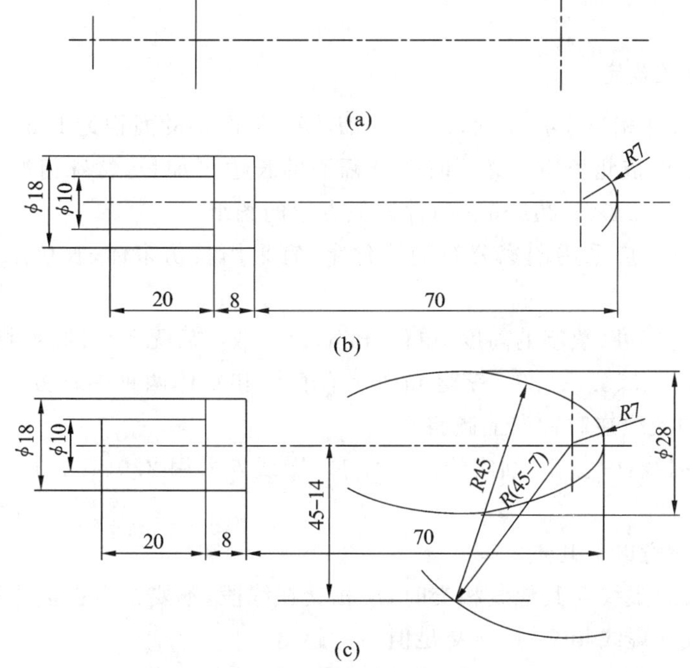

图 1-32　平面图形的线段分析和画图步骤

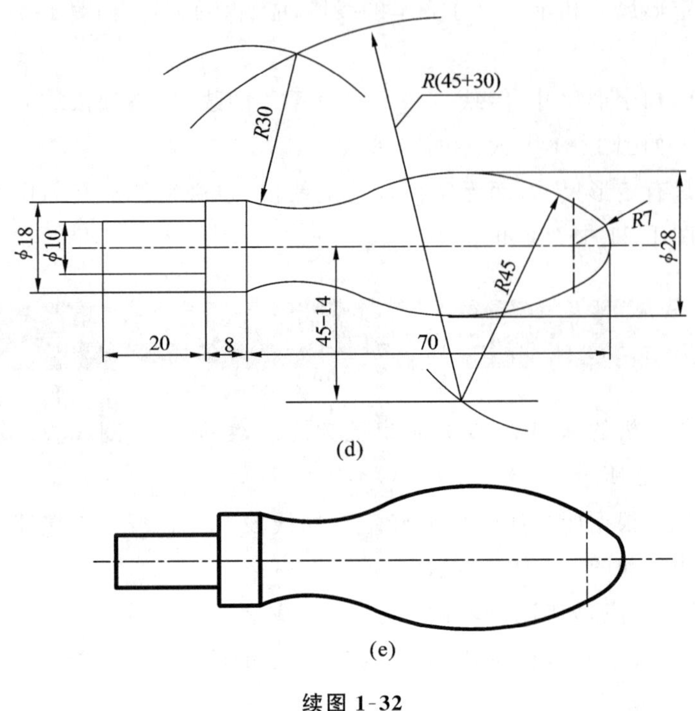

(d)

(e)

续图 1-32

项目小结

1. 制图标准相关规定

(1) 图纸幅面尺寸相当于$\sqrt{2}$系列，即$L=\sqrt{2}B$，A0 号图幅的面积为 1 m^2，A1 号幅面是 A0 号幅面的对开，其他幅面依此类推。必要时图纸幅面的长边可加长，特殊情况下，还可以使用 841 mm×891 mm、1 189 mm×1 261 mm 两种近似方形的图纸。

(2) 图样中的汉字应采用国家公布的简化字，宜采用长仿宋体，长仿宋体的字宽为字高的 2/3。

(3) 国家标准将字母、数字的高度(单位：mm，以后数字后无单位的，均指 mm)分为 7 级，它们依此为 20、14、10、7、5、3.5、2.5。字母和数字有直体和斜体两种书写方法。如需要写成斜体字，其斜度应从字的底线逆时针向上倾斜 75°。

(4) 线宽比即粗线∶中粗线∶细实线＝4∶2∶1。图线 b 采用 2.0、1.4、1.0、0.7、0.5、0.35(单位：mm)6 种线宽。

(5) 图线相交注意以下几点。

① 虚线与虚线或虚线与其他线相交时，应相交在线段，不要相交在空隙处。

② 两粗实线或两虚线相交时，要交足但不能超出。

③ 两单点长画相交时，应相交在线段，不要相交在空隙处。

④ 虚线是实线的延长线时，实线要画到分界线处留下一段空隙再接着画虚线。

(6) 尺寸标注相关规定如下。

① 尺寸线和尺寸界线采用细实线绘制。

② 线性尺寸的尺寸界线必须与被注长度垂直,其一端应离开图样轮廓不小于 2 mm,另一端超出尺寸线 2～3 mm。图样轮廓线可作尺寸界线。

③ 尺寸线应与被注长度平行。图样本身的任何图线均不得用作尺寸线。任何图线不得穿过尺寸数字。

④ 尺寸起止符号一般为 45°倾斜的中粗短画线,其倾斜方向应与尺寸界线成顺时针 45°角,其长度一般为 2～3 mm。

2.几何作图的方法

(1) 过已知点作直线平行于已知直线。

(2) 过已知点做一直线垂直于已知直线。

(3) 等分段线。

(4) 等分两平行线间的距离。

(5) 作已知圆的内接正五边形。

(6) 作已知圆的内接正六边形。

(7) 圆内接正 n 边形的画法。

(8) 已知长短轴作椭圆。

(9) 曲线连接。

3. 绘图的基本步骤

(1) 画图形的基准线。

(2) 画已知线段。

(3) 画中间线段和连接线段。

(4) 整理全图并加深、标注尺寸。

学习情境2 正投影基础

学习目标

1. 知识目标

（1）了解投影法的基本概念和物体三视图的形成。
（2）掌握组成物体的几何元素点、线、面的投影特性。
（3）掌握组成物体的几何元素点、线、面的投影的相对位置关系。

2. 能力目标

（1）综合运用所学的投影基础知识灵活解题，为培养空间想象能力和空间思维能力打下基础。

（2）根据投影规律，在平面图中作出点、线、面的投影。

◈ 引例导入

要想利用平面的图纸把建筑物形象的表达出来，必须掌握投影图的构成及绘制特点，而构成物体的基本几何元素是点、直线和平面。掌握这些基本几何元素的正投影规律是学好本课程的基础。本章主要介绍正投影法的基本知识和点、直线、平面的投影特性及其作图方法。

任务1 投影的基本知识

一、投影法的概念

物体在光线照射下，就会在地面或墙壁上产生影子，人们把这种自然现象加以抽象，总结其规律，提出投影法概念，如图2-1所示。假定平面 P 为投影面，不属于该平面上的定点 S 为投射中心，投射线由投射中心发出，过空间点 A 的投射线与投影面 P 交于点 a，称为空间点 A 在投影面 P 上的投影（空间几何元素用大写字母表示，其投影用同名小写字母表示）。由此得到的空间几何元素投影的方法称为投影法。

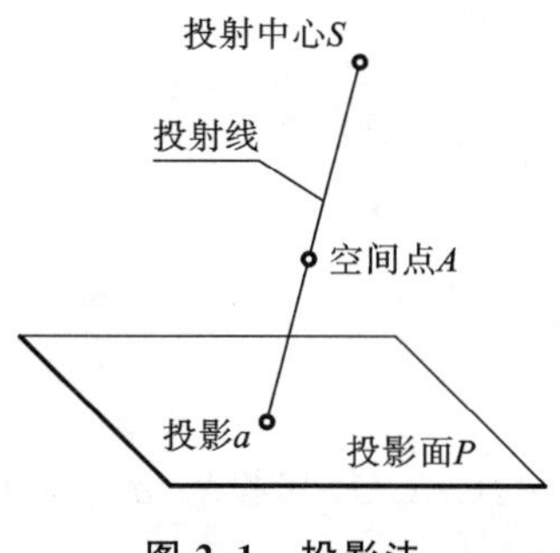

图2-1 投影法

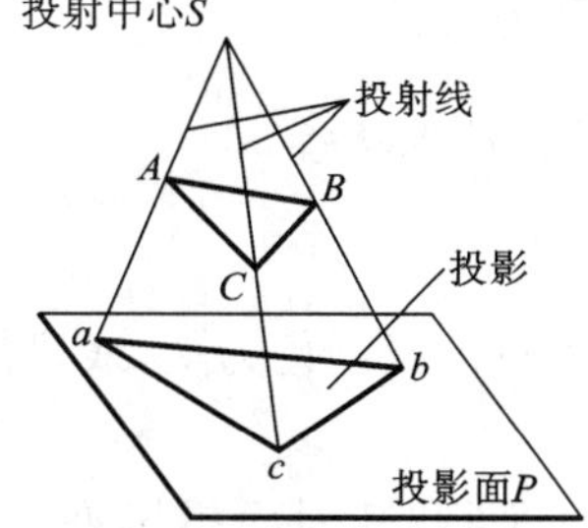

图2-2 中心投影法

二、投影法的分类

1. 中心投影法

投射线都通过投射中心的投影法称为中心投影法，如图2-2所示。从投射中心 S 引出三根投射线分别过△ABC 的三个顶点与投影面 P 相交于 a、b、c，线段 ab、bc、ac 分别是线段 AB、BC、AC 的投影；△abc 就是空间△ABC 的投影，该法多用于绘制建筑图样中的透视图。

2. 平行投影法

假设将投射中心移至无穷远处，这时的投射线可看作相互平行，如图2-3所示。这种投射线相互平行的投影法，称为平行投影法。

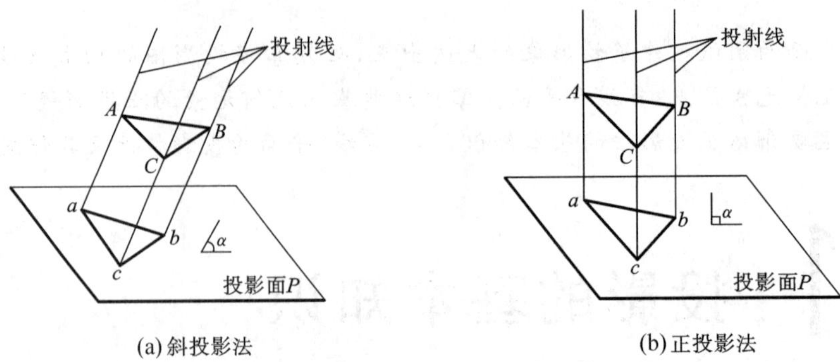

(a) 斜投影法　　(b) 正投影法

图 2-3　平行投影法

在平行投影法中，按投射线与投影面的相对位置（垂直或倾斜），又分为斜投影法和正投影法。

1）斜投影法

投射线与投影面相倾斜的平行投影法。根据斜投影法所得到的图形，称为斜投影（斜投影图），如图 2-3(a)所示。

2）正投影法

投射线与投影面相垂直的平行投影法。根据正投影法所得到的图形，称为正投影（正投影图），如图 2-3(b)所示。国家标准(GB/T 14692—2008)规定，物体的图样用正投影法绘制，通常将“正投影”简称为“投影”。

3. 正投影的基本特性

1）同素性

一般情况下点的投影仍为点，线段的投影仍为线段。

2）平行性

空间两直线平行，其同面投影亦平行。空间直线 $AB /\!/ CD$，其投影 $ab /\!/ cd$，如图 2-4(a)所示。

3）从属性

点在线段上，则点的投影一定在该线段的同面投影上。点 N 在线段 AB 上，那么点 N 的投影 n 也一定在线段 AB 的投影 ab 上，如图 2-4(b)所示。

4）定比性

点分线段之比，投影后保持比例不变。即 $CK:KD=ck:kd$，如图 2-4(c)所示。

空间两平行线之比，等于其投影之比。

5）积聚性

当物体上的平面（或柱面、直线）与投影面垂直时，则在投影面上的投影积聚为直线（或曲线、点），这种投影特性称为积聚性，如图 2-4(d)所示。

6）实形性（度量性或可量性）

当物体上的平面（或直线）与投影面平行时，投影反映实形（或实长），这种投影特性称为实形性，如图 2-4(e)所示。

7）类似性

当物体上的平面与投影面倾斜时，投影的形状仍与原来的形状类似，这种投影特性称为类似性，投影称类似形。其投影特性为：同一直线上成比例的线段投影后比例不变，平面图形的边数、平行关系、直线曲线投影后不变，如图 2-4(f)所示。

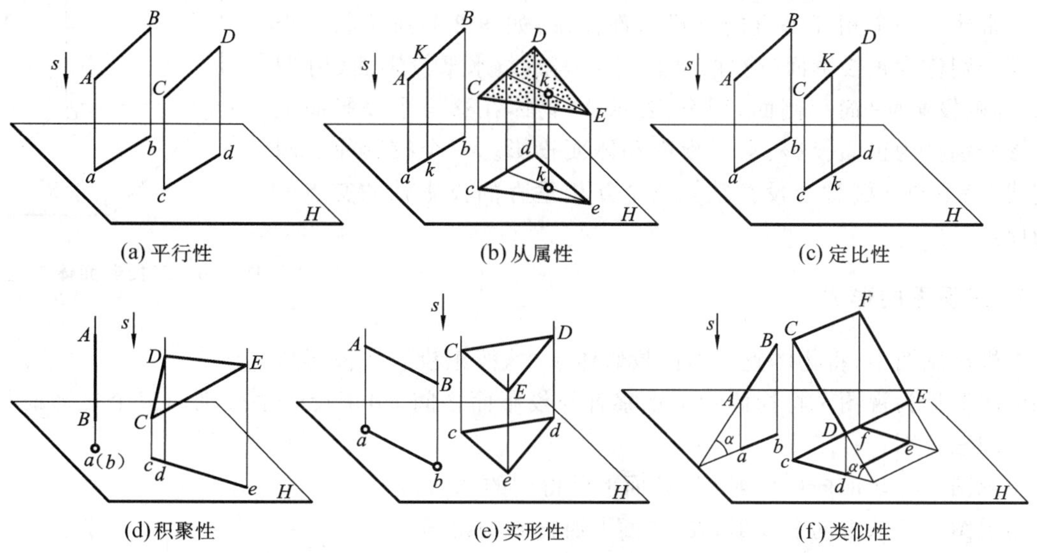

图 2-4　正投影的基本特性

任务 2 形体的三面投影图

两个形状不同的物体，在同一投影面上的投影相同，说明仅有一个投影是不能唯一地确定物体的结构形状，如图 2-5 所示。为了唯一地确定物体的结构形状，需要采用多面投影。

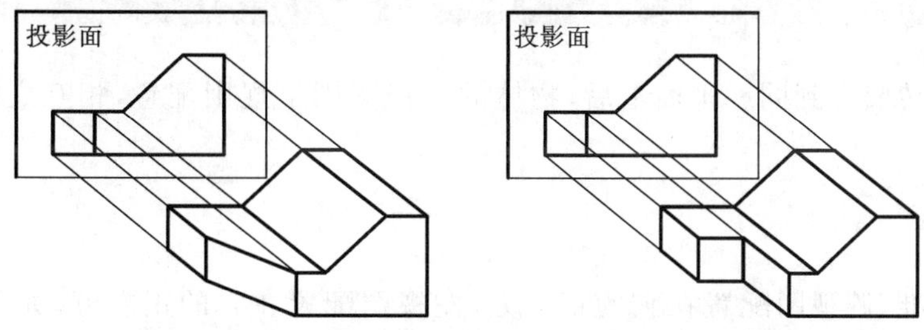

图 2-5　一个投影不能唯一确定物体的结构形状

一、三视图的形成

1. 三投影面体系的建立

通常建立一个相互垂直的三投影面体系，如图 2-6 所示。三个投影面分别称为正投影面(简称正面，用 V 表示)、水平投影面(用 H 表示)和侧投影面(简称侧面，用 W 表示)。物体在这三个投影面上的投影分别称为正面投影、水平投影和侧面投影。三个投影面之间的交线 OX、OY、OZ 称为投影轴。三个互相垂直的投影轴的交点 O 称为原点。

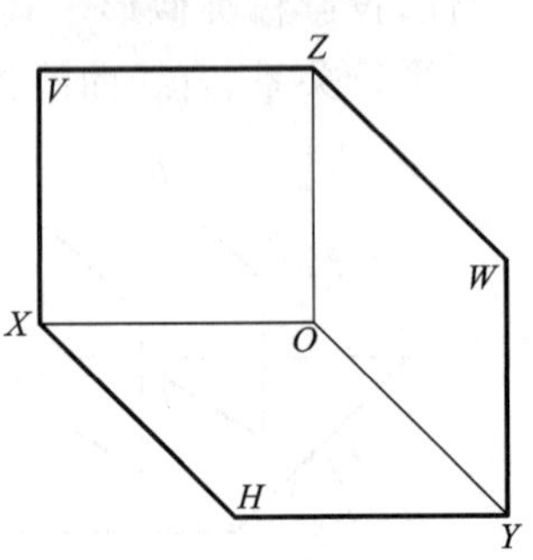

图 2-6 三投影面体系的建立

2. 三视图的形成

在机械制图中，将物体置于多面投影体系中，按正投影法投影所得到的图形称为视图。将物体置于观察者与投影面之间，用正投影法分别向三个投影面投影，得物体的三视图：

主视图——从前向后投射，在 V 面上所得到的视图；

俯视图——从上向下投射，在 H 面上所得到的视图；

左视图——从左向右投射，在 W 面上所得到的视图。

3. 三投影面的展开

为了画图和看图的方便，需将三个相互垂直的投影面展开摊平在同一个平面上。

其展开方法是：正面(V 面)不动，水平面(H 面)绕 X 轴向下旋转 90°，侧面(W 面)绕 Z' 轴向右后旋转 90°；分别旋转到与正面处在同一平面上，如图 2-7(b)、(c)所示。

在三视图中，由于视图所表示的物体形状与投影面的大小、物体与投影面之间的距离无关，投影面可无限延伸，投影面边框不必画出，又因物体离投影面远近不影响投影，投影轴也不必画出。如图 2-7(d)所示。

二、三视图的对应关系

将投影面旋转展开到同一平面上后，物体的三视图则呈规则配置，相互之间形成了一定的对应关系。

1. 位置关系

以主视图为准，俯视图配置在它的正下方，左视图配置在它的正右方，如图 2-7(c)、(d)所示。画三视图时，要严格按此位置配置。

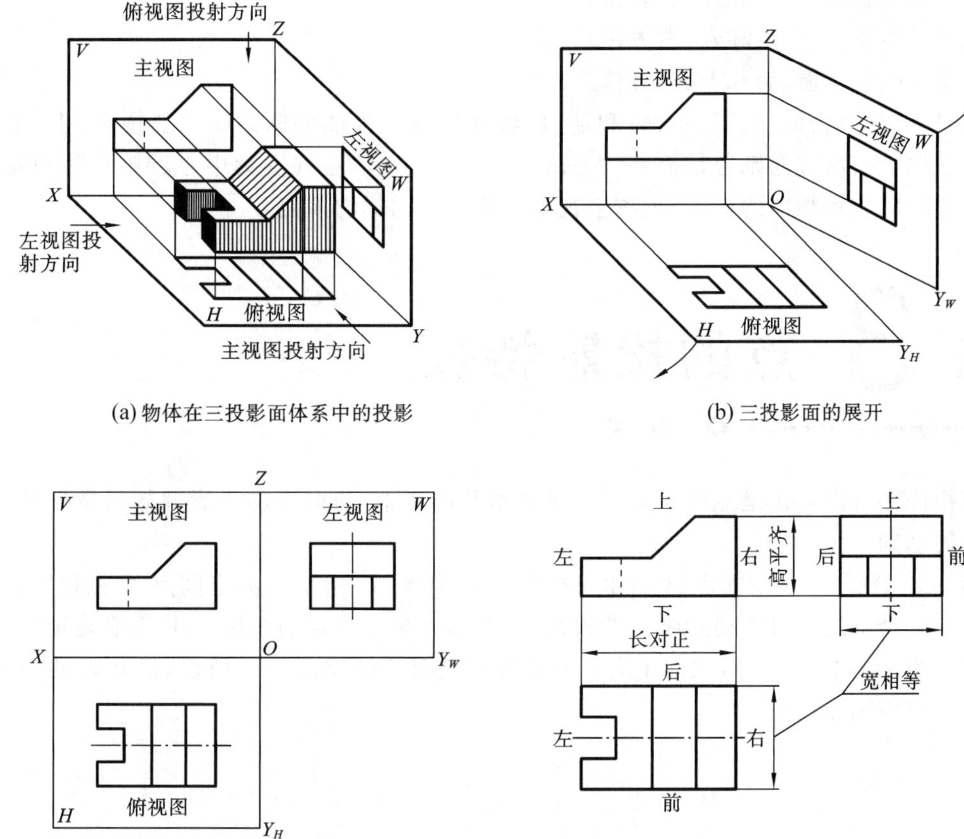

(a) 物体在三投影面体系中的投影　　(b) 三投影面的展开

(c) 展开后的三视图　　(d) 三视图之间的投影规律

图 2-7　三视图的形成和投影规律

2. 度量关系

如图 2-7(d)所示，物体有长、宽、高三方向的尺寸，每个视图都反映物体两个方向的尺寸：主视图反映物体的长度和高度，俯视图反映物体的长度和宽度，左视图反映物体的宽度和高度。由于三视图反映的是同一物体，所以相邻两个视图同一方向的尺寸必定相等，即：主、俯视图反映物体的长度，主、左视图反映物体的高度，俯、左视图反映物体的宽度。度量对应关系归纳如下：

主视图、俯视图——长对正；

主视图、左视图——高平齐；

俯视图、左视图——宽相等。

这就是三视图在度量对应上的“三等”关系。在画图过程中应注意三个视图之间的“长对正、高平齐、宽相等”，特别是画俯视图和左视图时宽相等不要搞错。

3. 方位关系

物体有上、下、左、右、前、后六个方向的位置。而每个视图只能反映四个方向的位置关系：

主视图反映物体上、下和左、右方位；

俯视图反映物体前、后和左、右方位；

左视图反映物体前、后和上、下方位。

读图时，应注意物体上、下、左、右和前、后各部位与三视图的联系。一般说来，上、下和左、右方向易掌握，前、后方向则容易搞错。如图 2-7(d)所示，以主视图为中心看俯视图和左视图，靠近主视图一侧表示物体的后面，远离主视图一侧表示物体的前面。

任务 3 点的投影特征

任何物体都可以看作是点的集合。点是基本几何要素，研究点的投影规律是掌握其他几何要素投影的基础。

如图 2-8(a)所示，过空间点 A 向水平投影面 H 作垂线，垂足 a 为空间点 A 在投影面 H 上的正投影。一个空间点可以得到唯一的投影。反之，如果已知点的投影 a，是否能确定空间点 A 的位置呢？图 2-8(b)所示，点 A_1，A_2，A_3…都可能是对应的空间点。所以，已知点的一面投影不能唯一确定空间点的位置。

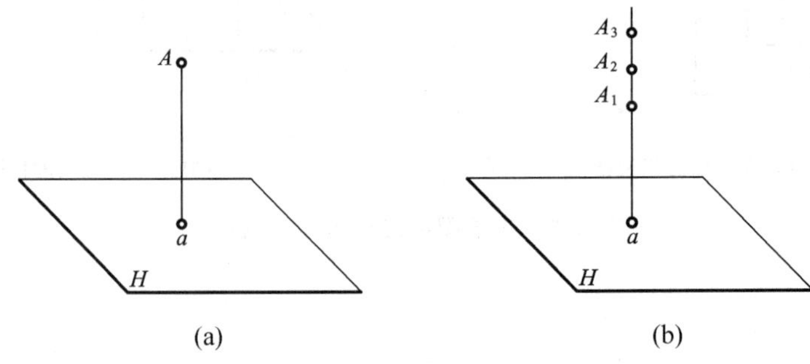

图 2-8　点的单面投影

一、点在两投影面体系中的投影

1. 两投影面体系的建立

如图 2-9 所示，空间两个互相垂直的投影面，处于正面直立位置的投影面是正投影面(V)；处于水平位置的投影面是水平投影面(H)；V 面与 H 面的交线称投影轴，用 OX 表示。两个投影面把空间分成四个分角，分别称为Ⅰ、Ⅱ、Ⅲ、Ⅳ分角。将物体置于第一分角内，使其处于观察者与投影面之间而得到正投影的方法称为第一角画法。我国的国家标准规定工程图样优先采用第一分角画法绘制。

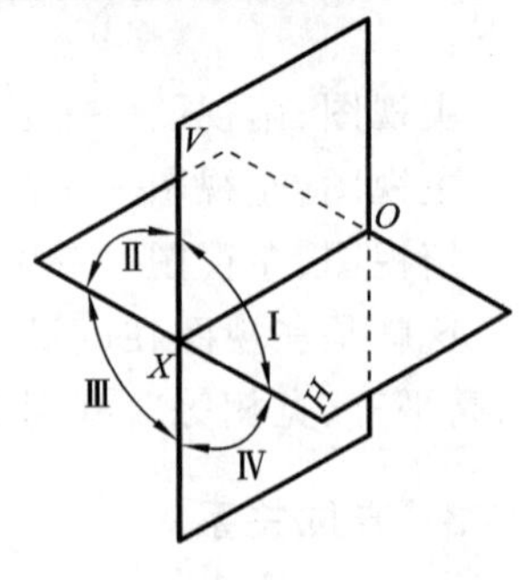

图 2-9　两投影面体系的建立

2. 点的两面投影

如图 2-10(a)所示，过点 A 向 H 面作垂线，垂足是点 A 在 H 面上的投影(水平投影)，用 a 表示；过点 A 向 V 面作垂线，垂足是点 A 在 V 面上的投影(正面投影)，用 a' 表示。通常用大写字母表示空间的几何元素，用相应的小写字母表示其水平投影，用相应的小写字母加一撇表示其正面投影。其中 $a'a_X \perp OX$，$aa_X \perp OX$，且 $a'a_X = Aa$，$aa_X = Aa'$，即点 A 的正面投影 a' 到投影轴 OX 的距离，等于点 A 到 H 面的距离；点 A 的水平投影 a 到投影轴 OX 的距离，等于点 A 到 V 面的距离。

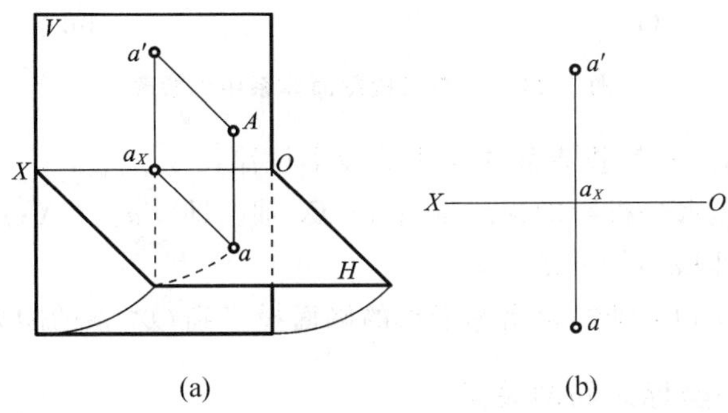

图 2-10　点在第一分角的两面投影

将 H 面绕 OX 轴向下旋转 90°与 V 面处于同一平面，得点的两面投影图，如图 2-10(b)所示。图中 $a'a$ 连线(细实线)垂直 OX 轴。

综上所述，可概括出点在两投影面体系中的投影规律如下。

(1) 点 A 的正面投影和水平投影的连线垂直于 OX 轴，即 $a'a \perp OX$。

(2) 点 A 的正面投影到 OX 轴的距离，等于空间点 A 到 H 面的距离，即 $a'a_X = Aa$。

(3) 点 A 的水平投影到 OX 轴的距离，等于空间点 A 到 V 面的距离，即 $aa_X = Aa'$。

二、点在三投影面体系中的投影

1. 三投影面体系的建立

如图 2-11(a)所示，两投影面体系上再加上一个与 H、V 面均垂直的侧投影面(W)，这三个互相垂直的投影面就组成一个三投影面体系。

2. 点的三面投影

空间点 A，分别向 H、V、W 面进行投影得 a、a'、a''(a''为点 A 的侧面投影，用相应小写字母加上两撇来表示)。V 面不动，沿 OY 轴分开 H 面和 W 面，H 面向下转 90°，W 面向右转 90°，使 H 面、W 面与 V 面共面，即得点的三面投影图。其中 OY 轴一分为二，在 H 面 OY 轴用 OY_H 表示；在 W 面 Y 轴用 OY_W 表示。且存在下述关系：$aa_{Y_H} \perp OY_H$，$a''a_{Y_W} \perp OY_W$，$Oa_{Y_H} = Oa_{Y_W}$。因平面边界可无限延伸，投影面的边界不画。另外，为了作图方便，可过 O 点作 45°辅助线，aa_{Y_H}、$a''a_{Y_W}$ 的延长线与辅助线交于一点，如图 2-11(b)所示。

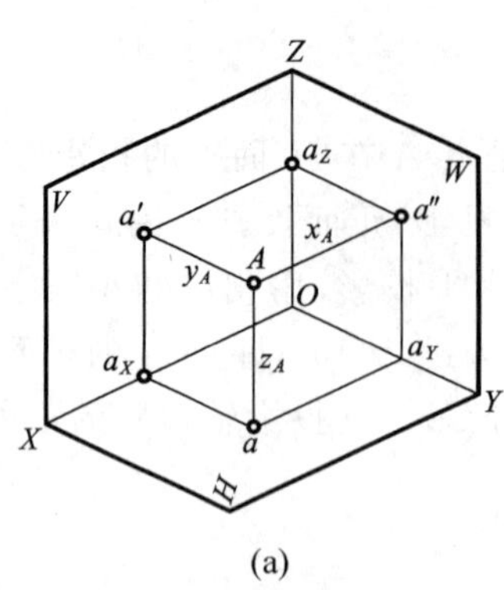

(a)

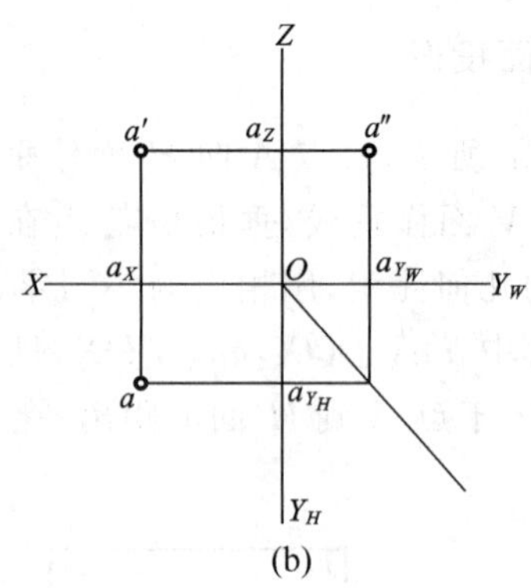

(b)

图 2-11 点在三投影面体系中的投影

综上所述,可归纳出点在三投影面体系中的投影规律:

(1) 点的正面投影与水平投影的连线垂直于 OX 轴。即 $a'a \perp OX$;点的正面投影与侧面投影的连线垂直于 OZ 轴,即 $a'a'' \perp OZ$。

(2) 点的水平投影到 OX 轴的距离等于点的侧面投影到 OZ 轴的距离。即:$aa_X = a''a_Z$。

3. 点的投影与直角坐标之间的关系

如图 2-11(a)所示,在三投影面体系中,三根投影轴可以构成一个空间直角坐标系,点 A 的位置可以用三个坐标值(X_A、Y_A、Z_A)表示,则点的投影与坐标之间的关系为:

$X_A = a'a_Z = aa_{Y_H} = A\,a''$(点 A 到 W 面的距离);

$Y_A = aa_X = a''a_Z = A\,a'$(点 A 到 V 面的距离);

$Z_A = a'a_X = a''a_{Y_W} = Aa$(点 A 到 H 面的距离)。

【例 2-1】 如图 2-12(a)所示,已知点 A 的水平投影 a 和正面投影 a',求作侧面投影 a''。

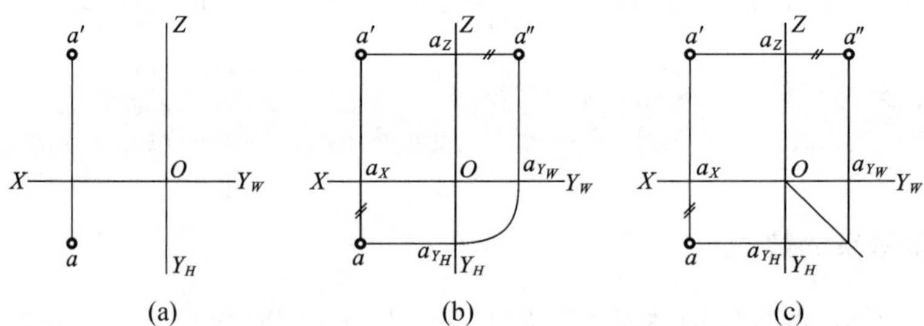

图 2-12 根据点的两个投影求第三投影

分析:由于点 A 的正面投影和水平投影已知,点 A 的空间位置可以确定,因此依据点的投影规律可画出侧面投影。

作图:过 a' 作 $a'a'' \perp OZ$ 交 OZ 轴于 a_Z,过 a 作 $aa_{Y_H} /\!/ OX$ 交 OY_H 于点 a_{Y_H},以 O 为圆心、Oa_{Y_H} 为半径作圆弧交 OY_W 于 a_{Y_W},过 a_{Y_W} 作 OZ 轴 的平行线 ,与 $a'a_Z$ 延长线相交于 a'',如图 2-11(b)所示。或过 O 作一条 45°的斜线,延长 aa_{Y_H} 与该斜线相交,由交点作 OZ 轴 的平行线,与 $a'a_Z$ 延长线交于 a'',如图 2-11(c)所示。作图线为细实线。

【例 2-2】 已知点 A 的坐标(20,0,10),点 B 的坐标(30,10,0),点 C 的坐标(15,0,0),求各

点的三面投影。

分析：由于 $Y_A=0$，则点 A 在 V 面上；$Z_B=0$，点 B 在 H 面上；由于 $Y_C=0$，$Z_C=0$，点 C 在 OX 轴上。

作图：点 A 在 V 面上，点 A 的水平投影和侧面投影分别在 X、Z 轴上。从 O 分别沿 X、Z 轴上量取 $X_A=20$，$Z_A=10$ 得 a、a''，分别过 a、a'' 作所在轴的垂线，相交于 a'，点 A 与 a' 重合。

点 B 在 H 面上，点 B 的正面投影和侧面投影分别在 X、Y_W 轴上。从 O 分别沿 X、Y_W 轴上量取 $X_B=30$，$Y_B=10$ 得 b'、b''，过 b' 作出 X 轴垂线，过 b'' 作 Y_W 轴的垂线，与斜线相交，再过交点作 X 轴平行线，相交于 b，点 B 与 b 重合。

点 C 在 OX 轴上，过点 O 在 X 轴上量取 $X_C=15$，点 C 与 c'、c 重合在 X 轴上，c'' 与原点 O 重合，如图 2-13 所示。

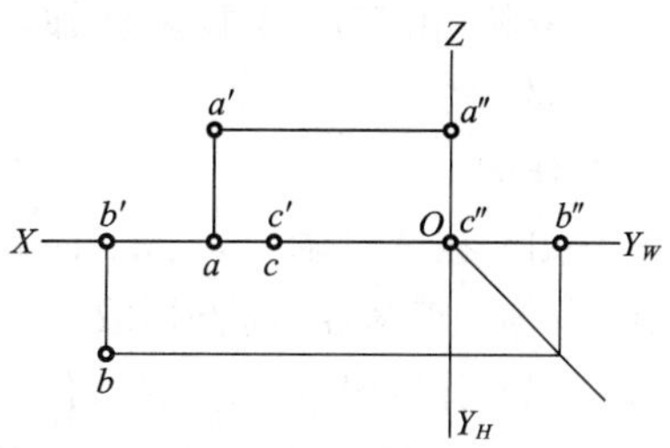

图 2-13　根据点的坐标作出投影

三、两点的相对位置与重影点

1. 两点的相对位置

根据两点的各个同面投影(即在同、一投影面上的投影)之间的坐标关系，可以判断空间两点的相对位置，两点的相对位置指空间两点上下、前后、左右位置关系。这种位置关系可通过两点同面投影(在同一个投影面上的投影)的相对位置或坐标大小来判断，即：

X 坐标大的在左，可判别空间点的左右方向；

Y 坐标大的在前，可判别空间点的前后方向；

Z 坐标大的在上，可判别空间点的上下方向。

V 面投影反映出两点的上下、左右关系；H 面投影反映出两点的左右、前后关系；W 面投影反映出两点的上下、前后关系。

已知空间点 A、B，依据投影图它们的判断相对位置，如图 2-14(a)所示。

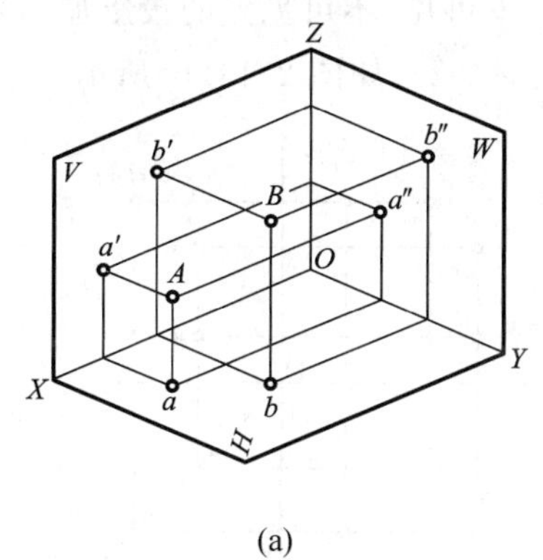

(a)

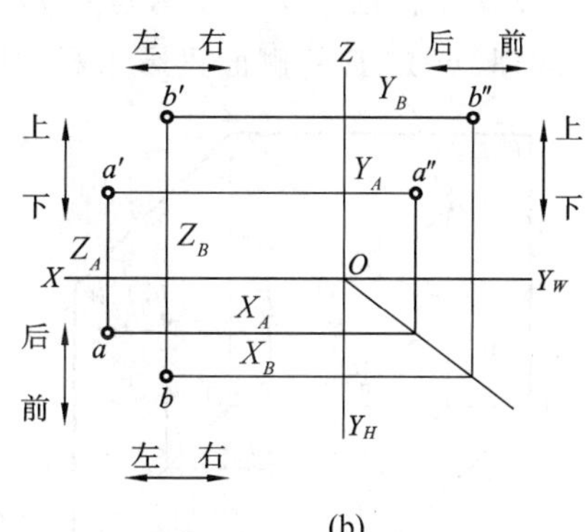

(b)

图 2-14　两点的相对位置

如图 2-14(b)所示，由于 $Z_B>Z_A$，点 B 在点 A 的上方，两点的上下距离由 Z 坐标差确定。

同理，可判断点 B 在点 A 的前方、右方。

【例 2-3】 已知点 B 在点 A 的右方 10 mm，后方 8 mn，上方 15 mm，作点 B 的三面投影，如图 2-15(a)所示。

分析：由于点 A 投影已知，点 B 相对点 A 的相对位置确定，因此依据点的投影规律可画出点 B 的投影。

作图：

(1) 在 XO 轴上，从 a_X 向右量取 10 mm，得 b_X；在 OY_H 轴上，从 a_{Y_H} 向上量取 8 mm，得 b_{Y_H} 在 OZ 轴上，从 a_Z 向上量取 15 mm，得 b_Z。

(2) 分别过 b_X、b_{Y_H}、b_Z、作 OX、OY_H、OZ、轴的垂线，得 b、b'。

(3) 根据 b、b'，求得 b''，如图 2-15(b)所示。

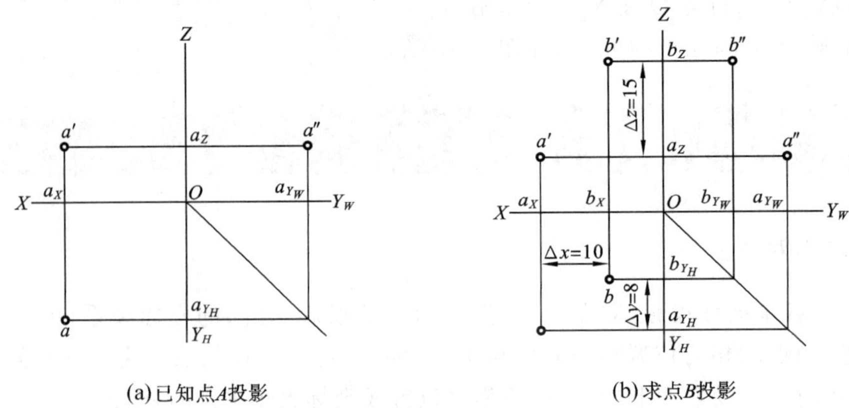

(a)已知点A投影　　(b)求点B投影

图 2-15　根据两点的相对位置求点的投影

2. 重影点

若空间两点在某个投影面上的投影重合，则此两点称为对该投影面的重影点。重影点的两对同面坐标相等，如图 2-16(a)所示，点 C、D，是对水平投影面的重影点，$X_C=X_D$，$Y_C=Y_D$，它们的水平投影 c、d 重影。由于 $Z_C>Z_D$，点 C 是可见，点 D 不可见，不可见点的投影加括号，其投影写成 $c(d)$。同理，点 E、F 的侧面投影重影，其投影写成 $e''(f'')$，如图 2-14(b)所示。

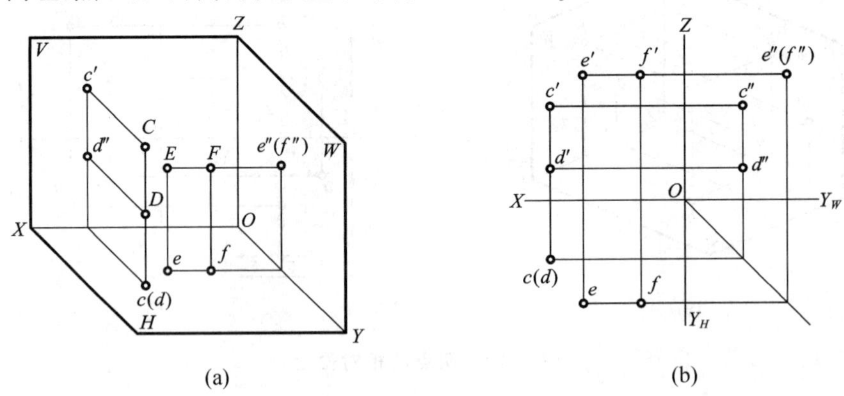

(a)　　(b)

图 2-16　重影点

任务 4 直线的投影特征

直线的投影可由直线上两点的同面投影来确定，先作出直线上两点的投影，用粗实线连接两点的同面投影就得直线的投影，如图 2-17(a)所示。

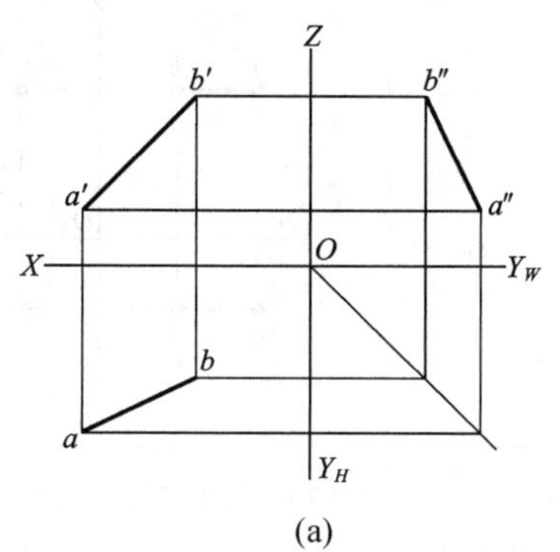

(a)

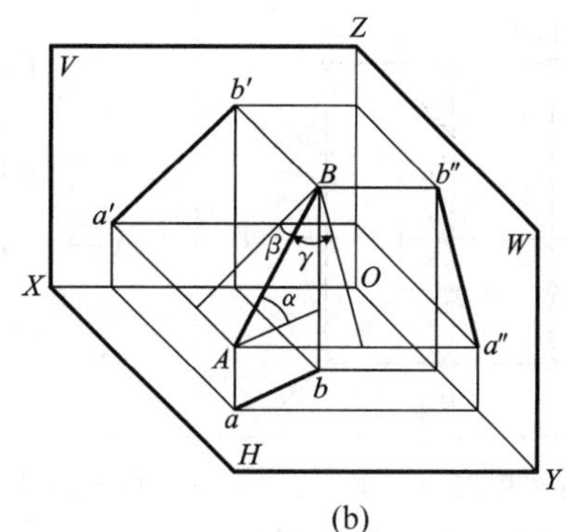

(b)

图 2-17 直线的投影

一、直线在三投影面体系中的投影特性

在三投影面体系中，依据直线对投影面的相对位置，可将直线分为三类：投影面垂直线、投影面平行线、一般位置直线。投影面垂直线和投影面平行线又称为特殊位置直线。

1. 一般位置直线

与三个投影面都倾斜的直线称为一般位置直线。它与水平投影面、正投影面、侧投影面的夹角，分别称为该直线对该投影面的倾角，分别用 α、β、γ 表示，如图 2-17(b)所示。

它的投影特性为：

(1) 三面投影都与投影轴倾斜，长度都小于实长；

(2) 与投影轴的夹角都不反映直线对投影面的倾角。

2. 投影面垂直线

垂直于某一投影面，平行于另两投影面的直线称为投影面的垂直线。

垂直于 V 面的直线称为正垂线，垂直于 H 面的直线称为铅垂线，垂直于 W 面的直线称为侧垂线。它们的投影特性，见表 2-1。

表 2-1　投影面垂直线的投影特性

名称	正垂线（$AB \perp V$ 面）	铅垂线（$AB \perp H$ 面）	侧垂线（$AB \perp W$ 面）
立体图	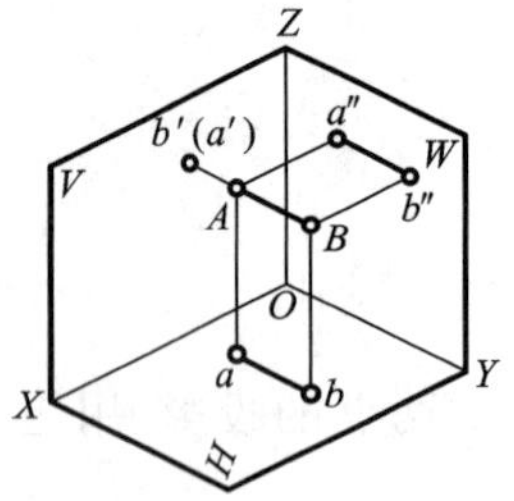	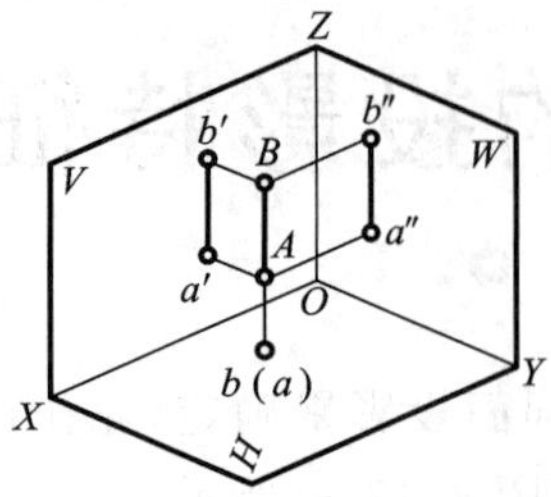	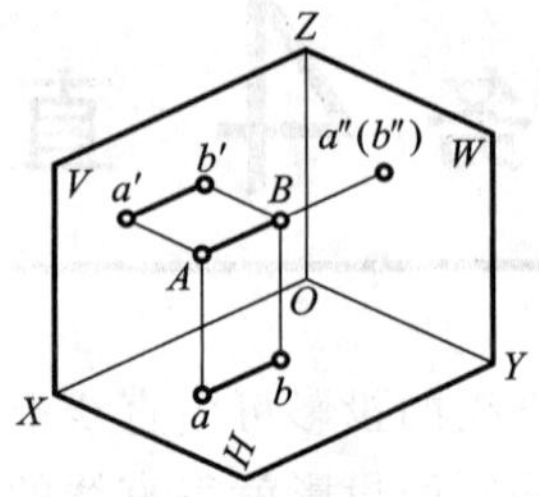
投影图	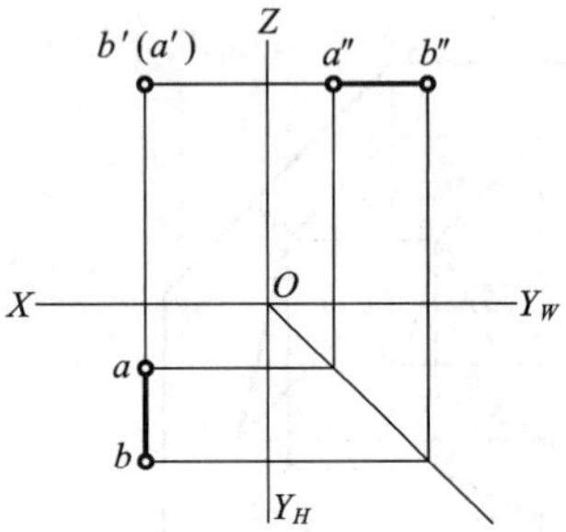	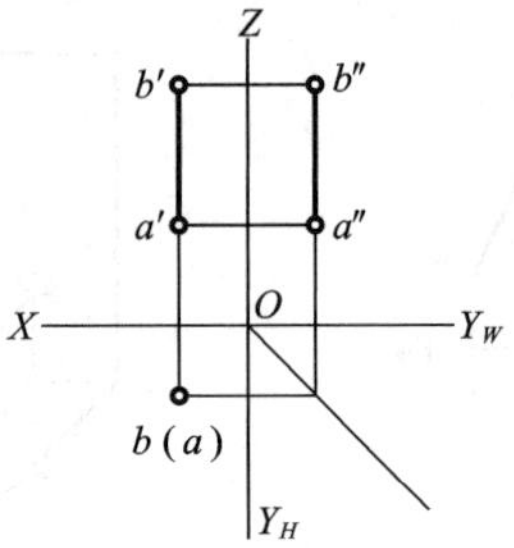	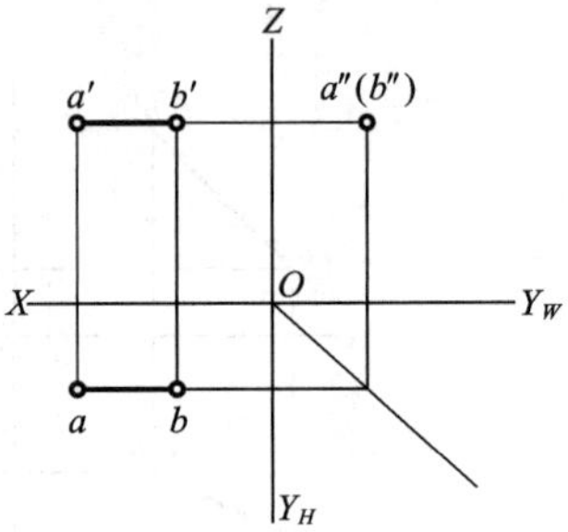
投影特性	（1）$a'b'$积聚为一点； （2）$ab \perp OX$，$a''b'' \perp OZ$，ab、$a''b''$均反映实长	（1）ab 积聚为一点； （2）$a'b' \perp OX$，$a''b'' \perp OY_W$，$a'b'$、$a''b''$均反映实长	（1）$a''b''$积聚为一点； （2）$a'b' \perp OZ$，$ab \perp OY_H$，ab、$a'b'$均反映实长

归纳表 2-1 内容，可概括出投影面垂直线的投影特性如下。

（1）在其垂直的投影面上的投影，积聚成一点。

（2）另外两个投影面上的投影，分别垂直于不同的投影轴，且反映实长。

3. 投影面平行线

平行于某一投影面，与另外两个投影面倾斜的直线称为投影面的平行线。

平行于 V 面的直线称为正平线，平行于 H 面的直线称为水平线，平行于 W 面的直线称为侧平线。它们的投影特性，见表 2-2。

表 2-2　投影面平行线的投影特性

名称	正平线（$AB /\!/ V$ 面）	水平线（$AB /\!/ H$ 面）	侧平线（$AB /\!/ W$ 面）
立体图	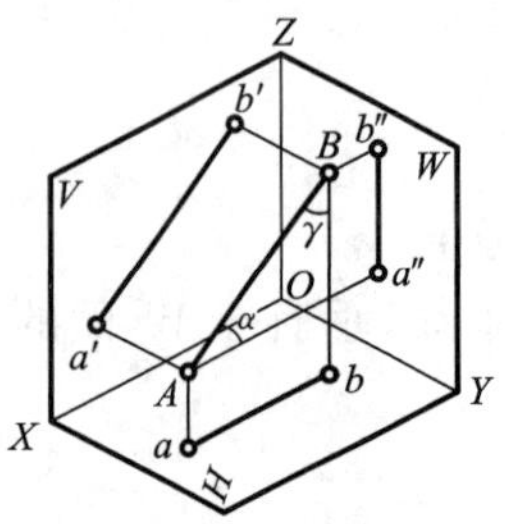	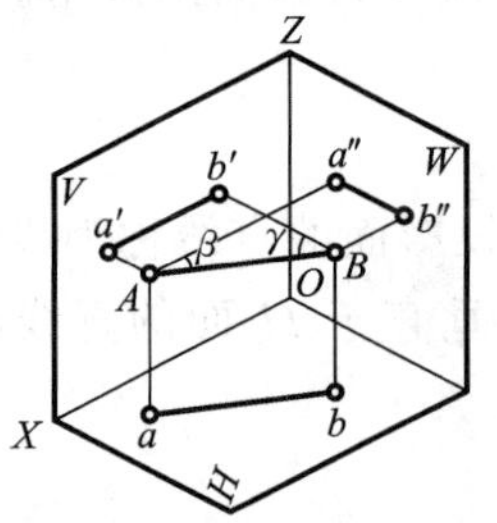	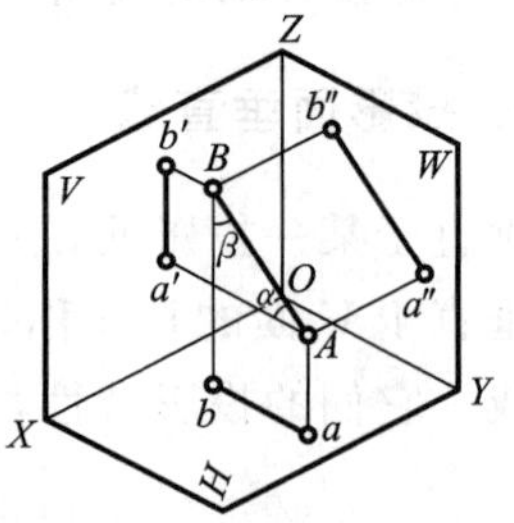

续表

名称	正平线（$AB /\!/ V$ 面）	水平线（$AB /\!/ H$ 面）	侧平线（$AB /\!/ W$ 面）
投影图			
投影特性	（1）$a'b'$ 反映实长，$a'b'$ 与 OX 轴、OZ 轴的夹角分别反映倾角 α、γ； （2）$ab /\!/ OX$，$a''b'' /\!/ OZ$，ab、$a''b''$ 均小于实长	（1）ab 反映实长，ab 与 OX 轴、OY_H 轴的夹角分别反映倾角 β、γ； （2）$a'b' /\!/ OX$，$a''b'' /\!/ OY_W$，$a'b'$、$a''b''$ 均小于实长	（1）$a''b''$ 反映实长，$a''b''$ 与 OY_W 轴、OZ 轴的夹角分别反映倾角 α、β； （2）$a'b' /\!/ OZ$，$ab /\!/ OY_H$，ab、$a'b'$ 均小于实长

归纳表 2-2 内容，可概括出投影面平行线的投影特性如下。

（1）在其平行的投影面上的投影反映实长；它与投影轴的夹角，分别反映直线对另两投影面的真实倾角。

（2）另外两个投影面上的投影，分别平行于不同的投影轴，长度缩短。

4. 一般位置线段的实长及其对投影面的倾角

一般位置直线的三个投影，既不反映线段的实长，也不反映其对投影面的真实倾角。通常用直角三角形法根据一般位置线段的投影图求其实长及对投影面的倾角。

如图 2-18(a)所示，线段 AB 为一般位置直线，过点 B 作 $BA_1 /\!/ ba$，构建直角△ABA_1。线段 AB 反映实长；$BA_1 = ba$，$AA_1 = Z_A - Z_B$（点 A 和点 B 的 Z 坐标差），也是投影 a'、b' 到 X 轴的距离差，∠ABA_1 为直线 AB 对 H 面的倾角 α。如图 2-18(b)所示，以 ab 为一直角边，$aa_1 = Z_A$

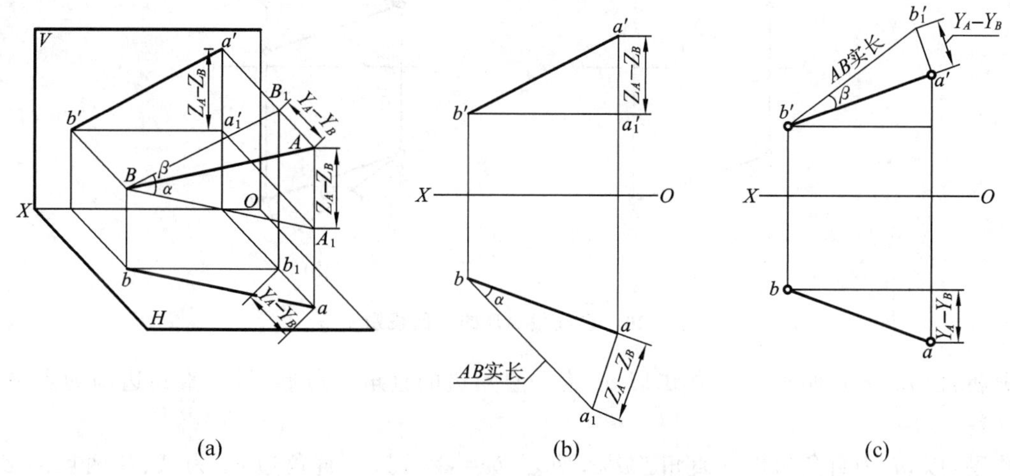

图 2-18 求一般位置线段的实长及倾角 α、β

$-Z_B$为另一直角边，作直角$\triangle ab\,a_1$，则$\triangle AB\,A_1 \cong \triangle ab\,a_1$，斜边$a_1b$为$AB$的实长，$\angle ab\,a_1=\alpha$。

同理，过点B作$BB_1 /\!/ a'\,b'$，构建直角$\triangle ABB_1$。直角边$B\,B_1=b'\,a'$，$A\,B_1=Y_A-Y_B$(点A和点B的Y坐标差)，也是投影a、b到X轴的距离差，$\angle ABB_1$为直线AB对V面的倾角β。如图2-18(c)所示，以$a'b'$为一直角边，$a'b_1'=Z_A-Z_B$为另一直角边，作直角$\triangle a'b'\,b_1'$，则$\triangle AB\,B_1 \cong \triangle a'b'\,b_1'$，斜边$b'\,b_1'$为线段$AB$的实长，$\angle a'b'b_1'$为$\beta$。两种方法所求实长一样，只是反映的倾角不同。

【例2-4】 如图2-19(a)所示，已知线段AB的水平投影ab和点B的正面投影b'，且AB的实长为l，求AB的正面投影$a'\,b'$。

分析：由于ab与X轴倾斜，且小于已知实长L，所求线段为一般位置直线。

作图：以ab为直角边，$bc=L$为斜边，作一直角$\triangle abc$，ac即为点A、B的Z坐标差，从而求得a'，连接a'、b'即为线段AB的正面投影，如图2-19(b)所示。本题有两解。

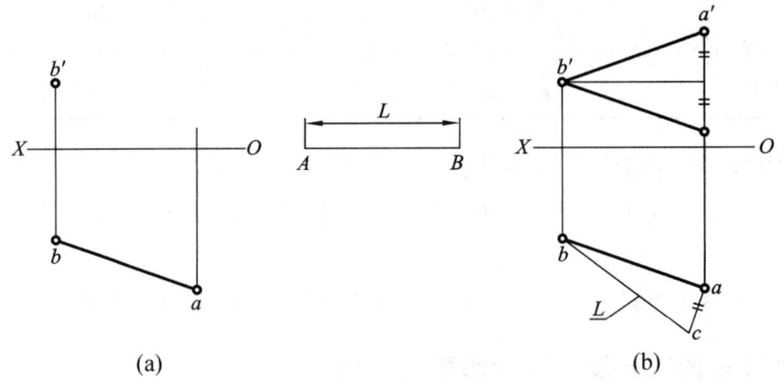

图2-19 求AB的正面投影$a'\,b'$

【例2-5】 上例改为已知线段AB的水平投影$a\,b$、点B的正面投影b'及$\alpha=30°$，求线段AB的正面投影$a'\,b'$，如图2-20(a)所示。

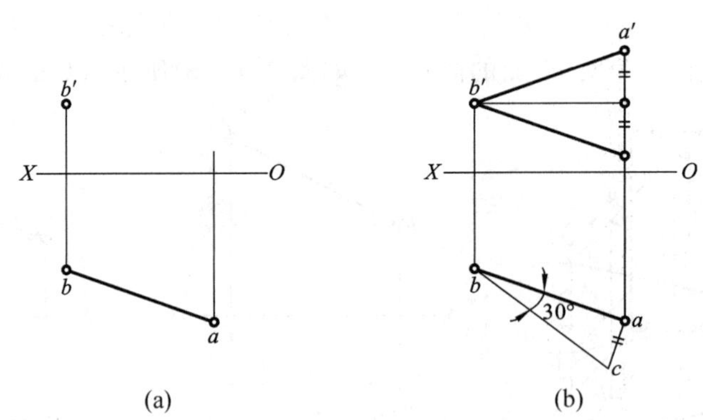

图2-20 求线段AB的正面投影$a'\,b'$

分析：已知ab及倾角α，可作出以ab为一直角边的直角三角形，另一直角边即为点A、B的Z坐标差。

作图：以ab为直角边作一直角$\triangle abc$，使$\angle abc=30°$，另一直角边ac为A、B两点的Z坐标差，用Z坐标差求出a'，如图2-20(b)所示。本题有两解。

二、直线上的点

1. 从属性

点在直线上，则点的各个投影在该直线的同面投影上，反之，点的各个投影在直线的同面投影上，则该点一定在直线上。

2. 定比性

点 C 在直线 AB 上，则点 C 的三面投影 c、c'、c''分别在直线 AB 的同面投影 ab、$a'b'$、$a''b''$上，且有 $AC:CB=ac:cb=a'c':c'b'=a''c'':c''b''$，如图 2-21 所示。

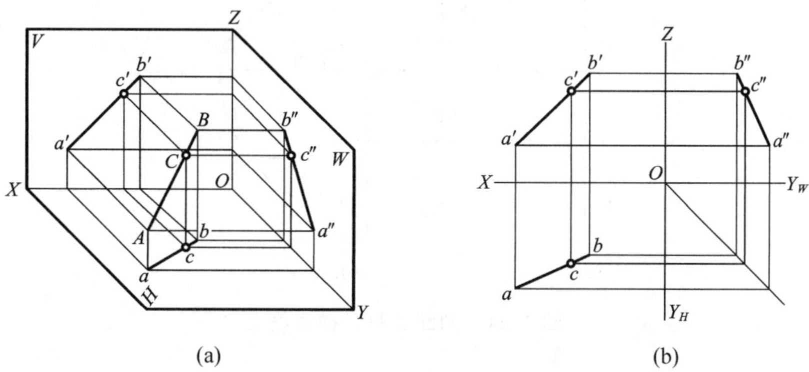

图 2-21　直线上点的投影

【例 2-6】　如图 2-22(a)所示，已知点 K 在直线 AB 上，求点 K 的正面投影 k'。

分析：点 K 的正面投影 k'一定在 $a'b'$上，这里采用定比性来作图。

作图：过 b'作线段长为 $b'a$，在 $b'a$ 上定出 k，连接 aa'，过 k 作 aa'的平行线求得 k'，如图 2-22(b)所示。

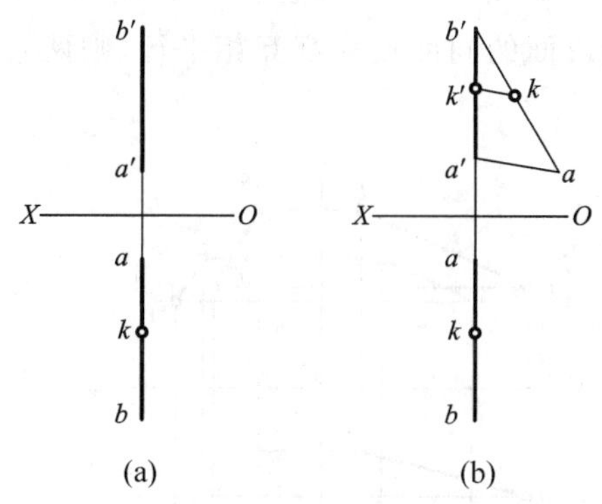

图 2-22　求直线上点的投影

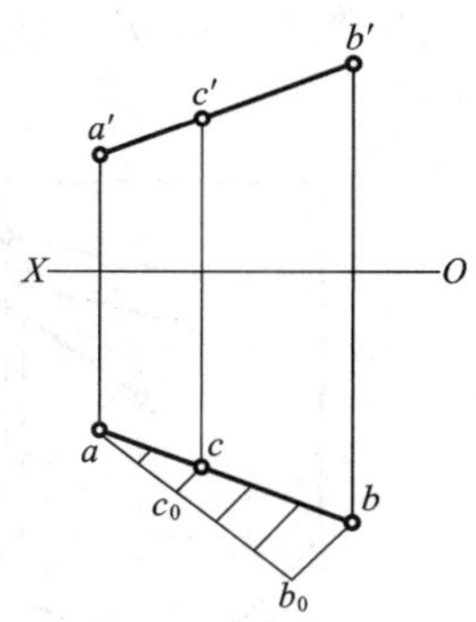

图 2-23　求直线 AB 上的分点 C

【例 2-7】　已知线段 AB 的投影，试将 AB 分成 2∶3两段，求分点 C 的投影，如图 2-23 所示。

分析：根据直线上点的投影特性，可先将线段 AB 的任一投影分为 2∶3，从而得到分点 C 的一个投影，然后作点 C 的另一投影。

作图：过点 a 作辅助线，量取 5 个单位长度，得 B_0。在 ab_0 上取 c_0，使 $ac_0 : c_0b_0 = 2:3$。连接 b_0b，作 $c_0c // b_0b$ 与 ab 交于 c。过 c 作 OX 轴垂线与 $a'b'$ 交于 c'。

3. 判断点是否在直线上

对于一般位置直线判别点是否在直线上，只需判断两个投影面上的投影即可。若直线为投影面平行线，一般需观察第三个投影才能确定。如图 2-24(a)所示，AB 是侧平线，点 M 的水平投影 m 和正面投影 m' 都在 AB 的同面投影上。要判定点 M 是否在直线 AB 上，作出它们的侧面投影 m''，不在 $a''b''$ 上，所以，点 M 不是线段 AB 上的点，如图 2-24(b)所示。

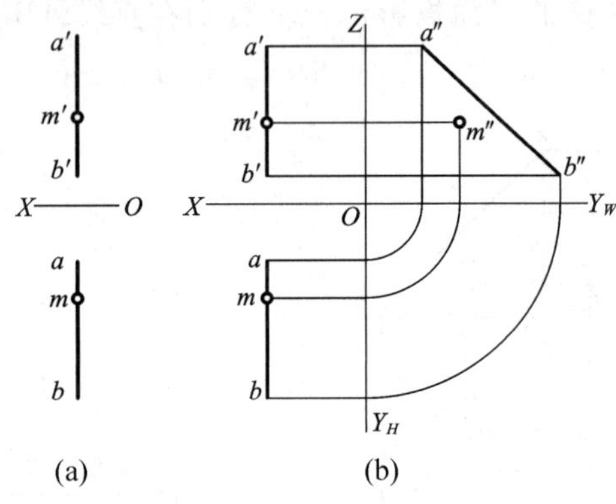

图 2-24　判断点是否在直线上

三、两直线的相对位置

空间两直线的相对位置有平行、相交、交叉三种情况。

1. 两直线平行

若空间两直线平行，则它们的同面投影互相平行，如图 2-25 所示。由于 $AB // CD$，则 $ab // cd$，$a'b' // c'd'$，$a''b'' // c''d''$。反之，如果两直线三个投影面的同面投影都互相平行，则两直线在空间互相平行。

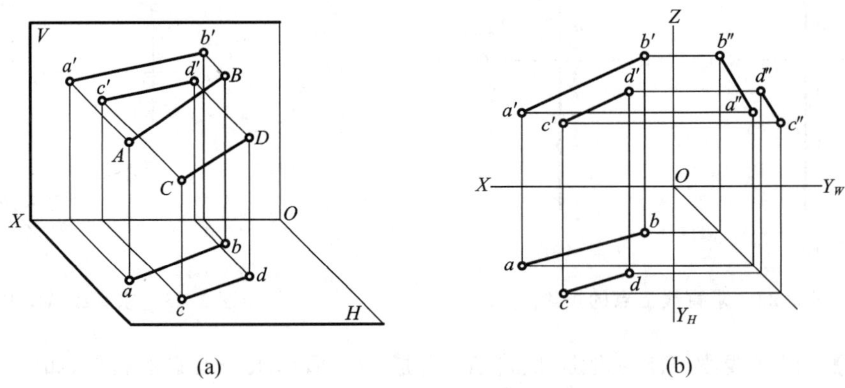

图 2-25　两直线平行

如果两平行直线都是一般位置直线，只要任意两组同面投影相互平行，就能判定这两条直线在空间相互平行，如图 2-25(b)所示。

若已知两条直线两个同面投影相互平行，且两直线是投影面的平行线时，则不能判定这两条直线在空间一定平行，通常应求出第三投影，才能确定这两条直线是否平行。如图 2-26(a)所示，线段 EF、GH 是侧平线，尽管 $e'f' /\!/ g'h'$，$ef /\!/ gh$，不能判定线段 EF、GH 相互平行。求出两线段的侧面投影，$e''f''$不平行于 $g''h''$，故 EF 与 GH 在空间不平行。

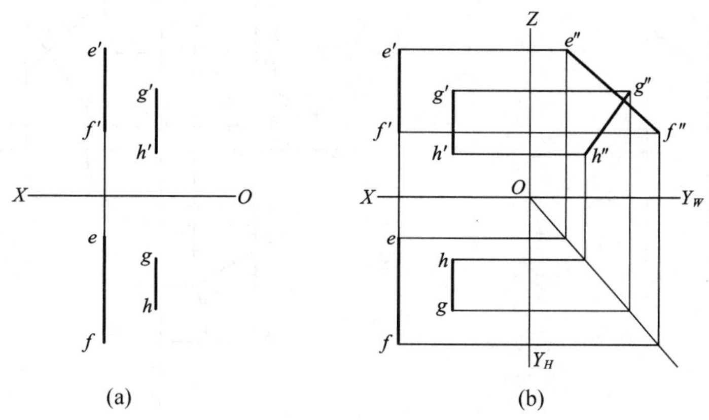

图 2-26　判断 EF 与 GH 是否平行

2. 两直线相交

空间两直线若相交，它们的同面投影相交，且交点的投影符合点的投影规律。

如图 2-27(a)所示，AB 与 CD 相交，交点为 K，则 ab 与 cd、$a'b'$ 与 $c'd'$、$a''b''$ 与 $c''d''$ 分别交于 k、k'、k''，交点 K 符合点的投影规律。反之，两直线在投影图上的各组同面投影均相交，且交点符合点的投影规律，则两直线在空间相交。

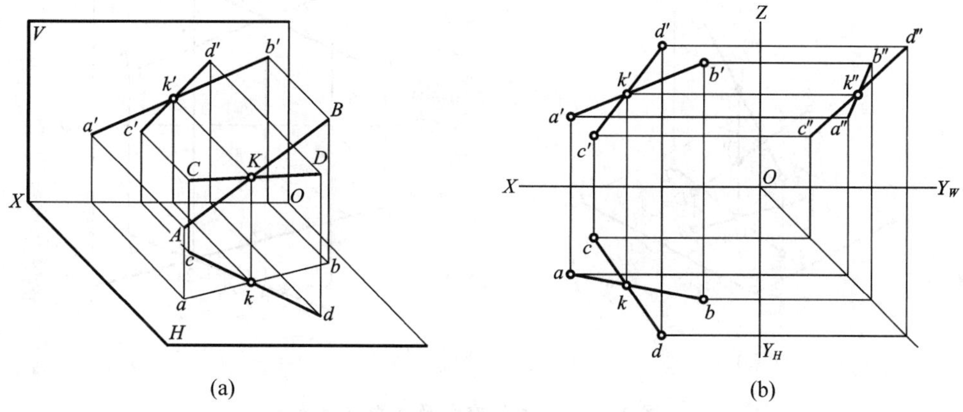

图 2-27　两直线相交

若两直线都是一般位置直线，只要根据任意两组同面投影，就能判定两直线在空间是否相交，如图 2-27(b)所示。

当两条直线中有一条是投影面平行线时，通常检查两直线在三个投影面上交点的投影是否符合点的投影规律，才能确定这两条直线在空间是否相交。

如图 2-28(a)所示，线段 CD 为一般位置直线，线段 AB 为侧平线。尽管 $a'b'$ 与 $c'd'$、ab 与 cd 相交，交点投影 k' 和 k 的连线垂直于 OX 轴，但作出侧面投影后，交点的投影不符合点的投影规律，则两直线在空间不相交，如图 2-28(b)所示。

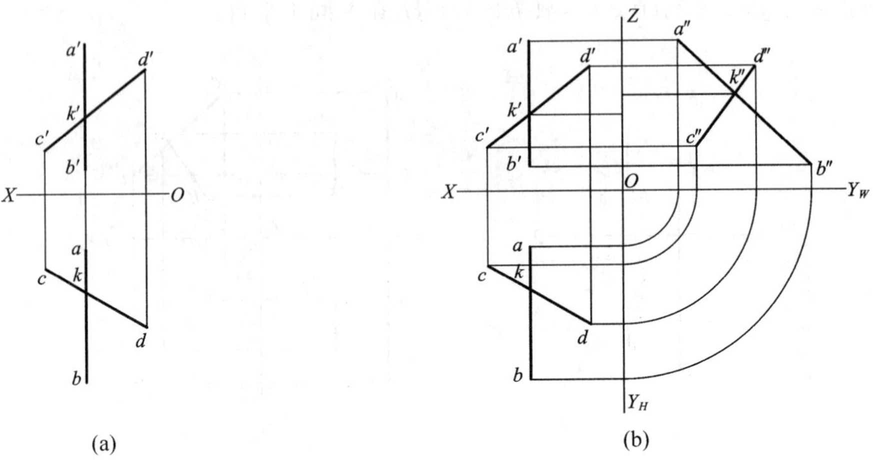

图 2-28　判断 AB 与 CD 是否相交

3. 两直线交叉

既不平行又不相交的两直线称为交叉直线。交叉两直线的投影可能是相交，但交点一定不符合点的投影规律，图 2-29 所示。

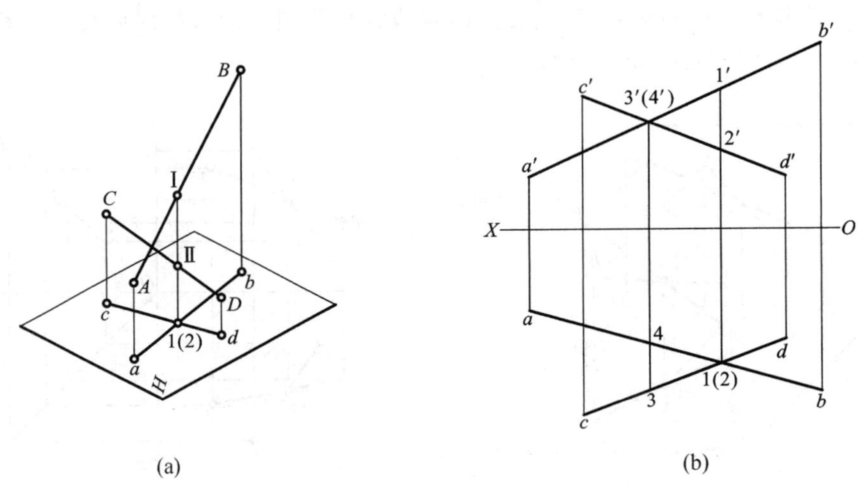

图 2-29　两直线交叉及重影点分析

(1) 两一般位置直线交叉的投影及重影点分析。

如图 2-29(a)所示，线段 AB、CD 水平投影的交点 1(2)，实际上是线段 AB 上的点Ⅰ和线段 CD 上的点Ⅱ的重影。

判别可见性：由正面投影 1′、2′可知，点Ⅰ在上，点Ⅱ在下，点Ⅰ可见，点Ⅱ不可见，其投影写成 1(2)。同理，3′(4′)是线段 AB 上的点Ⅲ和 CD 上的点Ⅳ的重影点。由水平投影 3、4 可知，点Ⅲ在前，点Ⅳ在后，正面投影写成 3′(4′)，如图 2-29(b)所示。

(2) 含投影面平行线的两交叉直线投影及重影点析。

如图 2-30(a)所示，线段 AB、CD 的正面投影和水平投影相交，交点连线垂直 OX 轴，线段 AB 是侧平线，侧面投影也相交，交点不符合点的投影规律，故 AB、CD 为交叉两直线。

判别可见性：$e''(f'')$分别是线段 CD、AB 上点 E、F 在侧面上的重影，点 E 在左，点 F 在右，点 E 可见，点 F 不可见，写成 $e''(f'')$。

如图 2-30(b)所示，AB、CD 为侧平线，$ab \parallel cd$ ，$a'b' \parallel c'd'$ ，$a''b''$与 $c''d''$相交，AB、CD 为交叉直线。

判别可见性：$m''(n'')$分别是线段 AB、CD 上点 M、N 在侧面上的重影，点 M 在左，点 N 在右，M 点可见，N 点不可见，写成 $m''(n'')$。

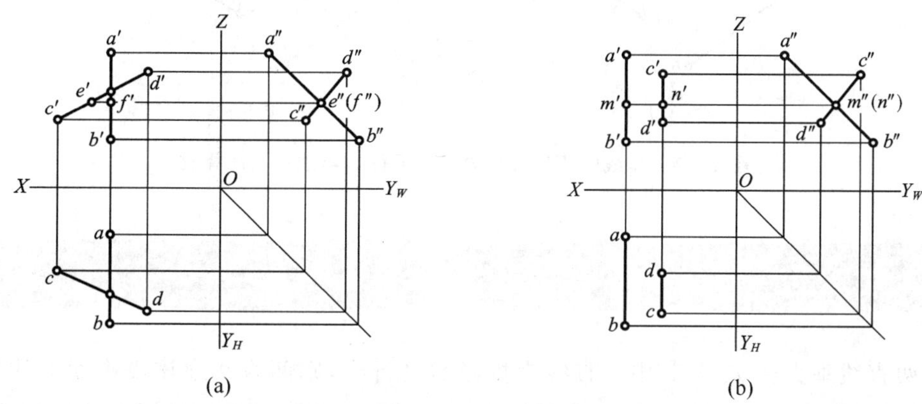

图 2-30　含投影面平行线两交叉直线的投影及重影点分析

【例 2-8】 如图 2-31(a)所示，判断线段 AB、CD 的相对位置。

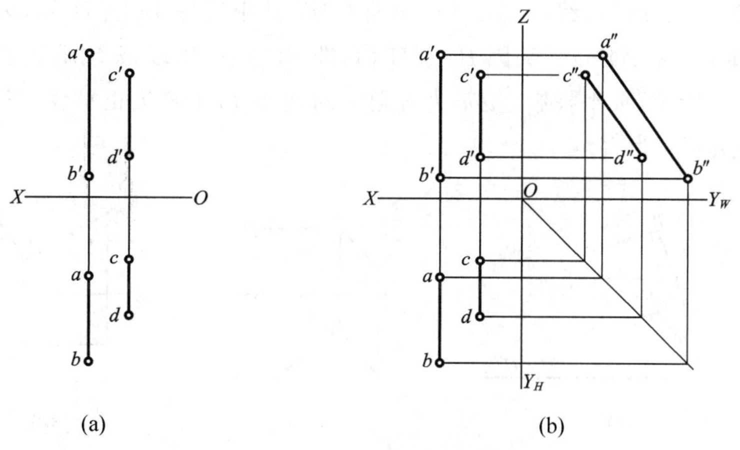

图 2-31　判断两直线的相对位置

分析：作出侧面投影 $a''b''$ 和 $c''d''$，若 $a''b'' /\!/ c''d''$，则 $AB /\!/ CD$；反之，则线段 AB、CD 交叉。

作图：因 $a''b'' /\!/ c''d''$，可判断 $AB /\!/ CD$，如图 2-31(b)所示。

【例 2-9】 如图 2-32(a)所示，已知线段 AB、CD 的两面投影和点 E 的水平投影 e，求作线段 EF 与 CD 平行，并与线段 AB 相交于点 F。

分析：所求线段 EF 同时满足 $EF /\!/ CD$，且与 AB 相交这两个条件。

作图：过 e 作 $ef /\!/ cd$；交 ab 于 f，由线上点的投影规律求出 f'。过 f' 作 $e'f' /\!/ c'd'$，如图 2-32(b)所示。

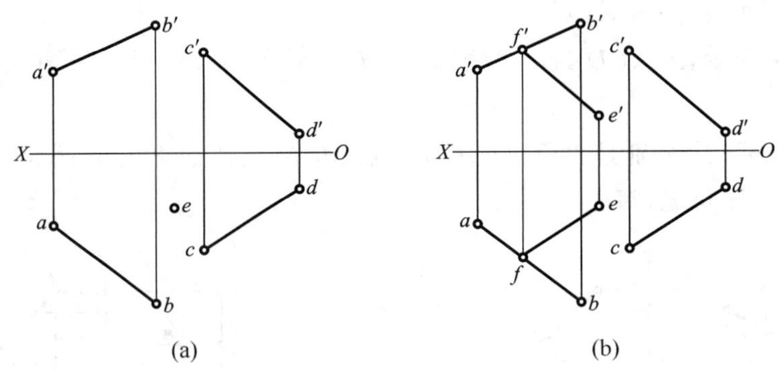

图 2-32 作线段 EF 与线段 CD 平行且与线段 AB 相交

四、直角投影定理

空间两直线垂直相交，若其中一直线为投影面平行线，则两直线在该投影面上的投影互相垂直，此投影特性称为直角投影定理。反之，相交两直线在某一投影面上的投影互相垂直，其中有一直线为该投影面的平行线，则这两直线在空间互相垂直。该定理同样适用于垂直交叉直线。

证明：如图 2-33(a)所示，线段 AB、BC 垂直相交，其中线段 $BC /\!/ H$ 面，因 $BC \perp AB$，$BC \perp Bb$，所以 BC 垂直于平面 $ABba$。又因 $BC /\!/ H$ 面，即 $BC /\!/ bc$，所以 bc 也垂直于平面 $ABba$，则 $bc \perp ab$，如图 2-33(b)所示，水平投影 $\angle abc$ 为直角。同理，线段 DE 为正平线，当空间 $\angle DEF$ 为直角时，正面投影 $\angle d'e'f'$ 为直角。

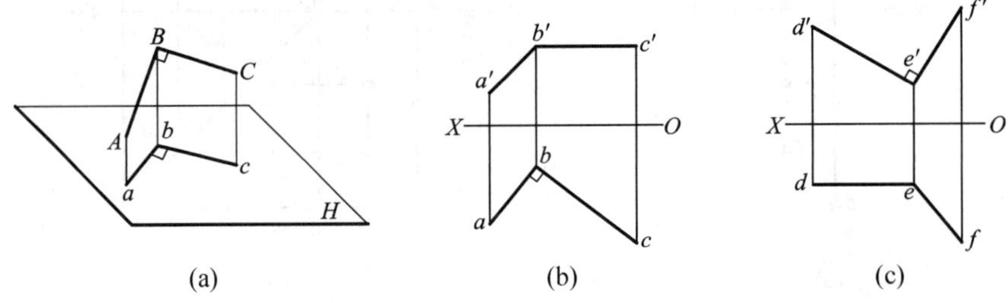

图 2-33 一边平行于投影面的直角投影

【例 2-10】 如图 2-34(a)所示，过点 C 作线段 CD 与线段 AB 垂直相交。

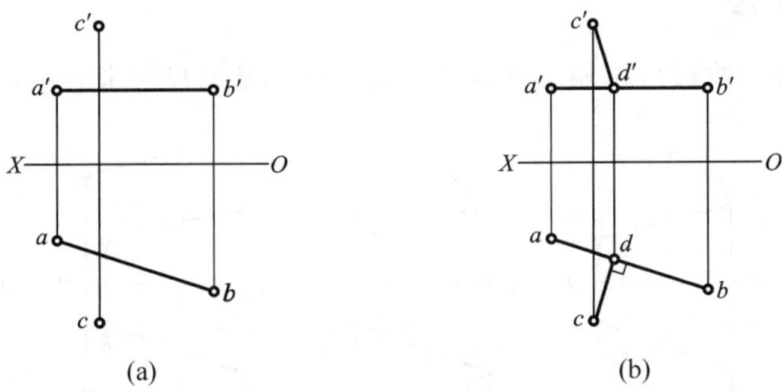

图 2-34 求作过点 C 作线段 CD 与线段 AB 垂直相交

分析：线段 AB 是水平线，线段 CD 与线段 AB 垂直相交，根据直角投影定理作图。

作图：过 c 向 ab 作垂线交于 d，由线上点的投影规律求出 d'，连接 $c'd'$，如图 2-34(b)所示。

【例 2-11】 如图 2-35(a)所示，作线段 AB、CD 公垂线的投影。

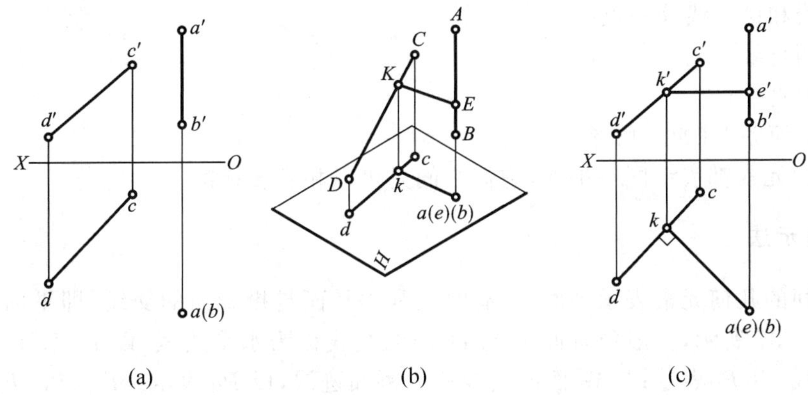

图 2-35 求作线段 AB、CD 公垂线的投影

分析：直线 AB 是铅垂线，CD 是一般位置直线，所求的公垂线是一条水平线，根据直角投影定理，得公垂线的水平投影垂直于 cd，如图 2-35(b)所示。

作图：过 $a(b)$ 向 cd 作垂线交于 k，利用线上点的投影规律求出 k'，由水平线投影规律，过 k' 作 X 轴的平行线交 $a'b'$ 于 e'，$k'e'$ 和 ke 即为公垂线 KE 的两面投影，如图 2-35(c)所示。

任务 5 平面的投影特征

一、平面的表示法

平面投影表示法可分为空间几何元素表示法和平面的迹线表示法两类。

1. 几何元素表示法

在投影图上,平面的投影可以用下列任何一组几何元素的投影来表示,如图 2-36 所示。

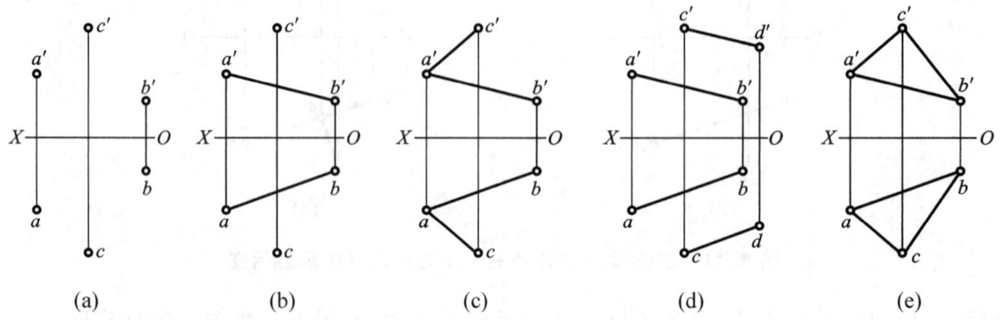

图 2-36　几何元素表示的平面

(1) 不在同一直线上的三点;

(2) 一直线和该直线外一点;

(3) 相交两直线;

(4) 平行两直线;

(5) 任意平面图形(如三角形)。

这五组几何元素都表示同一平面,它们之间是可以相互转换的。

2. 迹线表示法

除了用空间的几何元素表示平面外,有时也利用平面与投影面的交线(即平面的迹线)来表示平面。如图 2-37 所示,一般位置面 P 与 H 面的交线称为水平迹线,以 P_H 表示;与 V 面的交线称为正面迹线,以 P_V 表示;与 W 面的交线称为侧面迹线,以 P_W 表示。P_H、P_V、P_W 与相应的投影轴交于三个集合点 P_X、P_Y、P_Z。

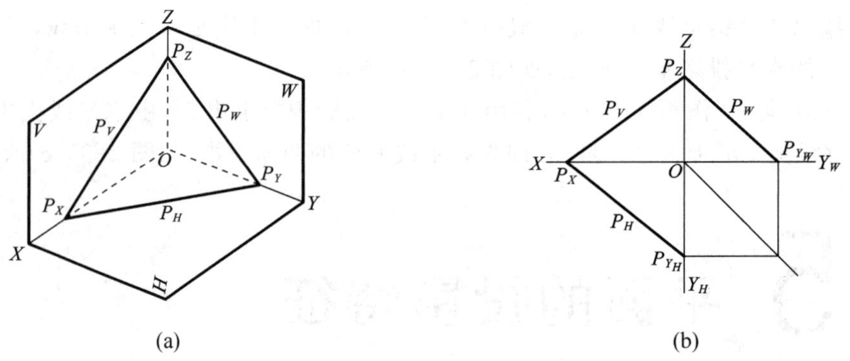

图 2-37　迹线表示的平面

二、各种位置平面的投影特性

根据平面在三投影面体系中的位置不同可将平面分三类:投影面垂直面、投影面平行面和一般位置平面。投影面平行面和投影面垂直面又称为特殊位置平面。

1. 一般位置平面

与三个投影面均倾斜的平面，称为一般位置平面，如图 2-38 所示 。

它的投影特性为：三个投影均为类似形，面积比实形小。

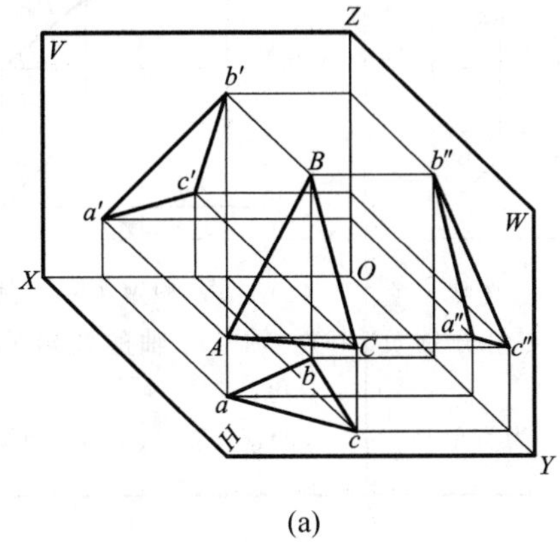

(a)

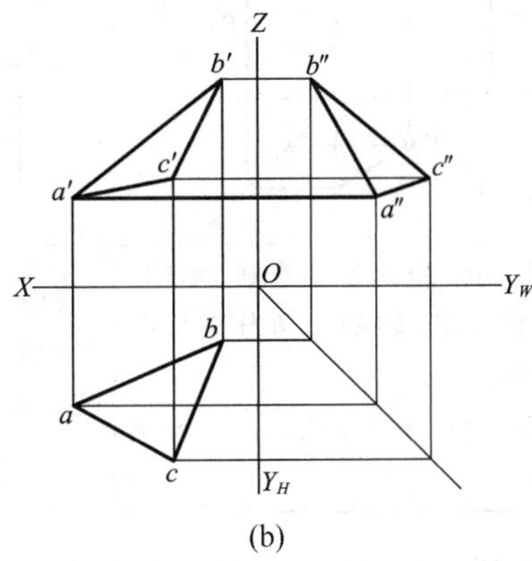

(b)

图 2-38　一般位置平面

2. 投影面垂直面

垂直于某一投影面，与另两个投影面倾斜的平面称为投影面垂直面，它们与水平投影面、正投影面、侧投影面的夹角，称为平面对该投影面的倾角，分别用 α、β、γ 表示，如表 2-3 投影图所示。垂直于 V 面的称为正垂面；垂直于 H 面的称为铅垂面；垂直于 W 面的称为侧垂面。它们的投影特性，见表 2-3。

表 2-3　投影面垂直面的投影特性

名称	铅　垂　面	正　垂　面	侧　垂　面
立体图	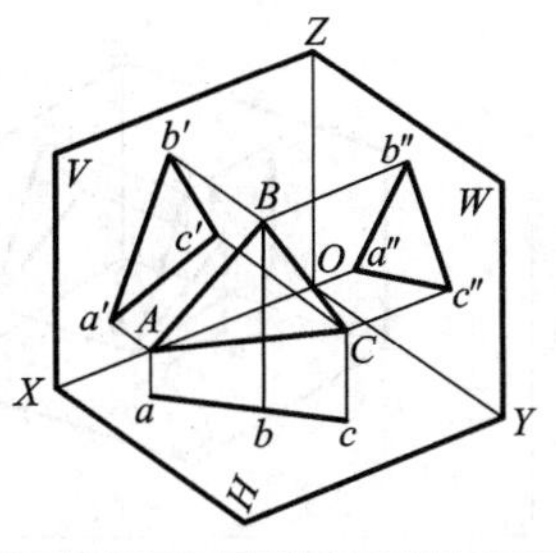	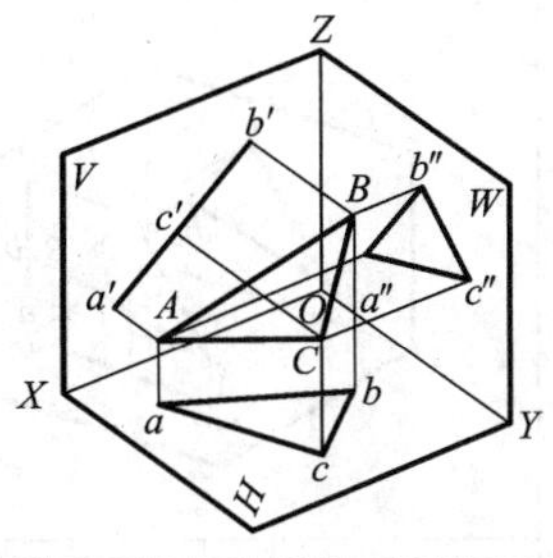	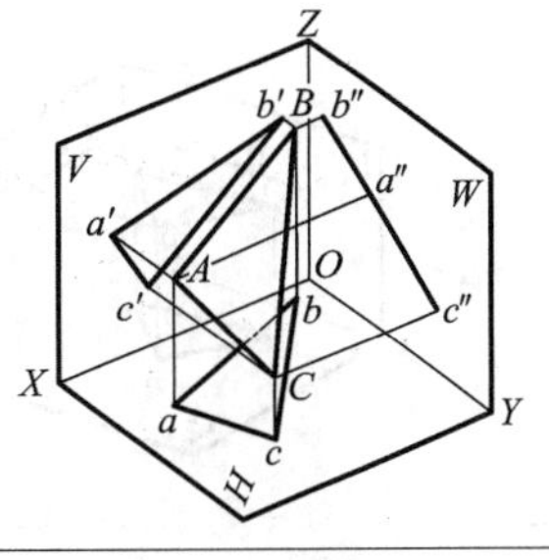
投影图	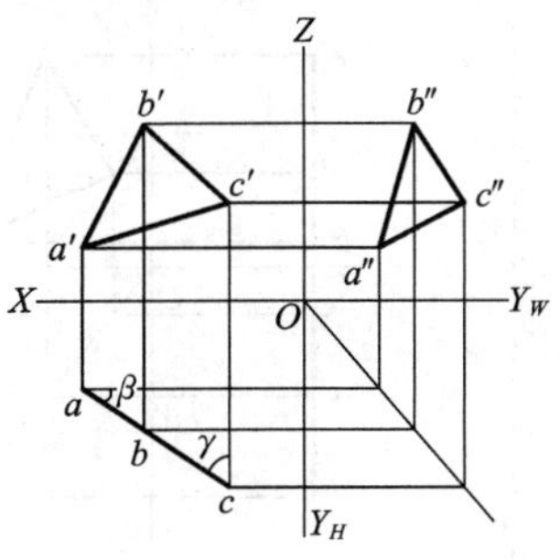	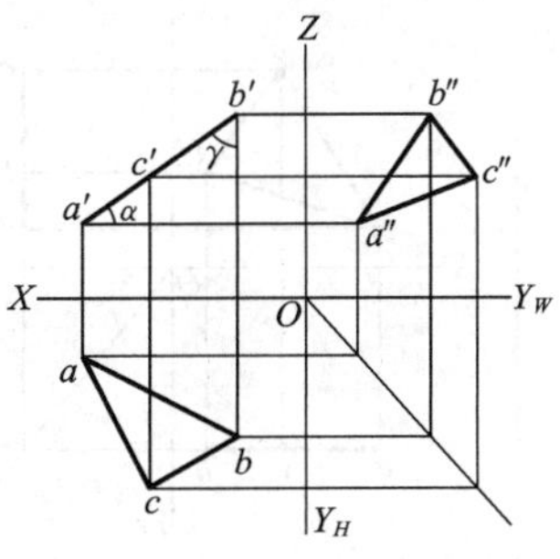	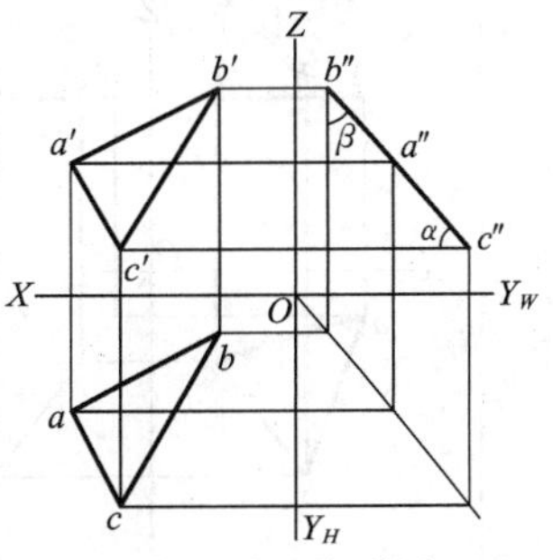

续表

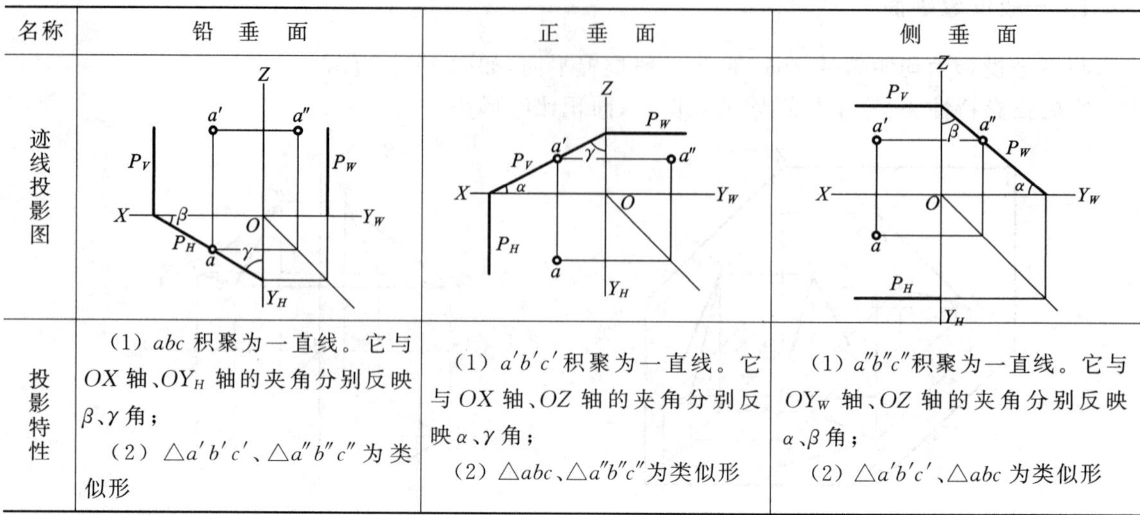

名称	铅垂面	正垂面	侧垂面
迹线投影图			
投影特性	(1) abc 积聚为一直线。它与 OX 轴、OY_H 轴的夹角分别反映 β、γ 角； (2) $\triangle a'b'c'$、$\triangle a''b''c''$ 为类似形	(1) $a'b'c'$ 积聚为一直线。它与 OX 轴、OZ 轴的夹角分别反映 α、γ 角； (2) $\triangle abc$、$\triangle a''b''c''$ 为类似形	(1) $a''b''c''$ 积聚为一直线。它与 OY_W 轴、OZ 轴的夹角分别反映 α、β 角； (2) $\triangle a'b'c'$、$\triangle abc$ 为类似形

综上所述，投影面垂直面的投影特性如下。

(1) 在其垂直的投影面上的投影积聚成一直线；该直线与两投影轴的夹角反映了平面对另两投影面的夹角。

(2) 在另两投影面上，其投影为类似形。

3. 投影面平行面

平行于某一投影面，垂直于另两投影面的平面称为投影面平行面。平行于 V 面的称为正平面；平行于 H 面的称为水平面；平行于 W 面的称为侧平面。它们的投影特性，见表 2-4。

表 2-4 投影面平行面的投影特性

名称	水平面	正平面	侧平面
立体图			
投影图			

续表

名称	水　平　面	正　平　面	侧　平　面
迹线投影图			
投影特性	(1) △ abc 反映实形； (2) $a'b'c' \parallel OX$、$a''b''c'' \parallel OY_W$，且具有积聚性	(1) △ $a'b'c'$ 反映实形； (2) $abc \parallel OX$、$a''b''c'' \parallel OZ$，且具有积聚性	(1) △ $a''b''c''$ 反映实形； (2) $abc \parallel OY_H$、$a'b'c' \parallel OZ$，且具有积聚性

综上所述，投影面平行面的投影特性如下。

(1) 在其平行的投影面上的投影反映实形。

(2) 在另两投影面上的投影均积聚成直线，且平行于不同的投影轴。

三、平面内的点和直线

(1) 平面内点的几何条件：若点在平面内一直线上，则点在该平面上。

(2) 平面内直线的几何条件：直线过平面内的两个点，则直线在该平面内；直线通过平面上一点且平行于平面内的另一直线，则直线在该平面内，如图 2-39 所示。

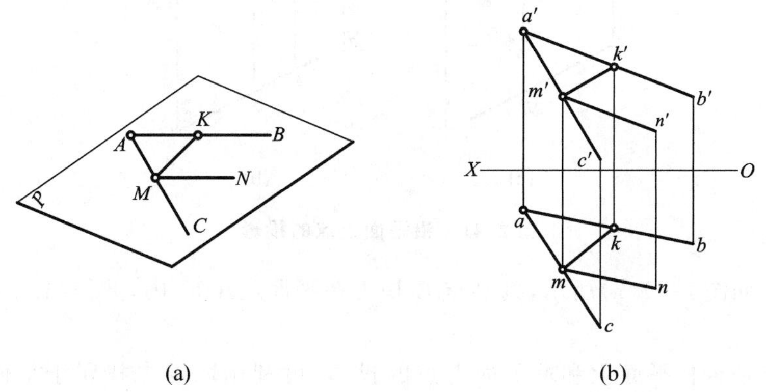

图 2-39　平面内的直线

(3) 面上求取点和直线的方法：取点，先作过该点属于面内的直线；取线，先作属于面上的两点。

【例 2-12】 已知△ABC 的两面投影，作出△ABC 上水平线 AD 和正平线 CE 的两面投影，如图 2-40(a)所示。

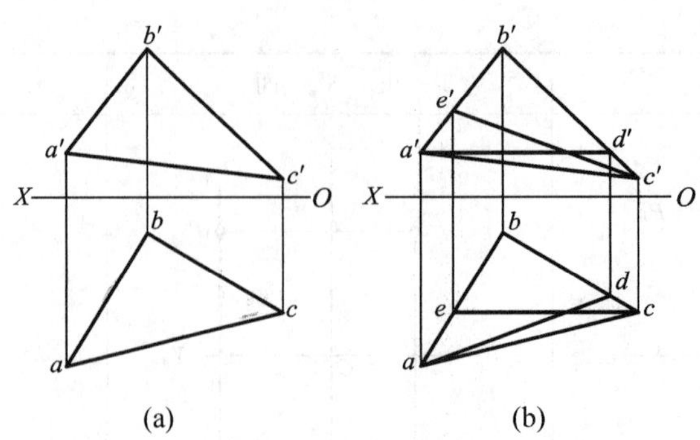

图 2-40　求平面内的水平线和正平线的投影

分析：由于水平线的正面投影平行 OX 轴，可先求 AD 的正面投影，正平线的水平投影平行 OX 轴，可先求 CE 的水平投影。

作图：如图 2-40(b)所示，过 a' 作 $a'd' /\!/ OX$ 轴，交 $b'c'$ 于 d'，在 bc 上求出 d，连接 ad 即为所求。过 c 作 $ce /\!/ OX$ 轴，交 ab 于 e，在 $a'b'$ 上求出 e'，连接 $c'e'$ 即为所求。

【例 2-13】　已知铅垂面上一点 K 的正面投影 k'，求水平投影 k，如图 2-41(a)所示。

分析：由于已知平面是铅垂面，其水平投影有积聚性，所以平面上点 K 的水平投影一定积聚在 abc 线段上。

作图：根据投影关系由 k' 作 OX 轴的垂线与 abc 线段交于 k，则 k 即为所求，如图 2-41(b)所示。

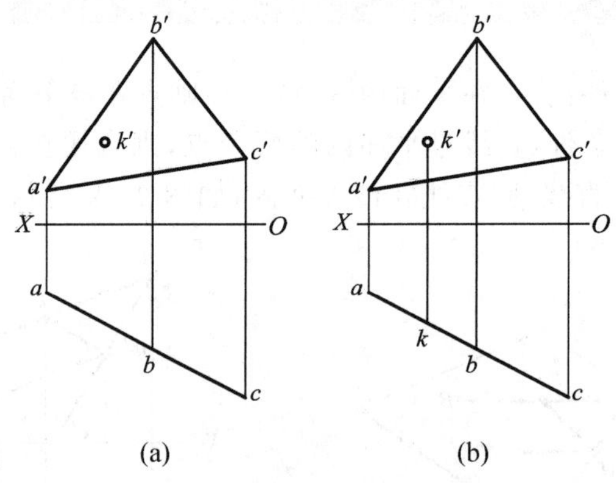

图 2-41　铅垂面上点的投影

【例 2-14】　如图 2-42(a)所示，判别点 E 是否在平面△ABC 内，并作出△ABC 平面内点 F 的正投影。

分析：判别点是否在平面上和求平面上点的投影，可利用取点先找属于平面内一条直线的方法来解题。

作图：连接 $a'e'$ 并延长交 $b'c'$ 于 $1'$，作出点 I 的水平投影 1，AI 为△ABC 平面内的直线，e 不在 $a1$ 上，所以，点 E 不在△ABC 平面上。点 F 在△ABC 平面上，连接 af 交 bc 于 2，作出点 II 的正面投影 $2'$，连接 $a'2'$ 延长与过 f 作 X 轴垂线交于 f'，如图 2-42(b)所示。

注意：判断点是否在平面内，不能仅看点的投影是否在平面的投影轮廓线内，一定要用几何条件和投影特性来判断。

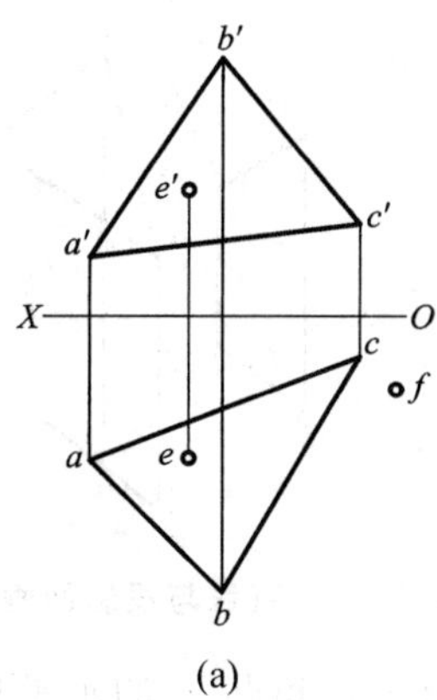

(a)

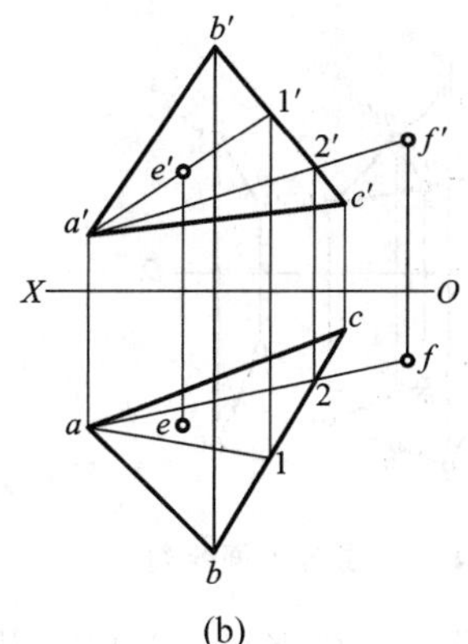

(b)

图 2-42　平面上的点

【例 2-15】 完成平面图形 $ABCDE$ 的正面投影，如图 2-43(a)所示。

分析：已知三点 A、B、C 的正面投影和水平投影，两点 E、D 在△ABC 平面上，故利用面上取点先作直线的方法求出 e'、d' 即可。

作图：连接 $a'c'$、ac、be，be 交 ac 于点 1，求出点Ⅰ的正面投影 $1'$，连接 $b'1'$ 并延长与过点 e 作的 X 轴垂线交于 e'。同理求△ABC 上一点 D 的正面投影 d'。依次用粗实线连接 c'、d'、e'、a' 得平面图形 $ABCDE$ 的正面投影，如图 2-43(b)所示。

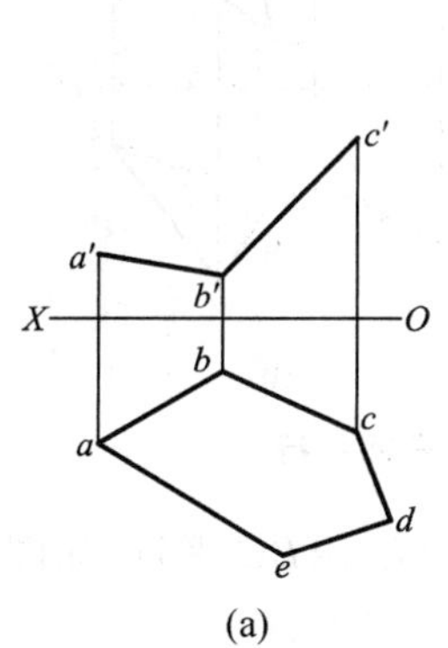

(a)

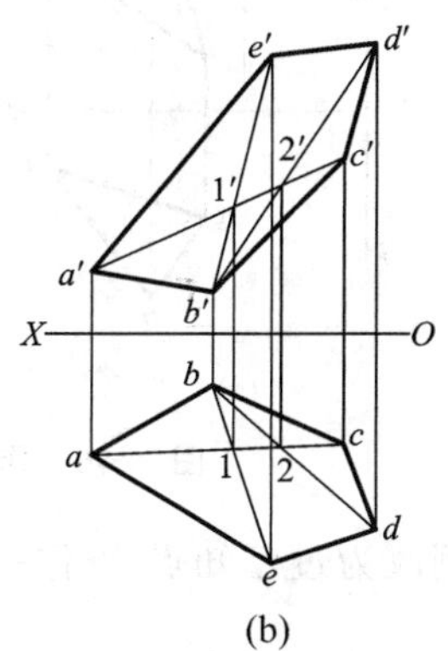

(b)

图 2-43　完成平面图形的投影

四、直线与平面及两平面的相对位置

直线与平面及两平面间的相对位置可分为：平行、相交和垂直(垂直是相交的特例)。

1. 平行问题

1) 直线与平面平行

直线与平面平行的几何条件：若直线平行于平面上一直线，则直线与该平面平行，如图 2-44 所示。

若直线平行投影面垂直面，则该垂直面具有积聚性的投影与直线的投影平行，如图 2-45 所示。

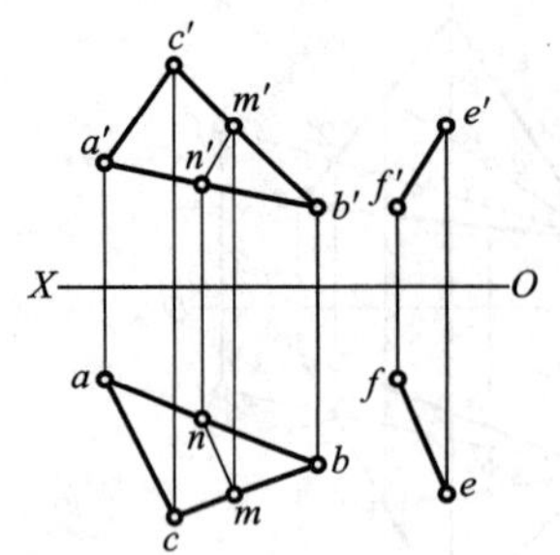

图 2-44　直线与平面平行

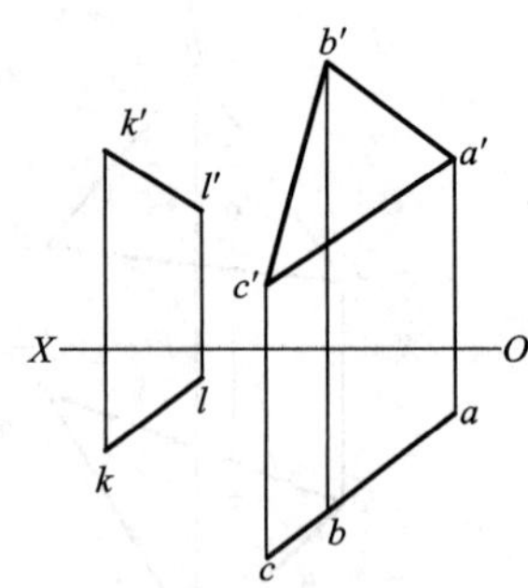

图 2-45　直线与投影面垂直面平行

【例 2-16】　已知直线 $KL /\!/ \triangle ABC$ 及 KL 的正面投影 $k'l'$ 和点 K 的水平投影 k，求 KL 的水平投影 kl，如图 2-46(a)所示。

分析：直线 $KL /\!/ \triangle ABC$，在 $\triangle ABC$ 上任作一条直线，使之与 KL 平行，则这条直线的水平投影必与 kl 平行。

作图：过 a' 作 $a'd' /\!/ k'l'$ 交 $b'c'$ 于 d'，按投影关系在 bc 上求出 d，连接 ad。过 k 作 $kl /\!/ ad$，kl 即为所求，如图 2-46(b)所示。

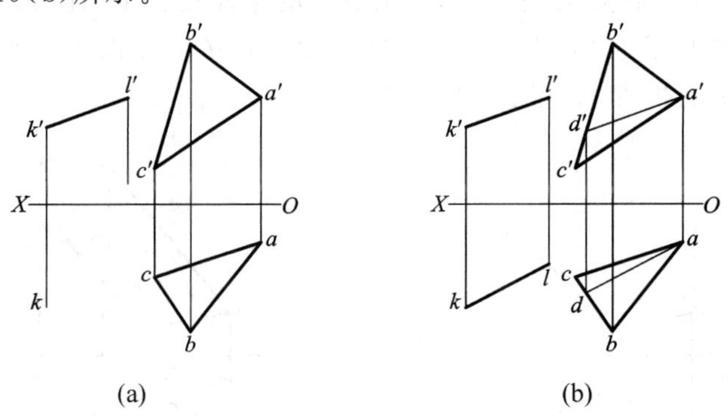

图 2-46　作一直线和已知平面平行

【例 2-17】　上例改为过已知点 K 作一水平线 KL 与 $\triangle ABC$ 平行，如图 2-47(a)所示，如何作图？

分析：在 $\triangle ABC$ 上作一水平线 AD，过点 K 作直线 $KL /\!/ AD$，则直线 KL 即为所求。

作图：过 a' 及 k' 分别作 $a'd' /\!/ k'l' /\!/ OX$，过 k 作 $kl /\!/ ad$，水平线 KL 即为所求，如图 2-47(b)所示。

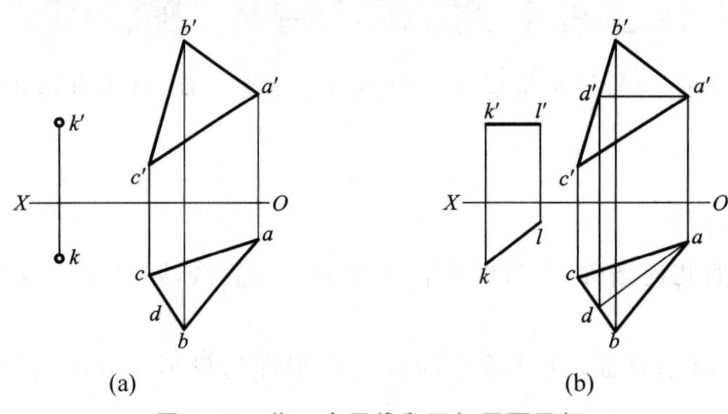

图 2-47　作一水平线和已知平面平行

2）两平面平行

两平面平行的几何条件是：若一平面上的两相交直线与另一平面上的两相交直线相互平行，则两个平面相互平行，如图 2-48 所示。

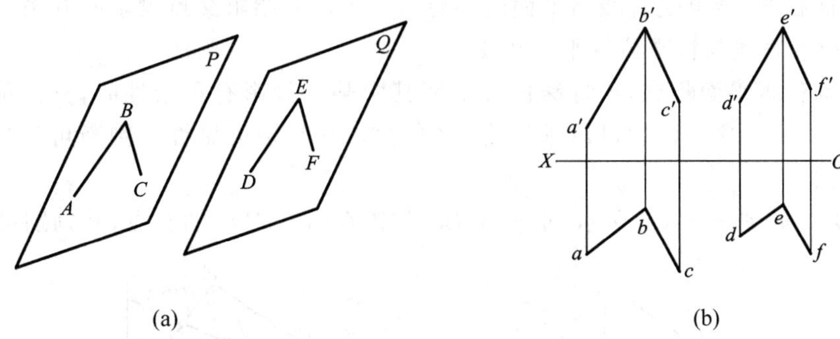

图 2-48　两平面平行

若两投影面垂直面相互平行，它们具有积聚性的那组投影相互平行，如图 2-49 所示。

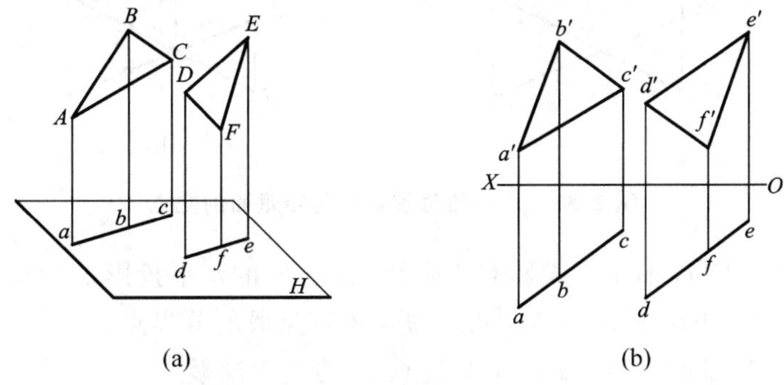

图 2-49　有积聚性的平面相互平行

【例 2-18】　过点 K 作一平面与△ABC 平行，如图 2-50(a)所示。

分析：由平面平行的几何条件，过点 K 作相交直线与△ABC 上的两相交直线平行即可。

作图：过 k' 作 $k'm' \parallel a'b'$，$k'n' \parallel a'c'$，过 k 作 $km \parallel ab$ 和 $kn \parallel ac$。相交两直线 KM 和 KN 所确定的平面即为所求，如图 2-50(b)所示。

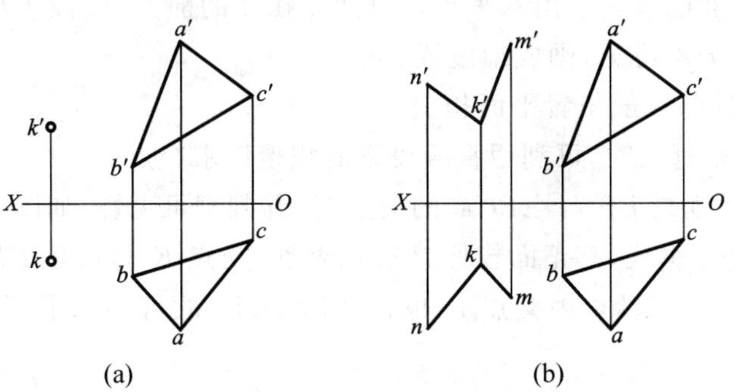

图 2-50　作一平面和△ABC 平行

2. 相交问题

1）直线与平面相交

直线与平面相交，交点是直线与平面的共有点。下面介绍求交点投影的方法。

（1）一般位置直线与特殊位置平面相交。

直线与特殊位置平面相交，当特殊位置平面其中某一投影有积聚性时，交点的投影必在平面积聚性投影上，利用这一特性可以求出交点的投影，并判别可见性。判断可见性的方法有目测法和重影点法。

【例 2-19】 如图 2-51(a)所示，求直线 BC 与铅垂面△EFG 的交点，并判别可见性。

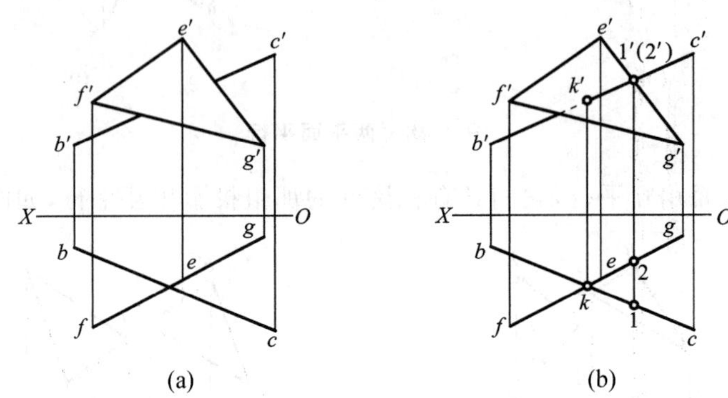

图 2-51 求一般位置直线与铅垂面的交点

分析：因铅垂面△EFG 的水平投影有积聚性，交点 K 的水平投影 k 为 bc 和 feg 的交点，利用直线上点的投影特性求出 k'，k'是 $b'c'$可见段与不可见段的分界点。

作图：过点 k 作 X 轴的垂线交 $b'c'$于 k'得点 K 的正面投影。

判别可见性如下。

目测法判别可见性：假设平面是不透明的，由于交点 K 把线段 BC 分成两部分，有一部分被平面遮住看不见，由线段 BC 和铅垂面△EFG 的水平投影可知：CK 位于铅垂面△EFG 右前方，因此 $c'k'$可见，画成粗实线；$b'k'$在△$e'f'g'$内的部分不可见，画成细虚线。

重影点法判别可见性：如图 2-51(b)所示，正面投影中 $1'(2')$是线段 BC 上的点Ⅰ和铅垂面△EFG 内 EG 边上点Ⅱ的重影。由水平投影可知 1 在 2 的前方，线段ⅠK 可见，$1'k'$画粗实线，$b'k'$在△$e'f'g'$内的部分不可见，画成细虚线。

（2）投影面垂直线与一般位置平面相交。

当直线是投影面垂直线时，可利用直线投影的积聚性求交点。

【例 2-20】 求正垂线 EF 与△BCD 的交点 K，并判别可见性，如图 2-52(a)所示。

分析：线段 EF 是正垂线，其正面投影具有积聚性，交点 K 是线段 EF 上的一个点，所以 K 点的正面投影 k'和 $e'(f')$重影，因交点 K 也在△BCD 上，故可利用平面上取点的方法，作出交点 K 的水平投影 k。

作图：连接 $d'k'$并延长与 $b'c'$交于 m'；过 m'作 X 轴垂线交 bc 于 m，连接 dm 与 ef 交于 k 即为所求，如图 2-52(b)所示。

判别可见性：如图 2-52(b)所示，线段 EF 和△BCD 的三边都交叉，取对水平投影面的重影

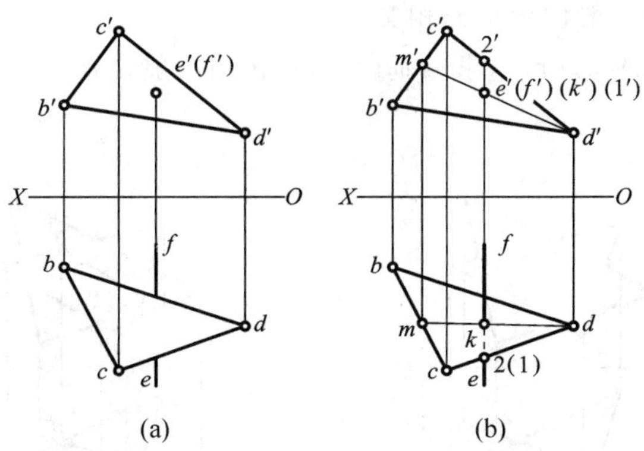

图 2-52　求正垂线与一般位置平面的交点

点Ⅰ(在线段 EF 上)和点Ⅱ(在线段 CD 上)的水平投影 2(1)，其正面投影 $2'$ 在 $1'$ 的上方，则点Ⅱ可见，点Ⅰ不可见，则线段 EF 上的ⅠK 段位于△BCD 下方，水平投影不可见，$1k$ 画细虚线，交点 K 另一侧线段 KF 位于△BCD 上方，其水平投影可见，kf 画粗实线。交点 K 的正面投影 k' 不可见。

2) 平面与平面相交

平面与平面相交，交线是相交两平面的共有线，交线上的点都是相交两平面的共有点，因此只要能够确定交线上两个共有点，或者一个共有点和交线方向，即可作出两平面的交线。

(1) 两特殊位置平面相交。

【例 2-21】　求铅垂面△ABC 与铅垂面△DEF 的交线 MN，并判别可见性，如图 2-53(a)所示。

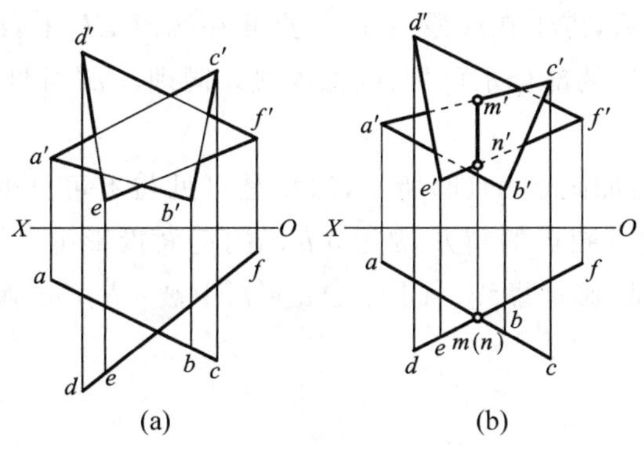

图 2-53　求两铅垂面的交线

分析：因为两个平面都是铅垂面，所以交线为铅垂线，水平投影积聚为点，正面投影垂直于 OX 轴。

作图：如图 2-53(b)所示，定出交线 MN 的水平投影 $m(n)$；过 $m(n)$ 作 X 轴垂线，在两个三角形正面投影相重合部分作出 $m'n'$，就得到交线 MN 的正面投影。

判别可见性：如图 2-53(b)所示，从水平投影可看：在交线 MN 的左侧，△DEF 在△ABC 的前方，故△$d'e'f'$ 在 $m'n'$ 左侧可见，而△$a'b'c'$ 在 $m'n'$ 左侧的△$d'e'f'$ 范围内不可见，右侧则相反。

(2) 特殊位置平面与一般位置平面相交。

【例 2-22】 如图 2-54(a)所示,求铅垂面△*DEF* 与一般位置平面△*ABC* 的交线 *MN*,并判别可见性。

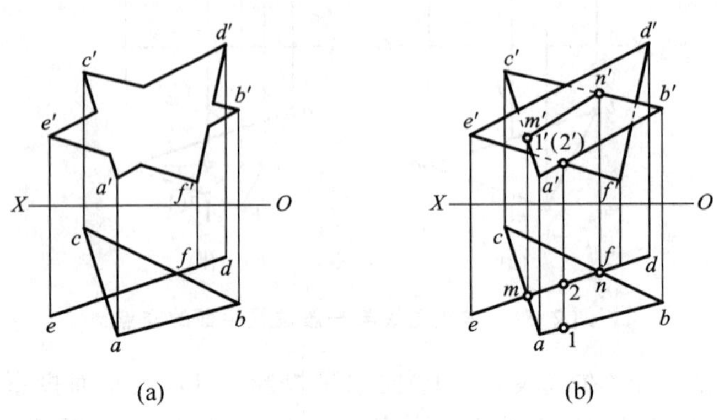

图 2-54 求铅垂面与一般位置平面的交线

分析:由于铅垂面△*DEF* 的水平面投影有积聚性,交线 *MN* 的水平面投影在其积聚性投影上,交线的水平投影已知,利用直线上点的投影特性,求出交线 *MN* 的正面投影。

作图:如图 2-54(b)所示,依据铅垂面△*DEF* 的积聚性投影,求出交线 *MN* 的水平投影 *mn*。点 *M* 在 *AC* 上,过 *m* 作 *OX* 轴垂线,交 *a'c'* 于 *m'*;同理,求出交点 *N* 的正面投影 *n'*。连接 *m'n'* 即为所求交线 *MN* 的正面投影。

判别可见性如下。

用重影点法判别可见性:如图 2-54(b)所示,1'(2')是线段 *AB*、*EF* 上点Ⅰ、Ⅱ在正面投影的重影点,点Ⅰ在前,点Ⅱ在后,点Ⅰ在线段 *AB* 上,点Ⅱ在线段 *EF* 上,线段 *AB* 可见,则 *a'b'n'm'* 可见,画粗实线,其他被遮住的部分不可见,画细虚线。同理,*e'd'* 可见,画粗实线,其他被遮住的部分不可见,画成细虚线。

用目测法判别可见性:如图 2-54(b)所示,*MN* 是可见与不可见的分界线。以水平投影 *mn* 为界,因 *abmn* 部分在积聚性投影的前方,故△*a'b'c'* 的正面投影中,*a'b'n'm'* 可见,画粗实线,被△*d'e'f'* 遮住的部分不可见,画细虚线。同理,△*d'e'f'* 中被 *a'b'n'm'* 遮住的部分不可见。

项目小结

1. 投影法

物体在光线照射下,就会在地面或墙壁上产生影子,人们把这种自然现象加以抽象,总结其规律,提出投影法概念。

1) 投影法的分类

(1) 中心投影法。

投射线都通过投射中心的投影法称为中心投影法。

(2) 平行投影法。

假设将投射中心移至无穷远处,这时的投射线可看作相互平行。

2）正投影的基本特性

(1)同素性；(2)平行性；(3)从属性；(4)定比性；(5)积聚性；(6)实形性(度量性或可量性)；(7)类似性。

2. 三面投影体系

通常建立一个相互垂直的三投影面体系。三个投影面分别称为正投影面(简称正面，用 V 表示)、水平投影面(用 H 表示)和侧投影面(简称侧面，用 W 表示)。物体在这三个投影面上的投影分别称为正面投影、水平投影和侧面投影。三个投影面之间的交线 OX、OY、OZ 称为投影轴。三个互相垂直的投影轴的交点 O 称为原点。

在机械制图中，将物体置于多面投影体系中，按正投影法投影所得到的图形称为视图。将物体置于观察者与投影面之间，用正投影法分别向三个投影面投影，得物体的三视图：

(1) 主视图——从前向后投射，在 V 面上所得到的视图；

(2) 俯视图——从上向下投射，在 H 面上所得到的视图；

(3) 左视图——从左向右投射，在 W 面上所得到的视图。

将投影面旋转展开到同一平面上后，物体的三视图则呈规则配置，相互之间形成了一定的对应关系。

1）位置关系

以主视图为准，俯视图配置在它的正下方，左视图配置在它的正右方。画三视图时，要严格按此位置配置。

2）度量关系

物体有长、宽、高三方向的尺寸，每个视图都反映物体两个方向的尺寸：主视图反映物体的长度和高度，俯视图反映物体的长度和宽度，左视图反映物体的宽度和高度。由于三视图反映的是同一物体，所以相邻两个视图同一方向的尺寸必定相等，即：主、俯视图反映物体的长度，主、左视图反映物体的高度，俯、左视图反映物体的宽度。度量对应关系归纳如下：

主视图、俯视图——长对正；

主视图、左视图——高平齐；

俯视图、左视图——宽相等。

这就是三视图在度量对应上的“三等”关系。在画图过程中应注意三个视图之间的“长对正、高平齐、宽相等”，特别是画俯视图和左视图时宽相等不要搞错。

3）方位关系

物体有上、下、左、右、前、后六个方向的位置。而每个视图只能反映四个方向的位置关系：

(1) 主视图反映物体上、下和左、右方位；

(2) 俯视图反映物体前、后和左、右方位；

(3) 左视图反映物体前、后和上、下方位。

读图时，应注意物体上、下、左、右和前、后各部位与三视图的联系。一般说来，上、下和左、右方向易掌握，前、后方向则容易搞错。

3. 点的投影

任何物体都可以看作是点的集合。点是基本几何要素，研究点的投影规律是掌握其他几何要素投影的基础。

点在两投影面体系中的投影规律如下。

(1) 点的正面投影和水平投影的连线垂直于 OX 轴。

(2) 点的正面投影到 OX 轴的距离,等于空间点到 H 面的距离。

(3) 点的水平投影到 OX 轴的距离,等于空间点到 V 面的距离。

点在三投影面体系中的投影规律如下。

(1) 点的正面投影与水平投影的连线垂直于 OX 轴;点的正面投影与侧面投影的连线垂直于 OZ 轴。

(2) 点的水平投影到 OX 轴的距离等于点的侧面投影到 OZ 轴的距离。

4. 直线的投影

直线的投影可由直线上两点的同面投影来确定,先作出直线上两点的投影,用粗实线连接两点的同面投影就得直线的投影。

1) 直线在三投影面体系中的投影特性

在三投影面体系中,依据直线对投影面的相对位置,可将直线分为三类:投影面垂直线、投影面平行线、一般位置直线。投影面垂直线和投影面平行线又称为特殊位置直线。

一般位置直线的投影特性如下。

(1) 三面投影都与投影轴倾斜,长度都小于实长。

(2) 与投影轴的夹角都不反映直线对投影面的倾角。

投影面垂直线的投影特性如下。

(1) 在其垂直的投影面上的投影,积聚成一点。

(2) 另外两个投影面上的投影,分别垂直于不同的投影轴,且反映实长。

投影面平行线的投影特性如下。

(1) 在其平行的投影面上的投影反映实长;它与投影轴的夹角,分别反映直线对另两投影面的真实倾角。

(2) 另外两个投影面上的投影,分别平行于不同的投影轴,长度缩短。

2) 直线上的点

对于一般位置直线判别点是否在直线上,只需判断两个投影面上的投影即可。若直线为投影面平行线,一般需观察第三个投影才能确定。

3) 两直线的相对位置

空间两直线的相对位置有平行、相交、交叉三种情况。

4) 直角投影定理

空间两直线垂直相交,若其中一直线为投影面平行线,则两直线在该投影面上的投影互相垂直,此投影特性称为直角投影定理。反之,相交两直线在某一投影面上的投影互相垂直,其中有一直线为该投影面的平行线,则这两直线在空间互相垂直。该定理同样适用于垂直交叉直线。

5. 平面的投影

1) 各种位置平面的投影特性

根据平面在三投影面体系中的位置不同可将平面分三类:投影面垂直面、投影面平行面和一般位置平面。投影面平行面和投影面垂直面又称为特殊位置平面。

一般位置平面的投影特性为：三个投影均为类似形，面积比实形小。

投影面垂直面的投影特性如下。

(1) 在其垂直的投影面上的投影积聚成一直线；该直线与两投影轴的夹角反映了平面对另两投影面的夹角。

(2) 在另两投影面上，其投影为类似形。

投影面平行面的投影特性如下。

(1) 在其平行的投影面上的投影反映实形。

(2) 在另两投影面上的投影均积聚成直线，且平行于不同的投影轴。

2) 平面内的点和直线

(1) 平面内点的几何条件：若点在平面内一直线上，则点在该平面上。

(2) 平面内直线的几何条件：直线过平面内的两个点，则直线在该平面内；直线通过平面上一点且平行于平面内的另一直线，则直线在该平面内。

(3) 面上求取点和直线的方法：取点，先作过该点属于面内的直线；取线，先作属于面上的两点。

3) 直线与平面及两平面的相对位置

直线与平面及两平面间的相对位置可分为：平行、相交和垂直(垂直是相交的特例)。

学习情境3 基本体的投影

学习目标

1. 知识目标

(1) 掌握几种基本平面体的投影。
(2) 掌握几种基本曲面体的投影。
(3) 掌握几种基本体上点、线的投影。

2. 能力目标

(1) 注意观察常见的基本立体,由立体的各面投影,想象立体的空间形状。
(2) 根据投影规律,在平面图中作出立体上相应点、线、面的投影。

引例导入

任何复杂的立体,都是由简单的立体组成。掌握立体的投影,立体表面上的点,线的投影的绘制方法,是学习工程制图必备的知识。

任务 1 平面体的投影

平面立体是由若干平面多边形围成的实体。立体的各条棱线就是相邻表面的交线,立体的各个顶点就是相交棱线的交点。因此,绘制平面立体的投影,可归结为绘制它的所有多边形表面的投影,也就是绘制这些多边形的边和顶点的投影,即用降维法来思考和处理问题。多边形的边是平面立体的轮廓线,当轮廓线的投影可见时画粗实线,不可见时画细虚线;当粗实线与细虚线重合时,只画粗实线。工程上常用的平面立体是棱柱和棱锥(包括棱台)。

一、棱柱

棱柱由两个形状大小相同且相互平行的底面和若干个平行四边形棱面所围成。相邻两棱面的交线相互平行,称之为棱线。棱线垂直于底面的棱柱为直棱柱,棱线与底面斜交的棱柱称为斜棱柱。底面是正多边形的直棱柱称为正棱柱。

图 3-1(a)所示的是一个正五棱柱的立体图和投影图。在此投影图中未画出投影轴。只要按照各点的 V 面投影和 H 面投影位于铅垂的投影连线上,V 面投影与 W 面投影位于水平的投影连线上,以及任两点的 H 面投影和 W 面投影保持前后方向的宽度相等和前后对应的所谓“三等关系”绘图,投影轴是不必画的,在实际应用中通常也不画投影轴。

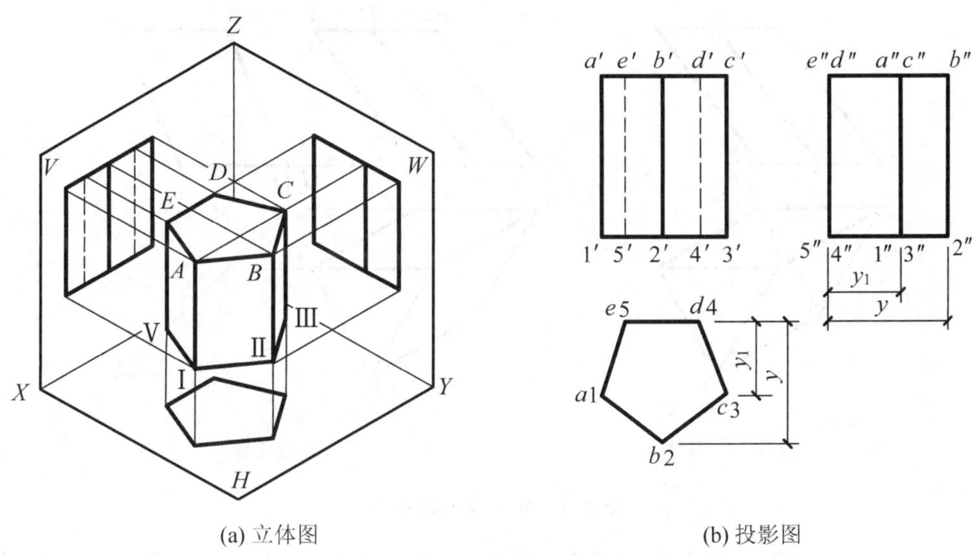

(a) 立体图 (b) 投影图

图 3-1 正五棱柱的投影

1. 棱柱的组成结构

图 3-1(a)所示是一个正五棱柱，它由 7 个多边形(5 个矩形棱面和上、下正五边形底面)、15 条直线(5 条棱线和上、下底面各 5 条边)、10 个顶点(A、B、C、D、E、Ⅰ、Ⅱ、Ⅲ、Ⅳ、Ⅴ)组成。

2. 棱柱的投影分析

为了便于画图和读图，使棱柱的底面平行于 H 面，后面的棱面平行于 V 面。这样，正五棱柱的 H 面投影是一个正五边形(见图 3-1(b))，上、下底面的投影重合，反映了底面的实形。五边形的五条边就是垂直于底面的五个棱面的具有积聚性的投影。

在五棱柱的 V 面投影中，由于它的上、下底面平行于 H 面，所以它们成为上、下两段水平直线。前面的左、右两个棱面 ABⅡⅠ和 BCⅢⅡ 倾斜于 V 面，投影成为两个可见的变窄了的矩形 $a'b'2'1'$ 和 $b'c'3'2'$；后面的左、右棱面 EAⅠⅤ和 CDⅣⅢ 倾斜于 V 面，投影成为两个不可见的变窄了的矩形 $e'a'1'5'$ 和 $c'd'4'3'$；后面的棱面 DEⅤⅣ 平行于 V 面，其投影 $d'e'5'4'$ 反映该棱面的实形。棱线 $D4$、$E5$ 在 V 面投影中不可见，把它们画成细虚线。

在 W 面投影中，五棱柱上、下底面的投影也是两段水平直线。后棱面 DEⅤⅣ垂直于 W 面，其投影 $d''e''5''4''$ 积聚成一段竖直的直线。左边的棱面 EAⅠⅤ和 ABⅡⅠ投射成两个可见的矩形 $e''a''1''5''$ 和 $a''b''2''1''$；右边两个棱面的投影则分别与左边两个棱面的投影重合，它们是不可见的。

作图时，应注意先画出特征投影图形。根据五棱柱的形状特点，应先画出 H 面投影图，即正五边形线框，再按投影关系画出五棱柱的 V 面投影图和 W 面投影图。

在图 3-1(b)中，请特别注意 H 面投影与 W 面投影之间必须符合宽度相等和前后对应的关系。例如前棱线与后棱面之间的宽度为 y，左右棱线与后棱面之间的宽度为 y_1，并且前棱线和左右棱线都分别在后棱面之前。这种 H 面投影和 W 面投影之间的关系，如图 3-1(b)所示，一般可直接量取相等的距离作图，但也可用添加 45°辅助线方法作图，如图 3-2 所示。

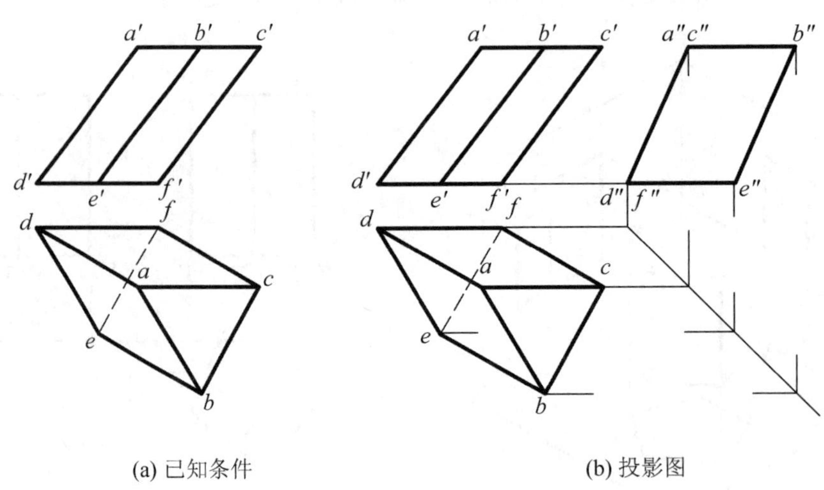

(a) 已知条件　　(b) 投影图

图 3-2　斜三棱柱的投影

图 3-2(a)所示是斜三棱柱的两面投影图。斜三棱柱的上、下底面都平行于 H 面，其 H 面

投影反映三角形的实形，投影为$\triangle abc$和$\triangle def$；它们的V面投影积聚为水平的直线段$a'b'c'$和$d'e'f'$。三条侧棱彼此平行，H面投影为ad、be和cf，正面投影为$a'd'$、$b'e'$和$c'f'$。该棱柱是向上、向右、向前倾斜的，由于底边EF在下边，不可见，所以H面投影中的ef画成虚线。

在图3-2(b)中，根据已知棱柱的两面投影画出了它的W面投影。作图时添加45°辅助作图线，利用此线画出各顶点的W面投影，然后连成立体的W面投影。

二、棱锥

棱锥由一个多边形底面和若干个共顶点的三角形棱面所围成。如果棱锥的底面是一个正多边形，而且顶点与正多边形底面的中心的连线垂直于该底面，这样的棱锥就称为正棱锥。

1. 棱锥的组成结构

图3-3(a)所示为一正三棱锥，它由4个多边形(3个等腰三角形棱面和正三角形底面)、6条直线(3条棱线和底面3条边)、4个顶点(S、A、B、C)组成。

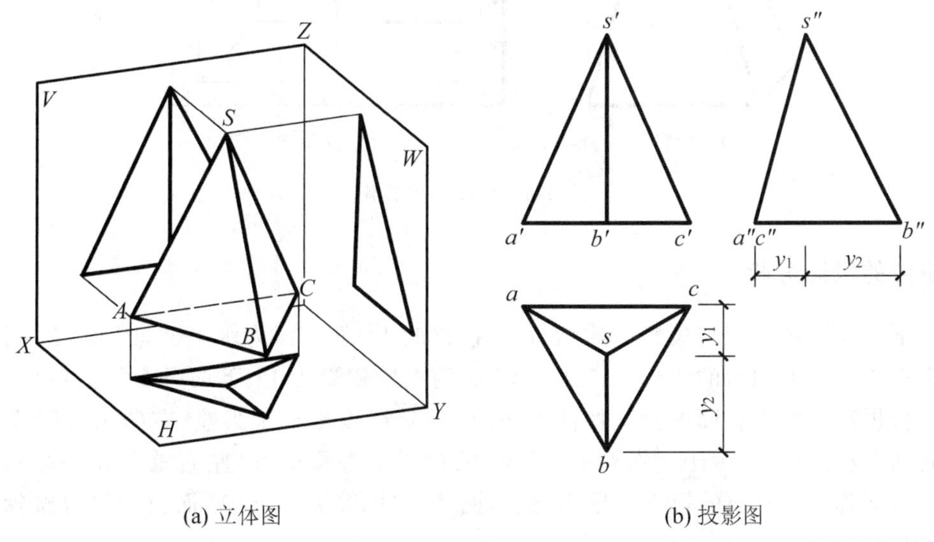

(a) 立体图　　(b) 投影图

图3-3　正三棱锥的投影

2. 棱锥的投影分析

三棱锥的底面平行于H面，其H面投影$\triangle abc$反映$\triangle ABC$的实形，V面投影和W面投影积聚成水平直线段$a'b'c'$和$a''c''b''$；后棱面$\triangle SAC$垂直于W面，W面投影$s''a''c''$积聚成一段倾斜的直线，V面投影和H面投影成为与$\triangle SAC$类似的图形$\triangle s'a'c'$和$\triangle sac$。另外两个棱面($\triangle SAB$和$\triangle SBC$)与三个投影面都斜交，它们的三个投影都是三角形，其中，W面投影$\triangle s''a''b''$与$\triangle s''b''c''$重影。

作图时，应先画出三棱锥的H面投影图，再按投影关系画出V面投影图和W面投影图。

注意三棱锥的W面投影不是等腰三角形，宽度y_1和y_2应与H面投影中的宽度相等。

三、棱台

棱锥的顶部被平行于底面的平面切割后形成棱台。棱台的两个底面为相互平行的相似的平面图形。所有的棱线延长后仍应交会于一公共顶点，即锥顶。

1. 棱台的组成结构

图 3-4 所示是一个以矩形为底面的四棱台，它由 6 个多边形（4 个梯形棱面和上、下矩形底面）、12 条直线（4 条棱线和上、下底面各 4 条边）、8 个顶点组成。

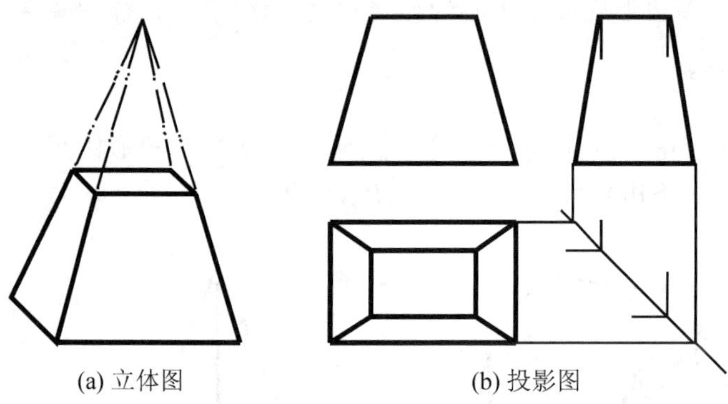

(a) 立体图　(b) 投影图

图 3-4　四棱台的投影

2. 棱台的投影分析

由上、下底面和各棱面与投影面的相对位置可知：上、下底面为水平面，因而 H 面投影反映实形（两个大小不等但相似的矩形），V 面与 W 面的投影积聚为上、下两条水平直线；左、右棱面为正垂面，根据投影面垂直面的投影特性可知，它们 V 面投影积聚为左、右两条直线段，H 面投影呈左、右两对称的梯形，由于左右对称，其 W 面投影呈等腰梯形（左右重合在一起）；前、后棱面为侧垂面，同理，在 W 面的投影积聚为前、后两条直线段，H 面与 V 面投影呈等腰梯形（V 面投影前后重合为一）。

作图时，应先画出四棱台的 V 面投影图，再按投影关系画出 H 面投影图和 W 面投影图。

任务 2　曲面体的投影

常见的曲面立体有圆柱、圆锥、圆球、圆环等，它们的表面是光滑曲面，不像平面体那样有明显的棱线。所以在画图（降维）和看图（升维）时，要抓住曲面的特殊本质，即曲面的形成规律和曲面轮廓的投影。

一、圆柱体

1. 圆柱体的形成和投影

如图 3-5(a)所示,圆柱体表面由圆柱面和上、下两端面(平面)所组成。圆柱面可以看成是由直线 AA_1 绕与它平行的轴线 OO_1 旋转而成。直线 AA_1 称为母线,圆柱面上任意一条平行于轴线 OO_1 的直线,即母线的任一位置,称为圆柱面的素线。

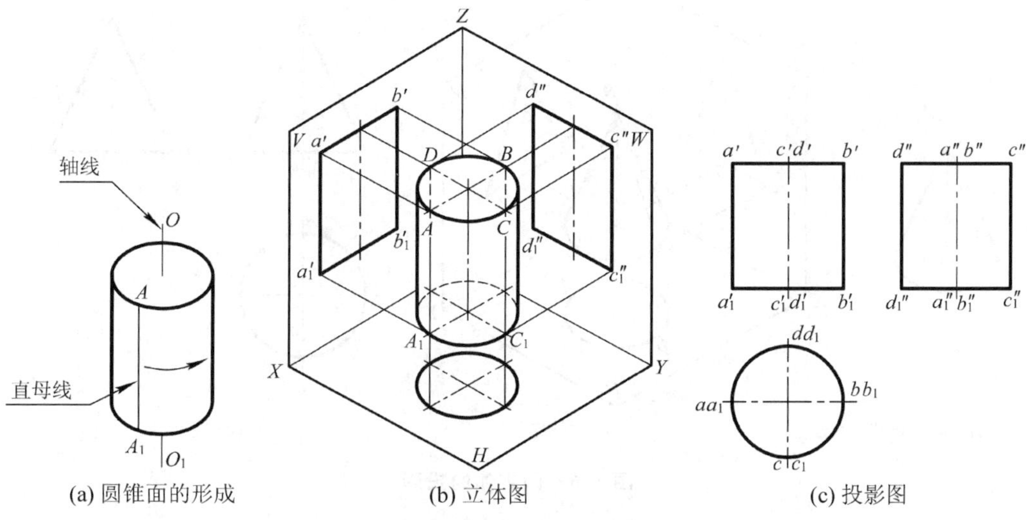

(a) 圆锥面的形成　(b) 立体图　(c) 投影图

图 3-5　圆柱体的投影

当圆柱面的轴线垂直于 H 投影面时,它的 H 面投影为一圆,有积聚性。圆柱面上任何点和线的水平投影都积聚在这个圆上。圆柱体的其他两个投影是由上、下端面的积聚性投影和圆柱面最外边的素线——转向轮廓线组成的矩形(见图 3-5(b)、(c))。

画图时,首先画出回转中心线,其次画出投影为圆的图形,最后画另外两个投影成矩形的图形。

2. 圆柱体的投影分析

(1) 从不同方向投射时,圆柱面的投影轮廓线是不同的。从图 3-5(b)可看出,V 面上的轮廓线 $a'a_1'$、$b'b_1'$ 是轮廓素线 AA_1、BB_1 的投影。但在 W 面上 $a''a_1''$、$b''b_1''$ 与轴线重合,它们不是侧面投影图的轮廓线,因此画图时不必画出。而在 W 面上圆柱面的轮廓线 $c''c_1''$、$d''d_1''$ 是从左向右看时,圆柱面的轮廓素线 CC_1、DD_1 的投影,它们在 V 面的投影也与轴线重合,不必画出。

(2) 一个投影图上的轮廓线是曲面在该投影图上可见与不可见部分的分界线。在图 3-5(b)、(c)中,V 面投影图上曲面的可见部分,可以根据轮廓线 AA_1 和 BB_1 在 H 面投影图上的位置来判断,在轮廓线 AA_1 和 BB_1 以前的 ABC 半个圆柱面是可见的,而后半个圆柱面 ADB 是不可见的。AA_1、BB_1 即为 V 面投影图上可见与不可见的分界线。

W 面投影图上可见与不可见的分界线,请读者自行分析。

二、圆锥体

1. 圆锥体的形成和投影

如图 3-6(a)所示,圆锥体由圆锥面和底平面组成。圆锥面可以看成是直母线 SA 沿着圆曲线移动,并始终与轴线 OO_1 相交于一点,此点为圆锥顶点。母线的任一位置,称为圆锥面的素线。

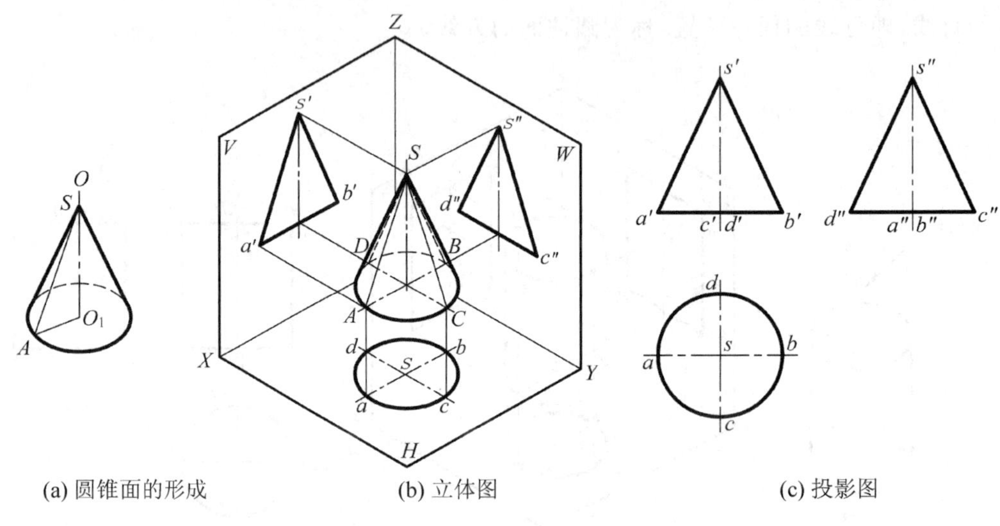

图 3-6 圆锥体的投影

圆锥面的三个投影都没有积聚性。当圆锥的轴线垂直于水平面时,圆锥的水平投影为一圆。圆锥的正面投影和侧面投影为大小相同的等腰三角形(见图 3-6(c))。

画圆锥投影图时,首先画出回转中心线,其次画出投影为圆的图形,再根据圆锥的高度,画出另外两个投影为等腰三角形的图形。

2. 圆锥体的投影分析

轮廓线与曲面的可见性判断问题与圆柱面的分析方法相同,请读者看图 3-6(b)、(c)自行分析。

三、圆球体

1. 圆球面的形成

如图 3-7(a)所示,圆球面(常称球面)可以看成是一圆弧母线绕其直径 OO_1 旋转而成。

2. 圆球体的投影分析

圆球体的各个投影都没有积聚性,三面投影图均为直径相同的圆。这三个圆是分别从三个方

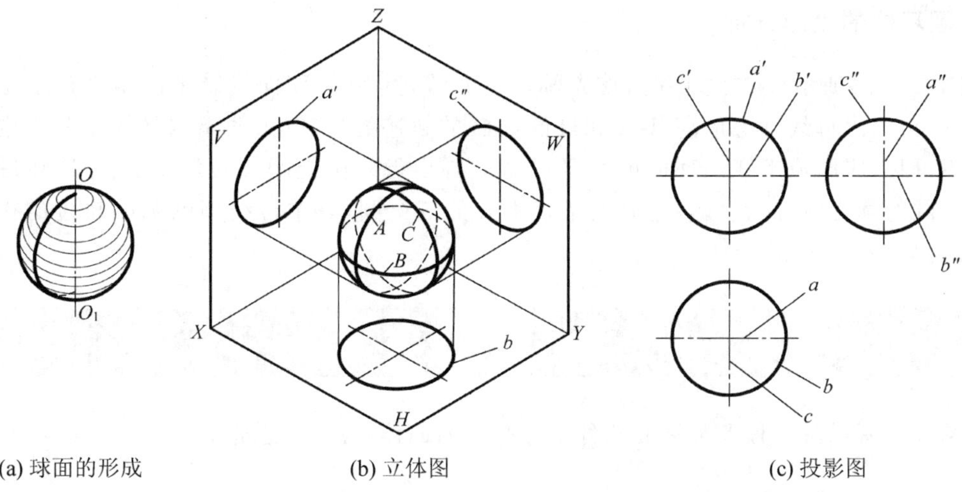

(a) 球面的形成　　(b) 立体图　　(c) 投影图

图 3-7　圆球体的投影

向看球时所得的形状，即三个方向的球面轮廓线的投影，不能认同它们是球面上某一个圆的三个投影。从图 3-7(b)、(c)可看出，球面上轮廓线 A 的 V 面投影是圆 a'，而 H 面投影 a 和 W 面投影 a'' 都与中心线重合，不必画出。其他两个投影图上轮廓线圆的投影，在三个投影上的对应关系，读者自己看图分析就可明白。画圆的投影图时，应先画出三个投影图的中心线，再画出圆线框。

四、圆环

1. 圆环体的形成

如图 3-8(a)所示圆环可以看成是以圆为母线，绕与圆在同一平面内、但不通过圆心的轴线旋转而成。外半圆形成外环面，内半圆形成内环面。

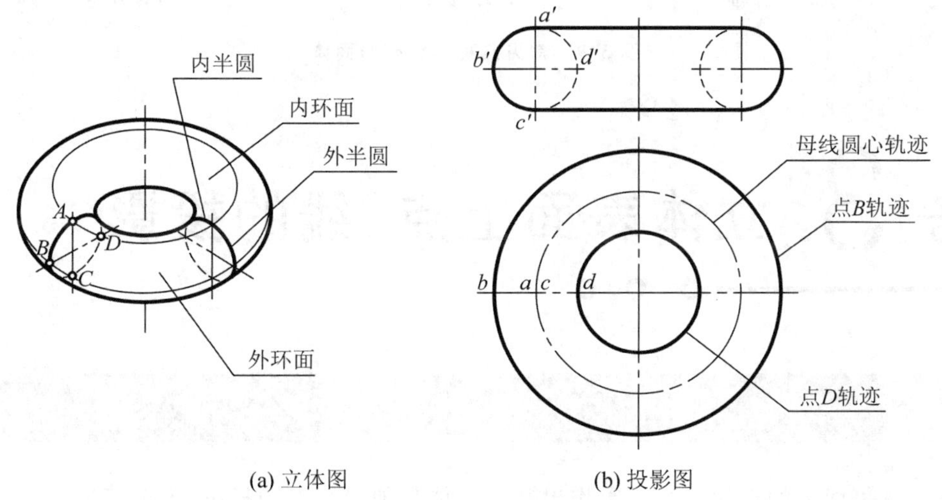

(a) 立体图　　(b) 投影图

图 3-8　圆环的投影

2. 圆环体的投影分析

如图 3-8(b)所示，画投影图时，首先画出中心线，其次在 V 面投影中画出平行于正面的两个素线圆，再画出母线圆上最高点 A 和最低点 C 的轨迹的投影(为两条水平线)，其中内半圆的投影为不可见，应画成虚线。环面的水平投影应画出母线圆上距旋转轴最远点 B 和最近点 D 以及母线圆的圆心轨迹的投影，它们是半径不等的三个圆，其中母线圆的圆心轨迹的投影用点画线表示。

五、几种不完整的曲面体

如图 3-9 所示是工程上常见的几种不完整的曲面体，应该熟悉它们。

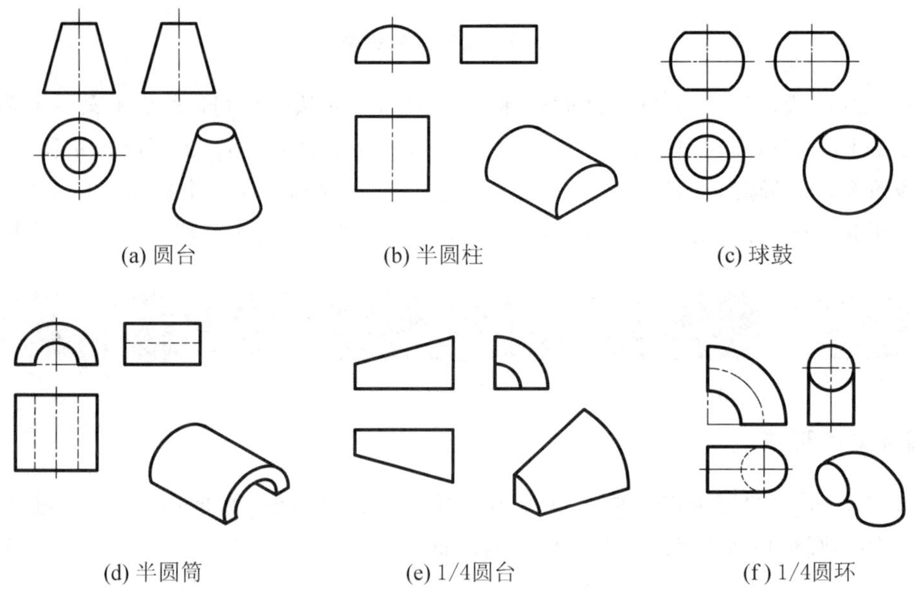

图 3-9　常见几种不完整曲面体

任务 3　立体表面上点、线的投影

一、平面立体表面上的点和直线

根据立体表面上的点的一个投影作出其在立体其他投影上的投影，不但可进一步熟悉和掌握立体的投影，而且在今后解决有关立体问题时经常要用到。在这部分内容的学习中，应注意采用升维法、迁移思维法、发散思维法等来思考和解决问题。

在学习中，能做到"举一反三"、"触类旁通"、"由此以知彼"，这是学习中突破性的飞跃，可为以后创新性的工作打下良好的基础。在下面的学习中，要回忆、体会第2章所学知识(在平面上取点和直线的原理和方法)，并加以灵活运用。

在平面立体表面上取点和直线，其原理和方法与在平面上取点和直线相同。平面立体表面上的点和直线的可见性，取决于点和直线所在棱面的可见性，即凡位于可见棱面上的点和直线是可见的，而位于不可见棱面上的点和直线是不可见的。

求平面立体表面上的点和直线的作图步骤如下。

(1) 分析点和直线位于立体的哪一个平面上。

(2) 找出该点和直线的其他投影，可根据平面上取点和直线的方法求得。若所属面的投影有积聚性，则先在积聚的投影上求，若无积聚性，则过点在平面内作辅助直线求。

(3) 由点、直线的两面投影，求出第三投影。

(4) 分析所求点和直线的投影的可见性。

平面立体表面上的点和直线的求作方法有以下两种。

1. 积聚性法

当点、直线所在的表面为特殊位置平面时，可运用积聚性投影作图。

【例3-1】 已知正五棱柱表面上的点 A 及直线 BC、CD 的 V 面投影 a'、$b'c'$、$c'd'$(见图3-10(a))，求作它们的其余两投影。

分析：由 V 面投影 a'、$b'c'$、$c'd'$ 的可见性和位置可知，点 A 在左后棱面上，直线 BC、CD 分别在五棱柱左前和右前棱面上，点 C 在最前棱线上。棱面为铅垂面，H 面投影有积聚性，因此可利用水平的积聚性投影作图。

作图：如图3-10(b)所示，过 a'、$b'c'$、$c'd'$ 向水平面作投影线，投影线与棱面的积聚投影左后面交得 a，与左前面交得 b，与右前面交得 d，c 点在最前棱线的积聚投影上。bc、cd 与棱面的 H 面投影重合。

由点 A、B、C、D 的 V、H 两面投影求得 W 面投影 a''、b''、c''、d''。W 面投影可用量取 H 面投影中宽度 y 的方法定出。

判断可见性：由于 CD 在右侧棱面上，其 W 面投影不可见，因此 d'' 加括号，$c''d''$ 用虚线表示；点 A，BC 在左侧棱面上，其 W 面投影可见，$b''c''$ 用粗实线表示。

2. 辅助直线法

当点和直线所在表面是一般位置平面时，三面投影都无积聚性，故需在平面内过点(或直线端点)作辅助直线确定该点的投影。此辅助直线是过点且位于点所在棱面上的任何直线。

【例3-2】 已知四棱台表面上的点 D 及直线 AB、BC 的 V 面投影 d'、$a'b'$、$b'c'$(见图3-11(a))，求作它们的另两面投影。

分析：根据 $a'b'$、$b'c'$、d' 的可见性及位置可知：AB、BC 分别在四棱台的前面左、右两侧棱面上；点 D 在后面右侧棱面上；AB 平行于底边，它们的同面投影必相互平行。由于四棱台的四个棱面都是一般位置平面，所以要利用辅助直线来解题。辅助直线怎样作更好(运用发散思维法)？请读者思考。

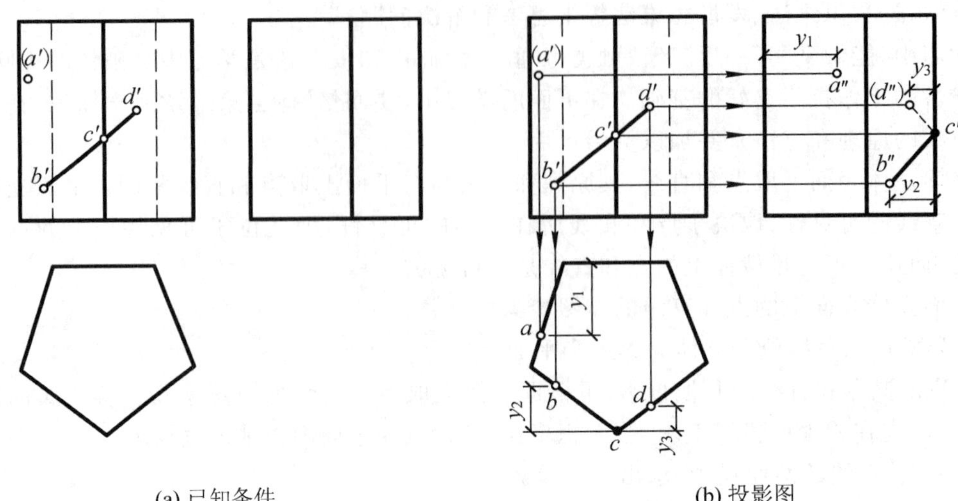

(a) 已知条件　　(b) 投影图

图 3-10　例 3-1 图

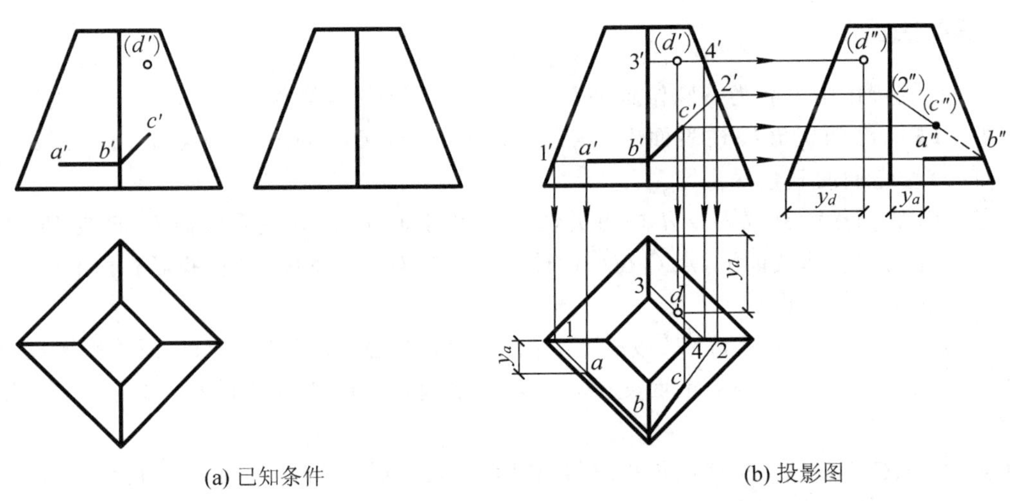

(a) 已知条件　　(b) 投影图

图 3-11　例 3-2 图

作图:如图 3-11(b)所示,过 a' 作 $a'b'$ 的延长线与左侧棱线的 V 面投影交于 $1'$,过 $1'$ 向水平面作投影线与左侧棱线的 H 面投影交于 1,过 1 作直线与底边的 H 面投影平行得 $1b$,过 a' 向水平面作投影线与 $1a$ 相交得 a,连 ab 即得直线 AB 的 H 面投影,运用投影规律,作出 AB 的 W 面投影 $a''b''$。

点 D 和直线 BC 的 H 面投影及 W 面投影作图与可见性判断,请读者完成。

二、曲面立体表面上的点和直线的投影

1. 圆柱面上点、线的投影

【例 3-3】 已知圆柱面上点 A 的 V 面投影 a'、点 B 的 H 面投影 b、点 C 的 W 面投影 c''(见

图 3-12(a)),求作它们的另两面投影。

分析和作图:点 A、B、C 均在圆柱面上(点 C 在圆柱面的最右素线上),点 A 和点 C 的 H 面投影必定在圆柱面 H 面投影的圆周上;点 B 的 V 面投影有无穷多解(此题只要求作出在连线 $a'c'$ 上的点 b'),于是它的 V 面投影是唯一的。再根据 V 面投影和 H 面投影作出点 A 和点 B 的 W 面投影 $a''(b'')$,如图 3-12(b)所示。由于点 B 在右半个圆柱面上,故其 W 面投影不可见。

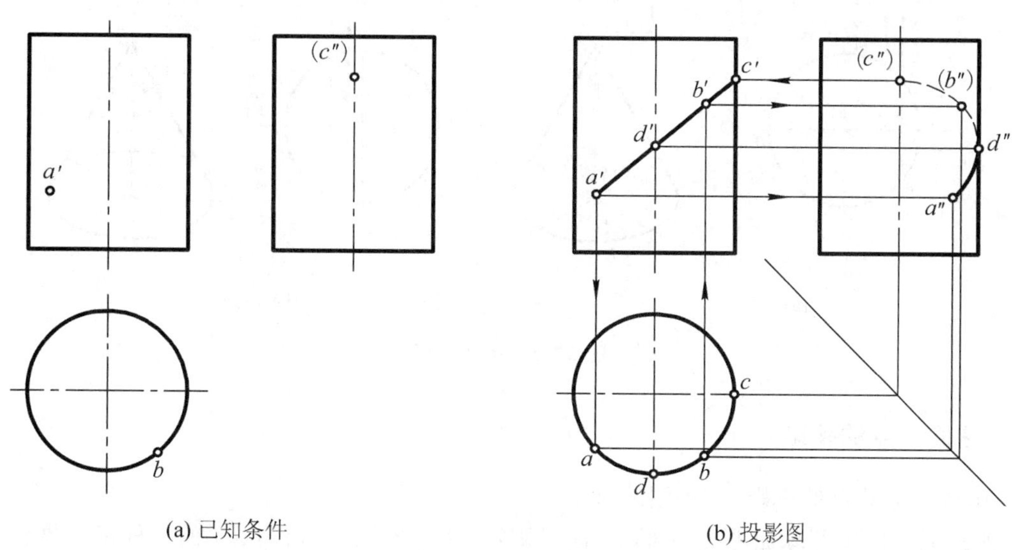

(a) 已知条件　　(b) 投影图

图 3-12　例 3-3 图

思考:把 A、B、C 三点的 V 面投影连成一条直线,其空间形状是直线还是曲线?如果是曲线,又是什么曲线呢?

注意:圆柱面上,只有与轴线平行的素线是直线,所以,求作圆柱表面上的点时,应过该点作直素线来解决问题,且不可随意画线。

2. 圆锥面上点的投影

【例 3-4】 已知圆锥面上点Ⅰ的 V 面投影 $1'$、点Ⅱ的 H 面投影 2(见图 3-13),求作两点的另外两个投影。

分析和作图:点Ⅰ、点Ⅱ均在圆锥面上。由于圆锥面的各个投影都没有积聚性,因此必须在圆锥面上作辅助线,再在辅助线上取点,这与在平面内取点的作图方法是相似的。

为了作图方便,应选取素线或垂直于轴线的纬圆作为辅助线。

(1) 素线法:过点的已知投影和圆锥顶点连成一条直线。如图 3-13(a)所示,在圆锥的 V 面投影图中,将 $1'$ 和 s' 连成直线,并延长至底边交于 e',作出 SE 的 H 面投影 se,点Ⅰ的 H 面投影 1 必定在 se 线上。根据投影规律,作出 $1''$。由于点Ⅰ在左、前圆锥面上,故其 W 面投影 $1''$ 可见。

(2) 纬圆法:过点的已知投影作一个圆。如图 3-13(b)所示,在 H 面投影图中,以锥顶 S 的 H 面投影 s 为圆心,以 $s2$ 为半径作一个纬圆,画出纬圆的 V 面投影,即平行于水平面的直线,点Ⅱ的 V 面投影 $2'$ 必定在该直线上。根据投影规律,作出 $2''$。由于点Ⅱ在右、后圆锥面上,其 V 面投影和 W 面投影均不可见,所以 $2'$、$2''$ 加括号。

注意:纬圆是曲面上垂直于曲面轴线的圆。

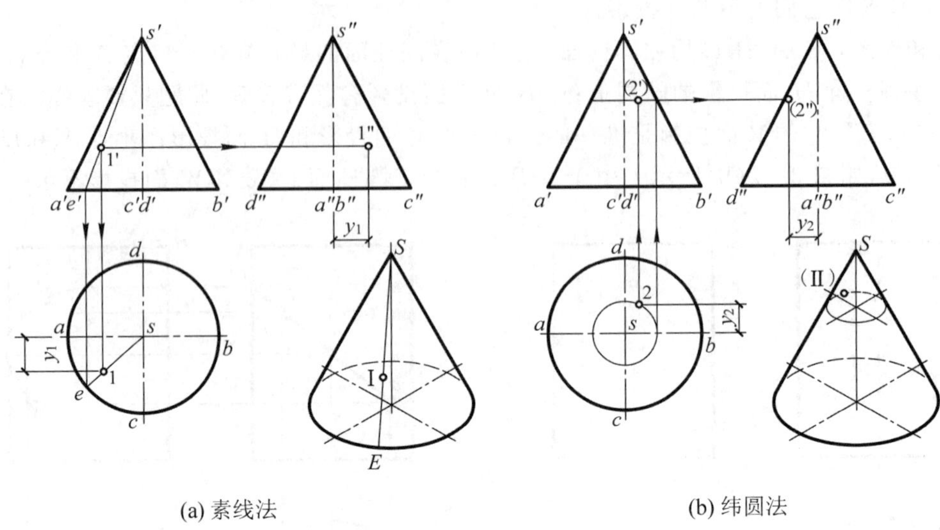

(a) 素线法　　(b) 纬圆法

图 3-13　例 3-4 图

3. 球面上点的投影

求作球面上的点的投影，要采用纬圆法。

【例 3-5】　已知圆球面上点 A 的 H 面投影 a（见图 3-14），求作点 A 的另外两个投影。

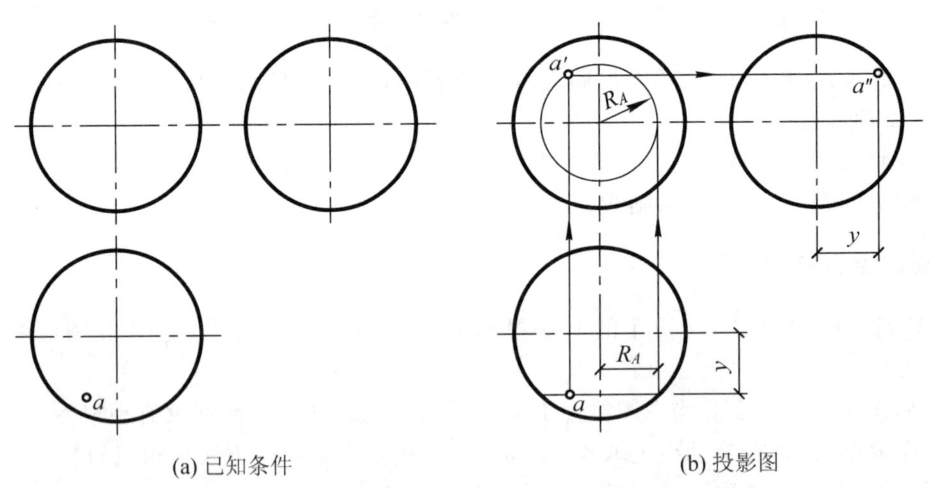

(a) 已知条件　　(b) 投影图

图 3-14　例 3-5 图

分析和作图：球面各个投影都没有积聚性，求作球面上点的投影，要借助辅助纬圆。首先，在球面的 H 面投影中，过 a 作正平纬圆的 H 面投影（积聚的水平直线），得纬圆半径 R_A。然后，在 V 面投影中以 R_A 为半径画圆，得纬圆的 V 面投影，a' 必然在此纬圆上。利用投影规律，作出点 A 的 W 面投影 a''。由于点 A 在上、前、左球面上，故其 V 面投影 a' 和 W 面投影 a'' 均可见。

运用迁移思维法和发散思维法，读者可以想到：用同样的作图原理和方法也可在图 3-14(b) 中用过点 A 的球面上平行于水平面的水平纬圆求作 a' 和 a''，还可用过点 A 的球面上平行于侧平面的侧平纬圆求作 a' 和 a''。

注意：球面上没有直线，在求作球面上点的投影时，只能过该点作纬圆解决问题，切不可随意画线。

4. 圆环面上点的投影

求作圆环面上的点的投影，要采用纬圆法。

【例 3-6】 已知 1/4 圆环面上点 A 和点 B 的 V 面投影 a'和 b'(见图 3-15(a))，求作两点的 H 面及 W 面投影。

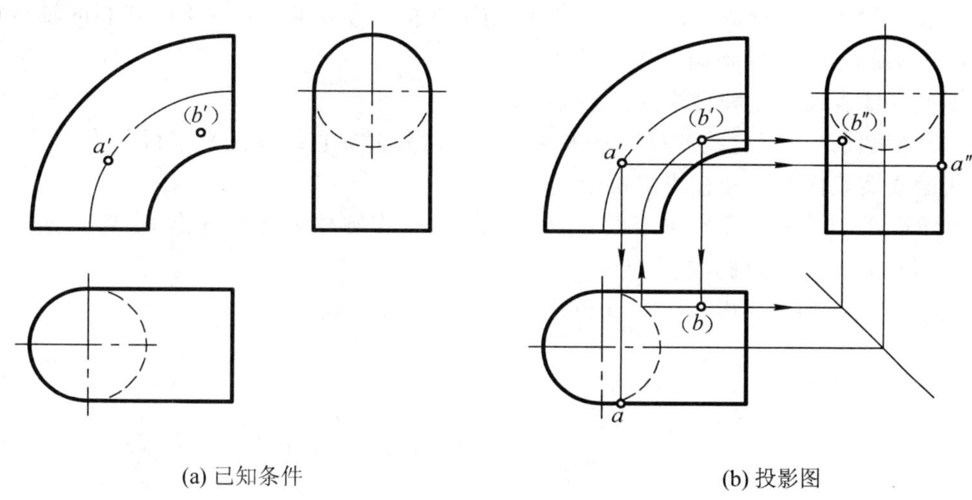

(a) 已知条件　　(b) 投影图

图 3-15　例 3-6 图

分析和作图：从已知条件可知，点 A 在前环面上并且处于特殊位置(母线圆心轨迹上)，根据投影规律可作出点 A 的 V 面投影 a'(可见)和 W 面投影 a''(可见)。点 B 在内环面的后半部分，要用纬圆法作出其 H 面投影 b，再按投影规律作出其 W 面投影 b''，点 B 的 H 面投影及 W 面投影均不可见。

注意：圆环面上没有直线，在求作圆环面上点的投影时，只能过该点作纬圆解决问题，切不可随意画线。

项目小结

1. 平面体的投影

(1) 棱柱：棱柱由两个形状大小相同且相互平行的底面和若干个平行四边形棱面所围成。相邻两棱面的交线相互平行，称之为棱线。棱线垂直于底面的棱柱为直棱柱，棱线与底面斜交的棱柱称为斜棱柱。底面是正多边形的直棱柱称为正棱柱。

(2) 棱锥：棱锥由一个多边形底面和若干个共顶点的三角形棱面所围成。如果棱锥的底面是一个正多边形，而且顶点与正多边形底面的中心的连线垂直于该底面，这样的棱锥就称为正棱锥。

(3) 棱台：棱锥的顶部被平行于底面的平面切割后形成棱台。棱台的两个底面为相互平行的相似的平面图形。所有的棱线延长后仍应交会于一公共顶点,即锥顶。

2. 曲面体的投影

(1) 圆柱体:圆柱体表面由圆柱面和上、下两端面(平面)所组成。圆柱面可以看成是由直线绕与它平行的轴线旋转而成。

(2) 圆锥体:圆锥体由圆锥面和底平面组成。圆锥面可以看成是直母线沿着圆曲线移动,并始终与轴线相交于一点,此点为圆锥顶点。母线的任一位置,称为圆锥面的素线。

(3) 圆球面:圆球面(常称球面)可以看成是一圆弧母线绕其直径旋转而成。

(4) 圆环:圆环可以看成是以圆为母线,绕与圆在同一平面内、但不通过圆心的轴线旋转而成。外半圆形成外环面,内半圆形成内环面。

3. 平面立体表面的点和直线的投影

平面立体表面的点和直线的投影常采用积聚性法和辅助直线线法来进行分析。

4. 曲面立体表面的点和直线的投影

圆柱面上,只有与轴线平行的素线是直线,所以,求作圆柱表面上的点时,应过该点作直素线来解决问题,且不可随意画线。

圆锥面、圆球面和圆环面上求做点和直线时,常采用纬圆法。

学习情境4 立体表面的交线

学习目标

1. 知识目标

(1) 了解截交线和相贯线的概念。
(2) 掌握平面体与平面体的交线的绘制方法。
(3) 掌握平面体与曲面体交线的绘制方法。
(4) 掌握曲面体与曲面体交线的绘制方法。
(5) 掌握同坡屋面的绘制方法。

2. 能力目标

(1) 综合运用所学的投影基础知识灵活解题,为培养空间想象和空间思维能力打下基础。
(2) 根据投影规律,绘制相交立体投影图。

引例导入

平面或曲面截切(截断)立体所产生的表面交线称为截交线,这个平面或曲面称为截切面,如图 4-1 所示。截交线的投影可见性判别原则为:位于被截体一可见面上的截交线为可见。

两立体相交,其表面所产生的交线称为相贯线,如图 4-1 所示。相贯线的投影可见性判别原则为:只有同时位于两立体可见表面上的那段相贯线才是可见的,否则为不可见。

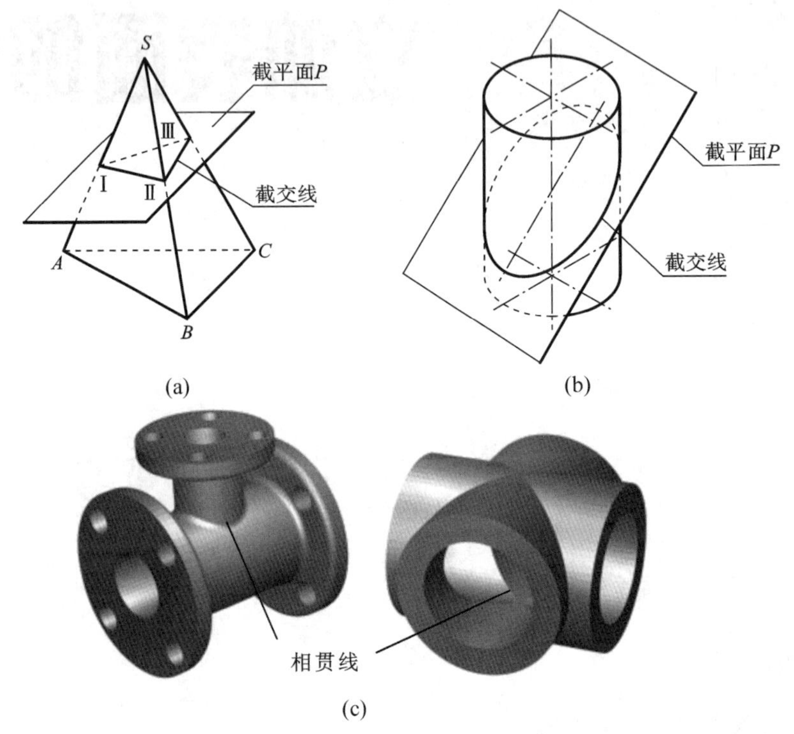

图 4-1　截交线和相贯线

立体表面的交线具有公有性和封闭性。

在房屋建筑和工程部件的表面经常出现许多交线(截交线和相贯线),求作截断体或相贯体投影的难点也就是求作这些交线的投影。

任务 1　平面体的交线

一、平面体的截交线

平面体被一平面截割后形成的截交线,为截切面上的封闭折线,折线的每一线段为形体的棱面与截切面的交线。转折点为平面体的棱线与截切面的交点。因此,求作平面体截交线的方法为：先求出各棱线与截切面的交点，再依次连接各交点，并判别可见性。连点的原则为：只有位于立体同一面上又同时位于同一截切面上的相邻两点方可连接。下面举例说明求作截交线的方法。

【例 4-1】 已知正六棱柱被一正垂面所截切，求截交线的侧面投影，如图 4-2(a)所示。

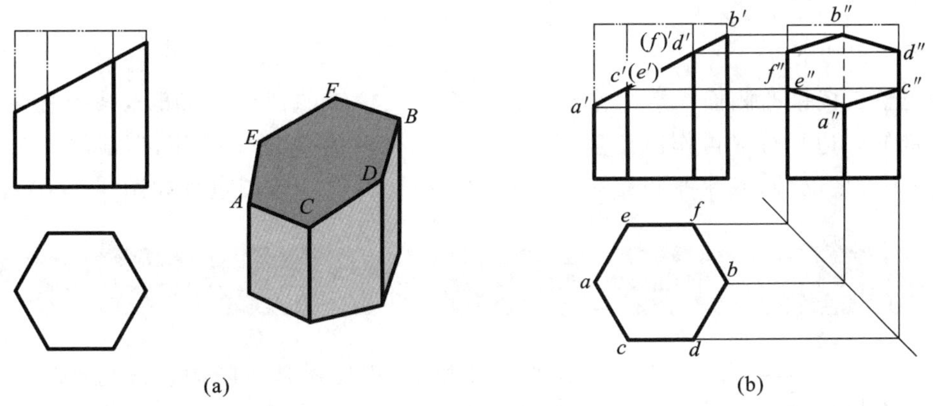

图 4-2　平面与正六棱柱截交

分析：截平面与六棱柱的 6 个侧棱面相交，截交线为六边形，其 6 个顶点是截平面与六棱柱的 6 条棱线的交点。因为截平面是正垂面，所以截交线的正面投影积聚成一条直线，其水平投影与六棱柱的水平投影的六边形重合，其侧面投影为断面的类似形。

其作图过程如下。

在六棱柱正面投影上依次标出截平面与 6 条棱线的交点 A、B、C、D、E、F 的正面投影 a'、b'、c'、d'、e'、f' 和水平投影 a、b、c、d、e、f。根据在直线上取点的方法，由 a'、b'、c'、d'、e'、f' 和 a、b、c、d、e、f，求出相应的侧面投影 a''、b''、c''、d''、e''、f''。依次将同面投影连接起来，并判断其可见性，即可得截交线的投影。其具体的作图过程如图 4-2(b)所示。

【例 4-2】 已知正三棱锥被一正垂面和一水平面截切，完成其截切后的水平投影和侧面投影，如图 4-3(a)所示。

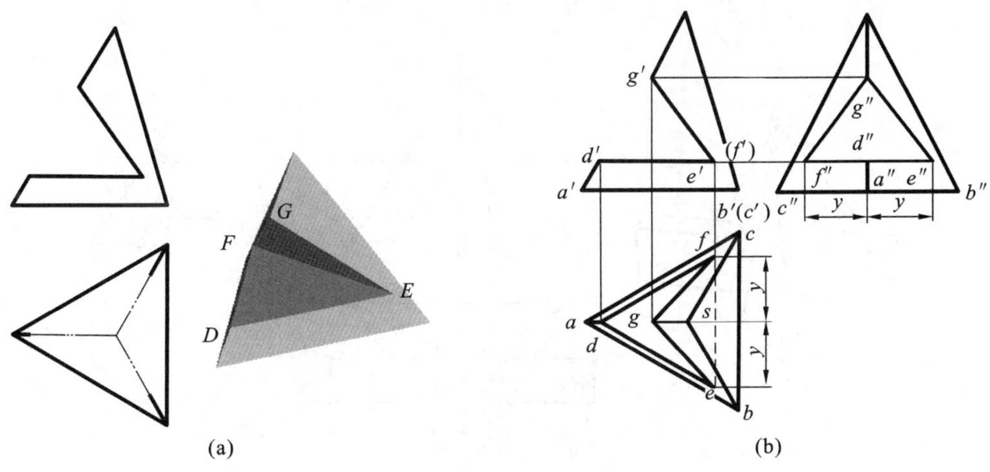

图 4-3　三棱锥被正垂面和水平面截切

分析:三棱锥被水平面截切,其正面投影和侧面投影具有积聚性,设想该截平面扩大,使其与三棱锥全部侧面完整相交,则此时截交线为一与底面平行的三角形,由于另外一个截平面的存在,使此截断面实际上不完全,应为三角形 DEF。正垂面截切三棱锥时与棱锥交于点 G、F、E,其中点 G 位于棱锥的棱线上,点 E、F 已求出,EF 的连线也是水平面和正垂面的交线。

其作图过程如下。

作出完整三棱锥的侧面投影。作水平截切面与三棱锥的截交线 DEF,其中直线 DE、DF 分别与棱锥的底边平行。再作出正垂面与三棱锥相交时的截交线 GEF,但应注意的是,直线 EF 为两截平面的交线,其水平投影是不可见的虚线。其具体作图过程如图 4-3(b)所示。

二、平面体的相贯线

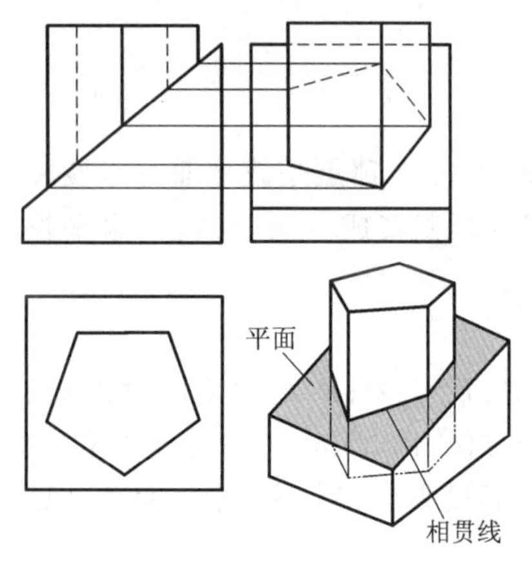

图 4-4 求两平面体相贯线的投影

两平面体相贯,相贯线是封闭的折线,折线上的各转折点为两平面体上参与相交的棱线与平面相互的交点,求出这些交点的投影并依次连接起来,即可得两平面体相贯线的投影。连接原则为:只有位于立体的同一面上又同时位于另一立体的同一面上的相邻两点方可连接。

【例 4-3】 已知正五棱柱与平面相交,求相贯线的投影,如图 4-4 所示。

分析:对照图 4-2 和图 4-4 可看出,正棱柱的截交线与相贯线的空间形状相同,其相贯线的 H 面与 V 面投影也都有积聚性,为已知投影,需求相贯线的 W 面投影。

作图:其求作相贯线投影的方法与图 4-2 中求截交线投影的方法相同。不同之处为可见性的判别。

【例 4-4】 如图 4-5 所示,求作三棱锥与三棱柱的相贯线。

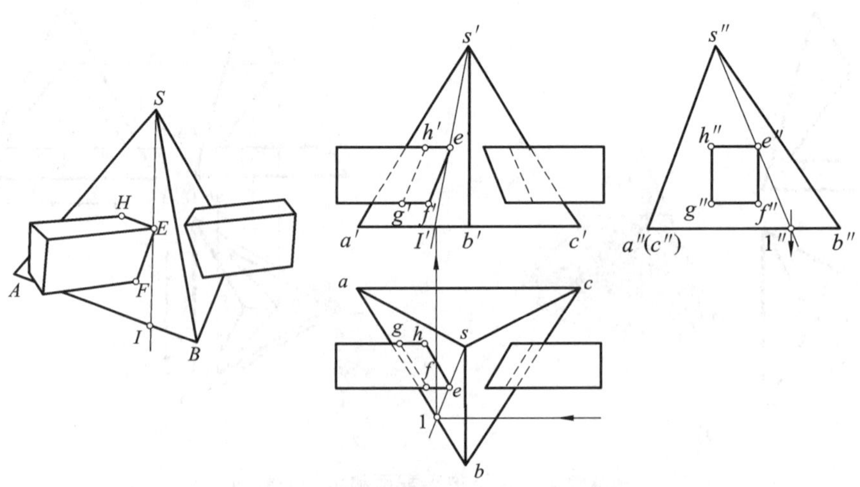

图 4-5 求三棱锥与四棱柱的相贯线的投影

分析:对照图 4-3 和图 4-5 可看出,三棱锥上的截交线与相贯线的空间形状相同,其相贯线的 W 面投影积聚(已知),而 H 面和 V 面相贯线的投影需求。

作图:其求作相贯线投影的方法与图 4-3 中求截交线投影的方法相同。不同之处为可见性的判别。另外要注意,两相贯体公共部分融合为一体,其内部不存在看不见的棱线、面。

任务 2 平面与曲面体的交线

平面截切曲面体的截交线或平面与曲面体相交的相贯线,一般是平面曲线或平面折线,这需根据截切面或平面与曲面体的相对位置而定。曲面体交线上的每一点,都是截切面或平面与曲面体表面的共有点,因此求出它们的一些共有点的投影,并依次连接起来,即可得交线的投影。

一、平面与圆柱面的交线

根据截切面或平面与圆柱面的相对位置不同,平面与圆柱体的交线有圆、椭圆、矩形三种形状,见表 4-1。

表 4-1 圆柱上交线的情况

截平面位置	与轴线垂直	与轴线倾斜	与轴线平行
截交线形状	圆	椭圆	矩形
立体图	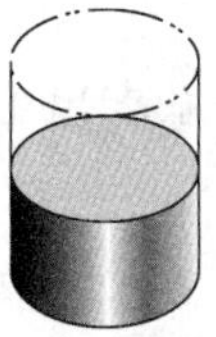	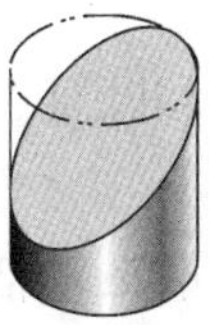	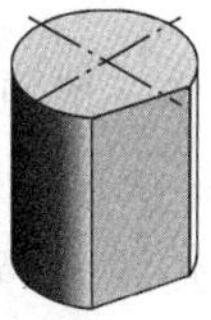
投影图	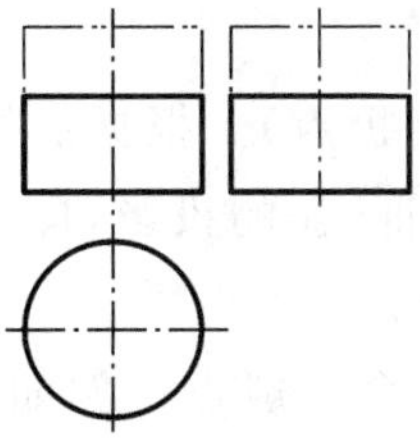	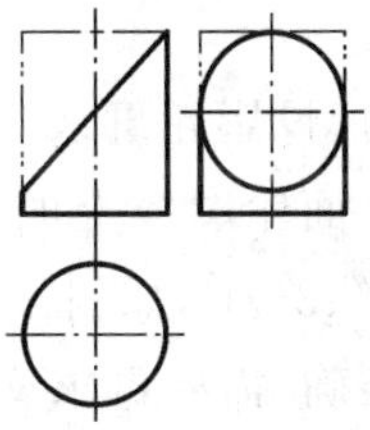	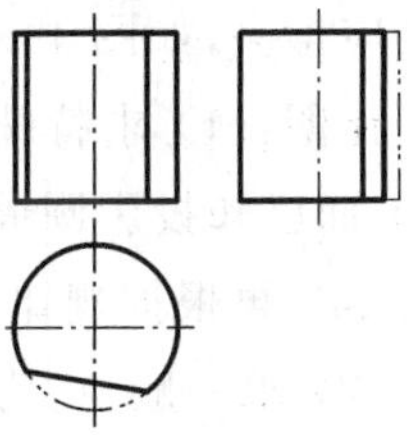

【例 4-5】 已知圆柱被截切后的主、左视图,求截切后圆柱的俯视图,如图 4-6(a)所示。

分析 平面倾斜于圆柱轴线,截交线的空间形状为椭圆,如图 4-6(a)所示。截交线的正面投影积聚为直线,其侧面投影积聚在圆周上,交线的水平投影为椭圆。

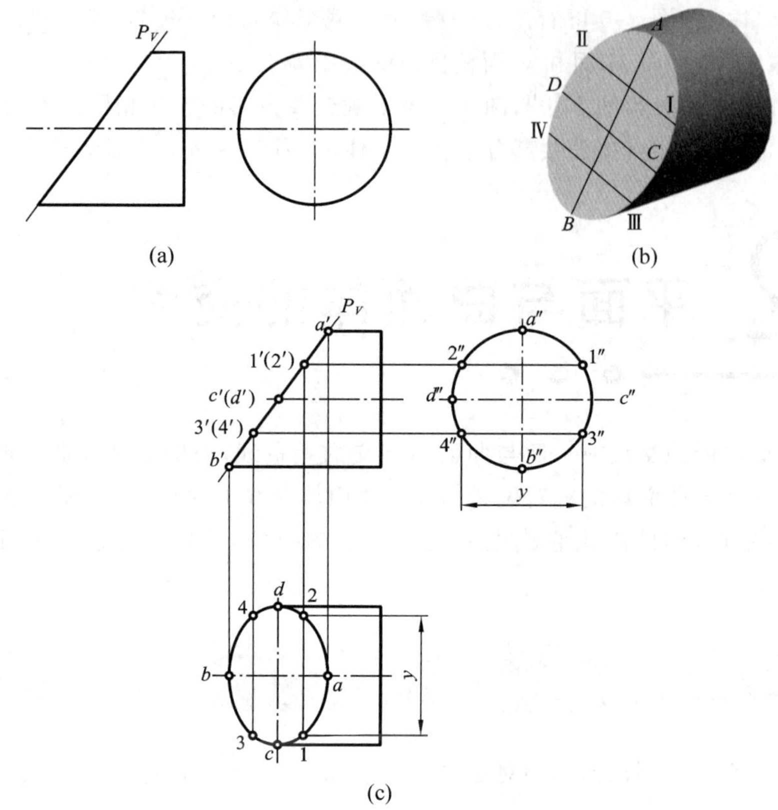

图 4-6　圆柱被正垂面截切截交线的画法

分析：

（1）作特殊点　首先找出椭圆长、短轴的点 A（最上或最右点）、B（最左或最下点）、C（最前点）、D（最后点）。这四个点在圆柱的转向轮廓线上，利用“三等”关系求出点 A、B、C、D 的三面投影。

（2）作一般点　找出一般点Ⅰ、Ⅱ、Ⅲ、Ⅳ，利用“三等”关系求出Ⅰ、Ⅱ、Ⅲ、Ⅳ的三面投影，如图 4-6(b)所示。

（3）连线、判别可见性、整理轮廓线　把上面所求点的水平投影点 a、1、c、3、b、4、d、2 依次用光滑曲线连接，得交线的水平投影椭圆。从点 C、D 向左，圆柱的水平投影转向轮廓线被切，轮廓线应擦去，如图 4-6(c)所示。

作图：(1) 求特殊点（一般指投影轮廓线上的点及转折点）。根据交线的 V 面已知投影 P_V 和 H 面已知投影圆周，找出 W 面轮廓线上的点Ⅰ、Ⅱ、Ⅲ、Ⅳ的投影，即根据 1、2、3、4 找出 1′、2′、3′、4′，再根据规律求出 1″、2″、3″、4″，如图 4-6(b)所示。

(2) 求一般点，为使作图准确，需要再求交线上若干个一般点。例如在截交线 H 面投影上任取点Ⅴ，据此求得 V 面投影 5′和 W 面投影 5。由于其是对称图形，可作出与点 5 对称的点Ⅵ、Ⅶ、Ⅷ、的各投影。

(3) 连接点，在 H 面投影上顺次连接 1″－5″－3″－7″－2″－8″－4″－6″－1″各点，即为椭圆形截交线的 H 面投影。

【例 4-6】 已知轴线铅垂放置的圆柱被一水平面和两个侧平面所截，求截后的圆柱的侧面投影，如图 4-7 所示。

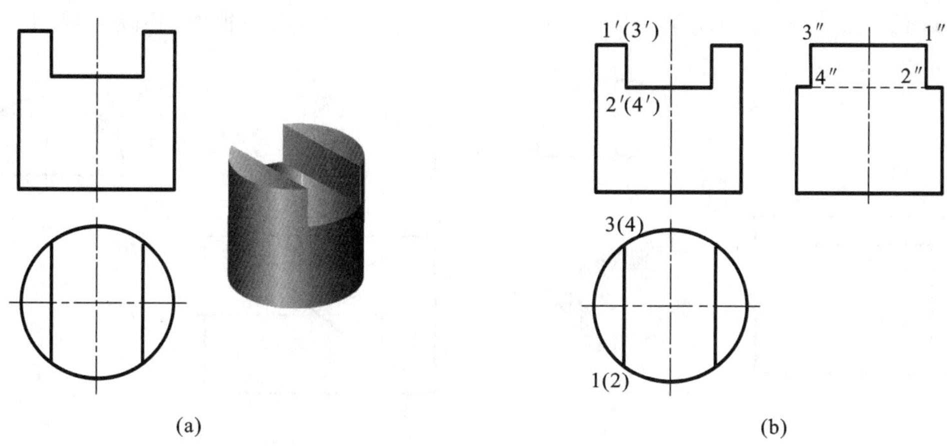

图 4-7　求圆柱上开一方形槽的投影

分析：从已知条件可知，圆柱是由一个水平面和两个侧平面截切的。在正面投影中，三个截平面投影均积聚为直线；在水平投影中，两个侧平截平面的投影积聚为直线，水平截平面的投影为带圆弧的平面图形，并且反映实形；在侧面投影中，两个侧平截平面的投影为矩形，反映实形且重合在一起，水平截平面的投影积聚为直线（被圆柱面遮住的一段不可见，应画成虚线）。

其作图过程如下。

先画出完整的圆柱体的侧面投影，再画出截交线的侧面投影。根据 12、1′2′和 34、3′4′求出 1″2″和 3″4″，注意 2″4″是虚线。

【例 4-7】 如图 4-8(a)所示，已知四棱柱与圆柱相交的俯、左视图，补画主视图。

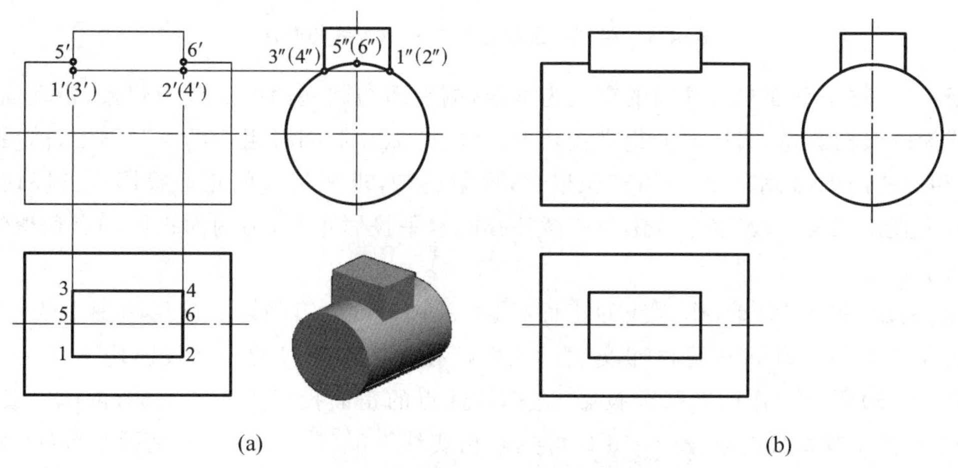

图 4-8　四棱柱与圆柱正交的相贯线的画法

分析：四棱柱前后两面与圆柱面的交线为素线；左右两面与圆柱面的交线为圆弧。相贯线为两段素线和两段圆弧组成的空间图形，且前后左右对称。左、俯视图有积聚性，投影已知，求相贯线的正面投影，如图 4-8(a)所示。

作图:利用"三等"关系,作素线的正面投影 1′(3′)2′(4′),圆弧的正面投影 1′(3′)5′、2′(4′)6′。依次连线,整理 5′6′之间的轮廓线,如图 4-8(a)、(b)所示。

【例 4-8】 如图 4-9(a)所示,已知半圆柱上挖三棱柱孔的俯、左视图,补画主视图。

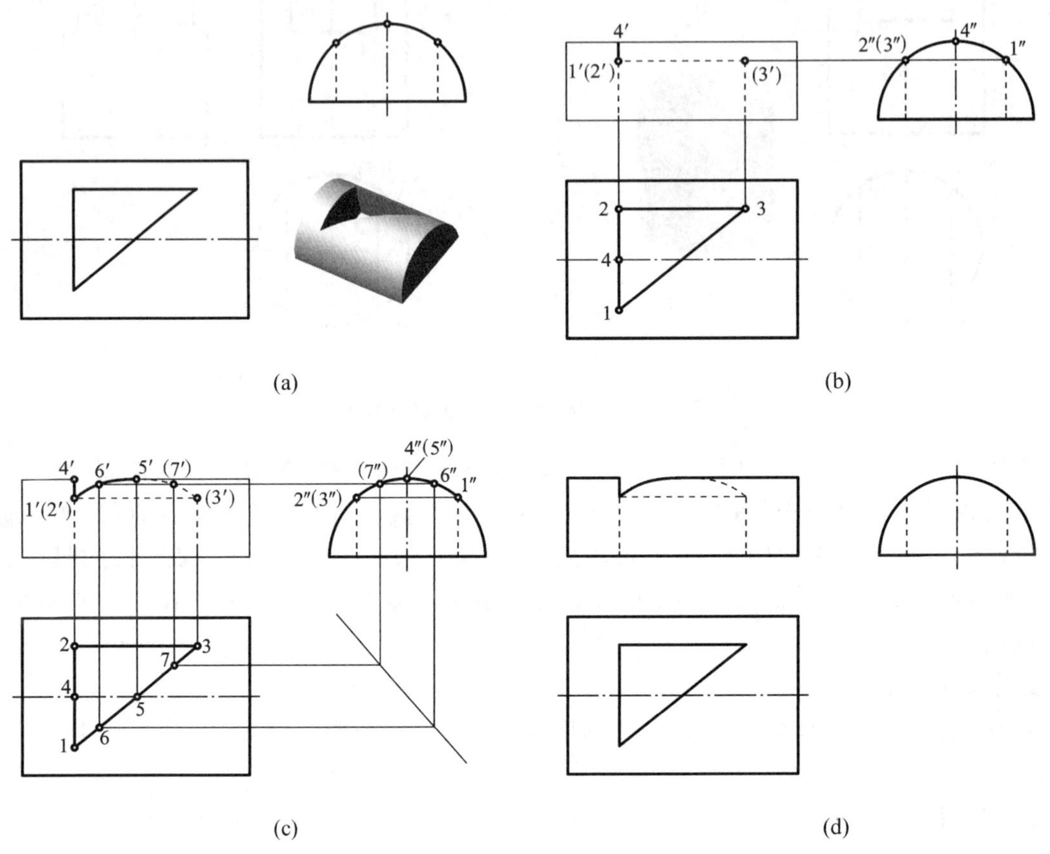

图 4-9 半圆柱上挖三棱柱孔相贯线的画法

分析:三棱柱正平面与圆柱面的交线为素线,侧平面与圆柱面的交线为圆弧,铅垂面与圆柱面的交线为一段椭圆弧,圆柱面的相贯线是由素线、圆弧和椭圆弧组成的空间图形,前后左右均不对称,相贯线的侧面、水平投影均有积聚性,投影已知,求相贯线的正面投影。三棱柱孔与底面的交线为直角三角形,其水平投影与三棱柱孔的水平投影重合,另两面投影均有积聚性,如图 4-9(a)所示。

作图:利用"三等"关系,作素线的正面投影(2′)(3′),(2′)(3′)不可见画细虚线。作圆弧的正面投影 1′(2′)4′,1′4′可见画粗实线。三棱柱孔的三条棱线的正面投影均不可见,画细虚线,如图 4-9(b)所示。作椭圆弧的投影,先作特殊点的正面投影点 1′、3′、5′,再作一般点的正面投影点 6′、7′,椭圆弧正面投影 1′6′5′可见画粗实线。5′(7′)(3′)不可见画细虚线,如图4-9(c)所示。

整理轮廓线 正面投影转向轮廓线上点Ⅳ、Ⅴ之间的轮廓线被切,其投影应擦除,检查加深图形,如图 4-9(d)所示。

二、平面与圆锥体的交线

根据截切面或平面与圆锥轴线相对位置的不同，可产生五种不同形状的交线，见表 4-2。

表 4-2　圆锥上交线的情况

截平面位置	过锥顶	与轴线垂直 $\theta=90°$	与轴线倾斜 $\theta>\alpha$	平行于一条素线 $\theta=\alpha$	与轴线平行或倾斜 $0\leqslant\theta<\alpha$
截交线形状	等腰三角形	圆	椭圆	抛物线＋直线段	双曲线＋直线段
立体图					
投影图					

【例 4-9】　已知圆锥被正垂面截切后的主视图，补全截切后圆锥的俯、左视图，如图4-10(a)所示。

分析：圆锥被正垂面截切，截交线的空间形状为椭圆。截交线在主视图投影积聚为一直线段，在另两视图均为椭圆的类似形，如图 4-10(a)所示。

作图：(1) 求特殊点：截交线椭圆长轴 AB 与短轴 EF 互相垂直平分，它们各处于正平线和正垂线的位置，在正面投影上为点 a'、b'、$e'(f')$。点 $e'(f')$是 $a'b'$ 的中点，这些点分别为截交线的最高、最低、最前、最后点，点 C、D 也是特殊点，是圆锥侧面投影转向轮廓线上的点；由于点 a'、b'、c'、d'是圆锥转向轮廓线上点的投影，利用“三等”关系，作点 a、b、c、d 和点 a''、b''、c''、d''。利用纬圆法作点 e、f 和点 e''、f''，如图 4-10(b)所示。

(2)求一般点：点 G、H 为截交线上的一般位置点，通过纬圆法求得点 g、h 和点 g''、h''，如图 4-10(c)所示。将所求点顺次光滑连接，圆锥从点 C、D 向上的侧面投影转向轮廓线被切，其投影擦除。俯、左视图中的椭圆投影均可见，如图 4-10(d)所示。

【例 4-10】　求作圆锥基础的截交线，如图 4-11 所示。

如图 4-11 所示，求正四棱柱与半球的相贯线。

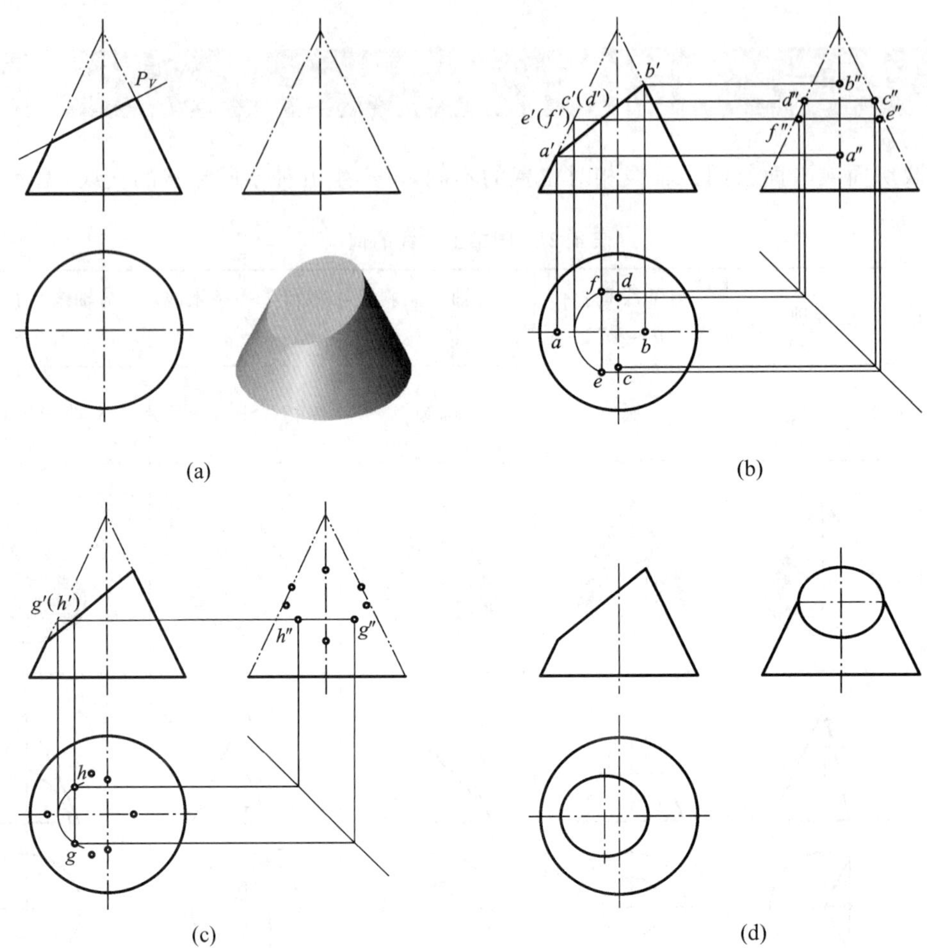

图 4-10　圆锥被正垂面截切截交线的画法

分析:四棱柱的四个侧棱面与半球相交,所形成的相贯线由四段圆弧组成。四棱柱的四个侧棱面均为铅垂面,H 面投影有积聚性,相贯线的 H 面投影与其重合,为已知;相贯线前后对称,在 V 面上的投影前后重影,为两段椭圆弧。

作图:如图 4-11(b)所示,因相贯线前后对称,所以可以只作前面部分相贯线的投影,作图步骤如下。

(1) 求特殊点。四段圆弧的连接点Ⅰ、Ⅱ、Ⅲ、Ⅳ为相贯线上的最低点,用纬圆法可求出 V 面投影 1′、2′、3′、4′。在 H 面投影图中,自球心向 1 2、2 3 作垂线,垂足 5、6 即为相贯线上最高点的 H 面投影,采用正平面 P_1 作辅助平面与球面相交于一半圆,画出这个半圆弧的 V 面投影,即可在此圆弧上得 5′、6′。

(2) 求一般点。采用正平面 P_2、P_3 作辅助平面,可求出Ⅶ、Ⅷ、Ⅸ、Ⅹ四点的 V 面投影 7′、8′、9′、10′。

(3) 用光滑曲线依次连接 1′、9′、5′、7′、2′、8′、6′、10′、3′,即为相贯线的 V 面投影。

【例 4-11】 如图 4-12 所示,求三棱柱与圆锥的相贯线。

分析:三棱柱的 V 面投影有积聚性,相贯线的 V 面投影积聚其上,已知,只需求作 H 面投

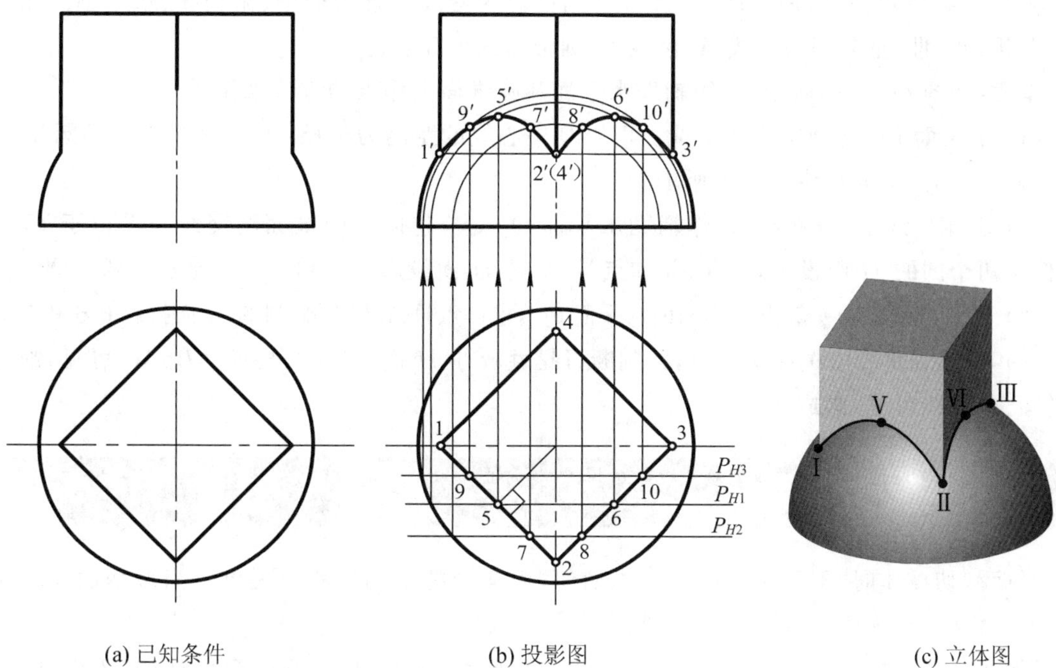

(a) 已知条件　　(b) 投影图　　(c) 立体图

图 4-11　例 4-10 图

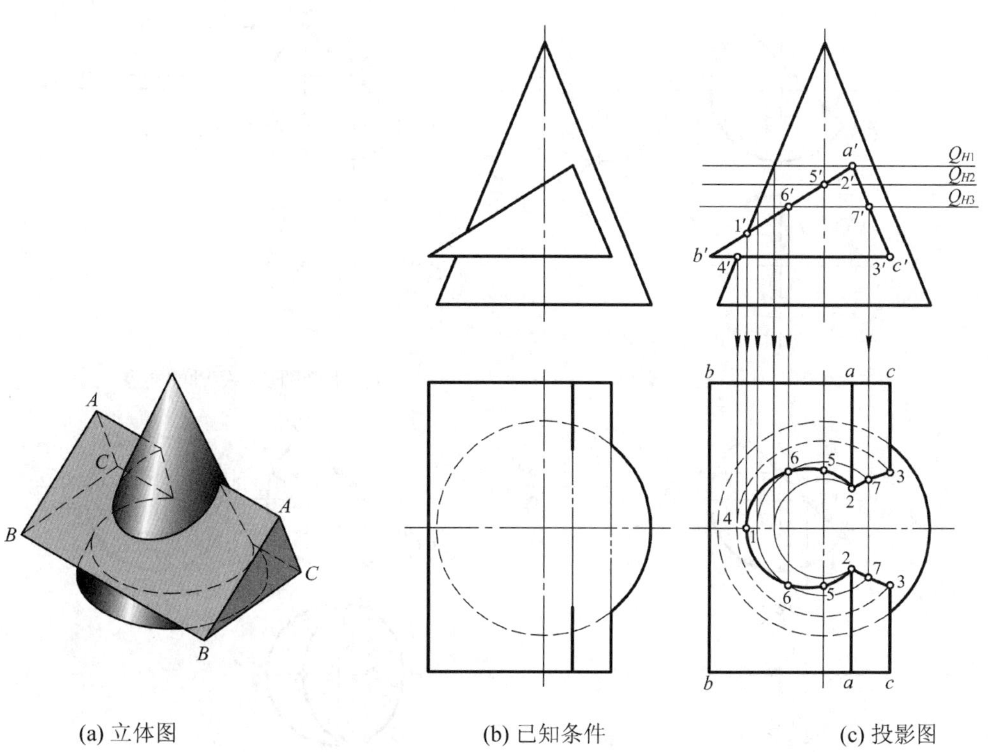

(a) 立体图　　(b) 已知条件　　(c) 投影图

图 4-12　例 4-11 图

影。从 V 面投影可知，棱面 AB、AC、CB 与圆锥面的交线分别为椭圆、抛物线、水平圆。相贯线上的点Ⅱ、Ⅱ、Ⅲ、Ⅲ分别为棱线 A、棱线 B、圆锥面的贯穿点。

作图：如图 4-12(a)所示，采用辅助水平面和圆锥面上作点的方法来作图。

(1) 求棱面 BC 与圆锥面的交线。以 $4'$ 到中心线的距离为半径，在 H 面投影上画圆弧 3 4 3（该圆弧不可见，画成虚线），即为所求。

(2) 求相贯线上的特殊点。作辅助水平面 Q_1、Q_2，它们与圆锥面的交线是平行于 H 面的圆，作这两个圆的 H 面投影，点Ⅱ、Ⅱ和点Ⅴ、Ⅴ的 H 面投影 2、2 和 5、5 必定在这两个圆上。

(3) 求相贯线上的一般点。作辅助水平面 Q_3，求得点Ⅵ、Ⅵ和点Ⅶ、Ⅶ的 H 面投影 6、6 和 7、7。

(4) 用光滑曲线依次连接各点，并判断可见性。在 H 面投影中，棱面 AB、AC 可见，故其上的椭圆、抛物线可见，画成实线。

三、平面与球体的交线

平面截切球体时，不管截切面的位置如何，截交线的空间形状总是圆。当截切面倾斜于投影面时，截交线在该面上的投影为椭圆。

【例 4-12】 如图 4-13 所示，已知球被正垂面 P 切截，求作被切截后球的 H 面和 W 面投影。

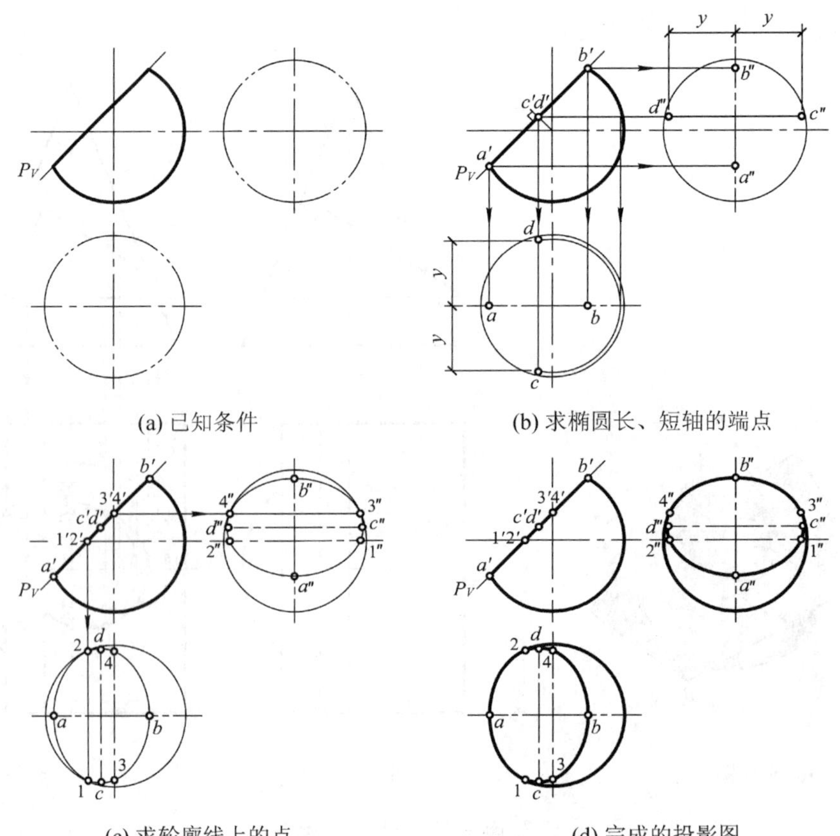

图 4-13 例 4-12 图

分析:由于截平面 P 为正垂面,所以截交线是一个正垂圆。截交线的 V 面投影为直线,反映截交线圆的直径的实长。截交线的 H 面和 W 面投影为椭圆。

作图:利用球面上作点的方法作出椭圆上的若干个点。

(1) 求作椭圆长、短轴的端点。如图 4-13(b)所示,由截交线的 V 面投影可知椭圆长、短轴端点 C、D、A、B 的 V 面投影 c'、d'、a'、b',根据投影规律,作出 c、d、a、b 和 c''、d''、a''、b''。

(2) 求作球面轮廓线上的点。如图 4-13(c)所示,由截交线的 V 面投影可知球面水平轮廓线上的点Ⅰ、Ⅱ的 V 面投影 1′、2′,球面侧面轮廓线上的点Ⅲ、Ⅳ 的 V 面投影 3′、4′,根据投影规律,作出 1、2、3、4 和 1″、2″、3″、4″。

(3) 用光滑的曲线把各点连接成椭圆曲线,即为所求(见图 4-13(d))。

【例 4-13】 如图 4-14(a)所示,已知带切口半球的 V 面投影,求作 H 面和 W 面投影。

分析:半球的切口由一个水平截平面和两个侧平截平面组成,并对称于半球的对称面。水平截平面与半球的截交线为圆,在 H 面投影中反映圆的实形。侧平截平面与半球的截交线为半圆,在 W 面投影中反映半圆实形。

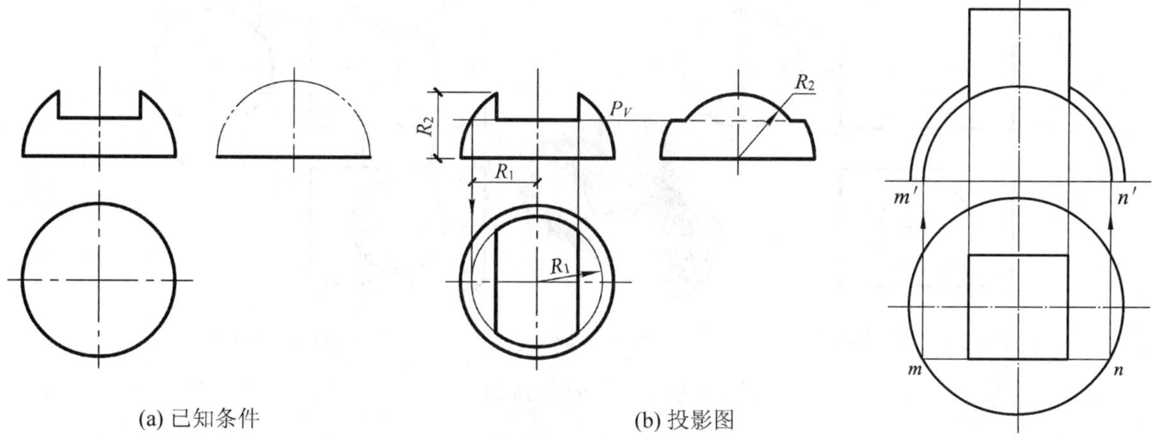

图 4-14 例 4-13 图

图4-15 半球与方柱的相贯线

作图:如图 4-14(b)所示,求出截交线圆的半径 R_1 和 R_2,在 H 面投影中,以 R_1 为半径、以半球面的 H 面投影圆的圆心为圆心画圆,由投影规律"长对正",得截交线的 H 面投影。在 W 面投影中,以 R_2 为半径,以半球面的 W 面投影的圆心为圆心画半圆弧,由投影规律"高平齐",得截交线的 W 面投影。两截平面的交线(是一段正垂线)在 W 面投影中不可见,应画成虚线。

【例 4-14】 求球壳屋面与方柱相贯线的投影,如图 4-15 所示。

分析:相贯线的形状与投影的求法与截交线的相同,不再具体分析作图。

任务 3 曲面与曲面的交线

两曲面相交所得交线，一般是空间封闭的曲线，特殊情况可以是平面曲线或直线。

一、两个圆柱面相交

当两个圆柱面相交且轴线垂直于投影面时，则圆柱面在该投影面上的投影积聚为圆，而交线的投影也重合在圆上，可利用点、线的两个已知投影求其他投影的方法画出交线的投影。

【例 4-15】 如图 4-16 所示，已知直径不等的正交两圆柱的投影，求其相贯线的投影。

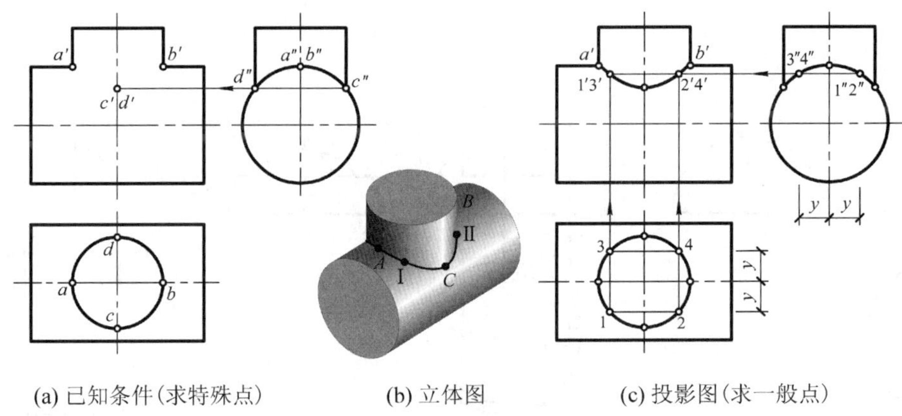

(a) 已知条件(求特殊点)　(b) 立体图　(c) 投影图(求一般点)

图 4-16 例 4-15 图

分析：小圆柱的轴线为铅垂线，小圆柱面的 H 面投影积聚为圆，相贯线的 H 面投影重合在此圆上。大圆柱的轴线为侧垂线，大圆柱面的 W 面投影积聚为圆，相贯线的 W 面投影重合在此圆的一段圆弧上。相贯线的 H 面投影和 W 面投影已知，因此，可采用表面定点的方法，求出相贯线的 V 面投影。

作图：(1) 求特殊点。特殊点是位于相贯线上的最左、最右、最前、最后、最高、最低及处于外形轮廓素线上的点。如图 4-16(a)定出 H 面投影点 a、b、c、d 及 W 面投影点 $a''(b'')$、c''、d''，根据投影规律求得最左、最右及最高点 a'、b'，最前、最后及最下重合点 c'、d'。

(2) 求一般位置点。如图 4-16(c)所示，在 V 面投影上取中间点 1、2 和 3、4。由此求出其 W 面投影点 $1''$、$2''$和 $3''$、$4''$，以及 V 面投影点 $1'$、$2'$和 $3'$、$4'$。

(3) 用光滑的曲线连接点 a'、$1'$、c'、$2'$、b'(见图 4-16(c))，即为所求相贯线的 V 面投影。

当两个正交圆柱的直径相差较大，作图的精确性要求不高时，为作图方便，允许采用圆弧代替相贯线的投影。圆弧半径等于大圆柱半径，其圆心在小圆柱轴线上，具体作图过程如图 4-17 所示。

图 4-18 为在圆柱体上穿通了一个圆柱孔，圆柱体外表面与圆柱孔的内表面产生相交线，以外相贯线形式出现。相贯线的作法和形状与图 4-16 相同。作图时应注意用虚线表示圆柱孔的内轮廓素线。

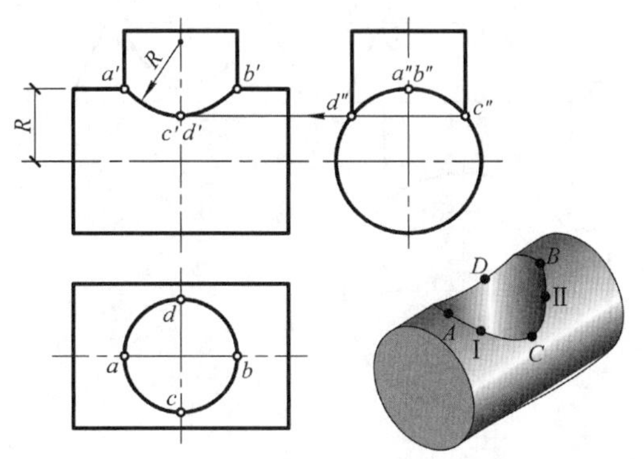

图 4-17　正交圆柱相贯线近似画法

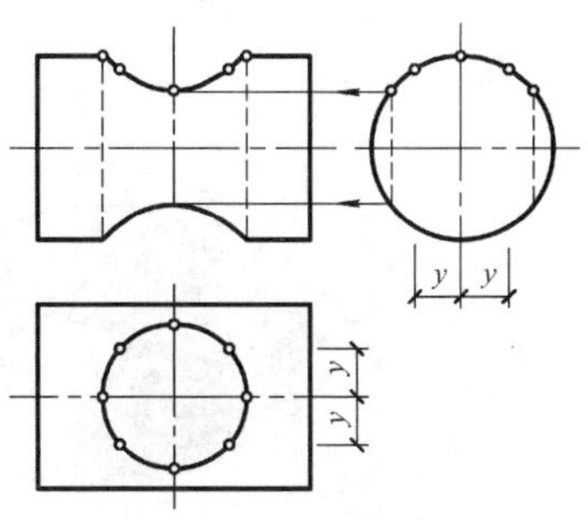

图 4-18　穿孔圆柱

二、圆柱与圆锥相交

【例 4-16】 如图 4-19 所示，求圆柱与圆锥的相贯线。

分析：圆柱面为侧垂面，其 W 面投影为圆，相贯线的 W 面投影在此圆上。为了作出相贯线的另两面投影，选取水平面作为辅助平面。从图 4-19(a)可看出，水平辅助平面 P 与圆柱面交于两条直素线，与圆锥面交于和圆锥底面平行的圆。直素线与圆同在平面 P 内，它们的交点 A、B 为圆柱面、圆锥面和平面 P 的共有点(三面共点)，所以是相贯线上的点。作若干水平辅助平面，可得到一系列的共有点，连点成光滑曲线即为所求的相贯线。

作图：(1) 求特殊点。如图 4-19(b)所示，从 W 面投影可直接确定相贯线上的特殊点 A、B、C、D 的 W 面投影 a''、b''、c''、d''。由 c'、d' 作投影线与圆柱面的 H 面投影轴线相交得 c、d；过圆柱轴线作水平辅助平面 P，平面 P 与圆柱面的交线(两条直素线)、与圆锥面的交线(水平圆)的 H 面投影的交点即为 A、B 两点的 H 面投影 a、b，作投影线与圆柱面的 V 面投影轴线相交得 a'、b'。

(2) 求极限点。点Ⅰ、Ⅱ是相贯线上的最右极限点，这两点的三面投影可采取表面定点的方法得到，作图过程如图 4-19(c)所示。

(3) 求一般位置点。采用水平辅助平面 Q，求得点Ⅲ、Ⅳ的三面投影，作图过程如图 4-19(c)所示。

(4) 用光滑的曲线连接各点的同面投影。因为该相贯体形状前后对称，所以相贯线的 V 面投影前后重影，将点 d'、$1'$、a'、$3'$、c'、$3'$ 光滑地连接起来，即为所求相贯线的 V 面投影。点 a 和点 b 是相贯线 H 面投影可见与不可见的分界点，因为从上往下看，只有圆柱面的上半部分与圆锥面的交线才是可见的，将点 a、1、d、2、b 光滑地连接成实线，将点 b、(4)、(c)、(3)、a 光滑地连接成虚线，即为所求相贯线的 H 面投影。

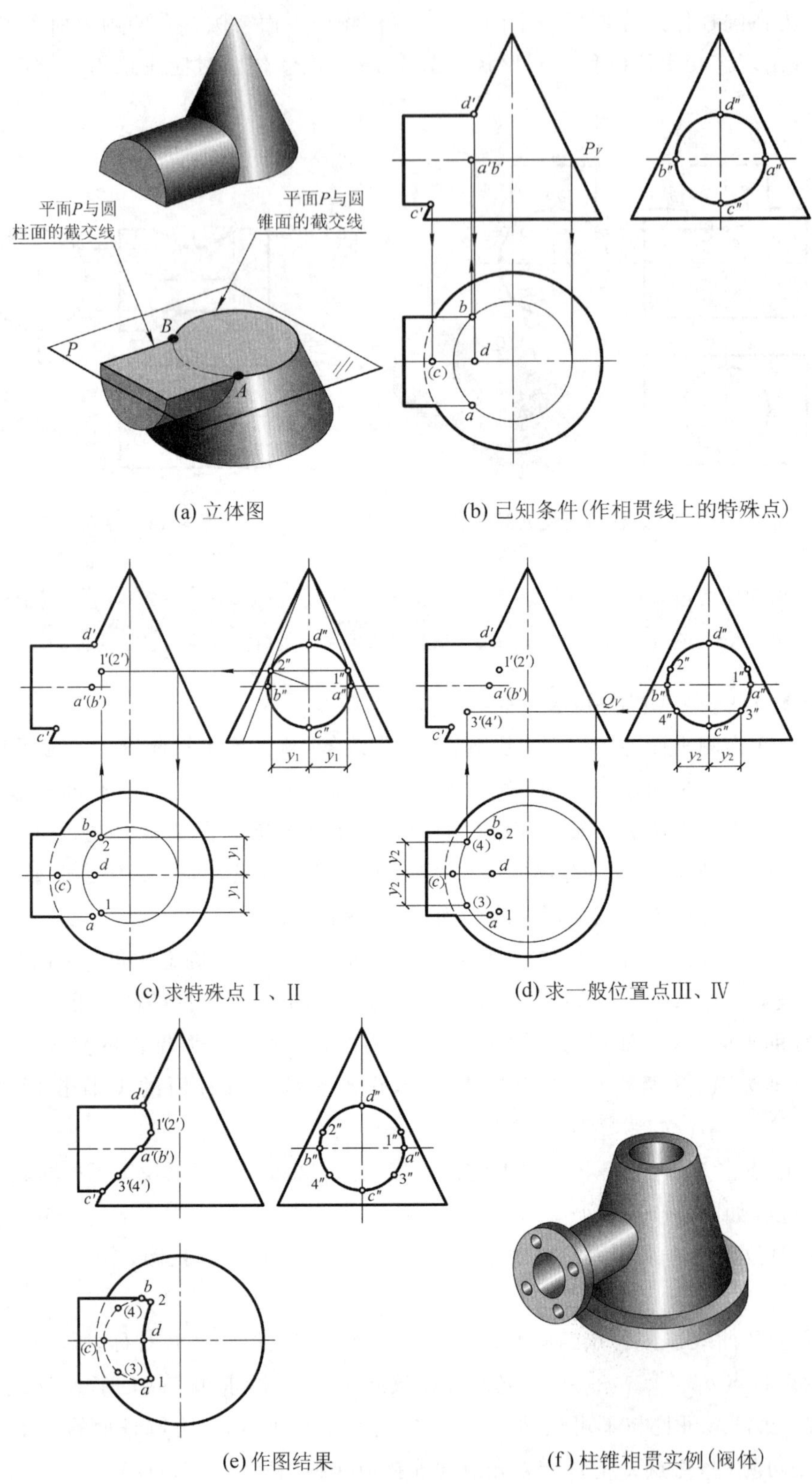

(a) 立体图

(b) 已知条件(作相贯线上的特殊点)

(c) 求特殊点Ⅰ、Ⅱ

(d) 求一般位置点Ⅲ、Ⅳ

(e) 作图结果

(f) 柱锥相贯实例(阀体)

图 4-19　例 4-16 图

三、圆柱与圆球相交

当圆柱面的轴线穿过球心时，其交线为平面曲线圆，否则交线为一空间曲线。

【例 4-17】 如图 4-20 所示，求作半圆球与圆柱孔的孔口相贯线，并补作 W 面投影。

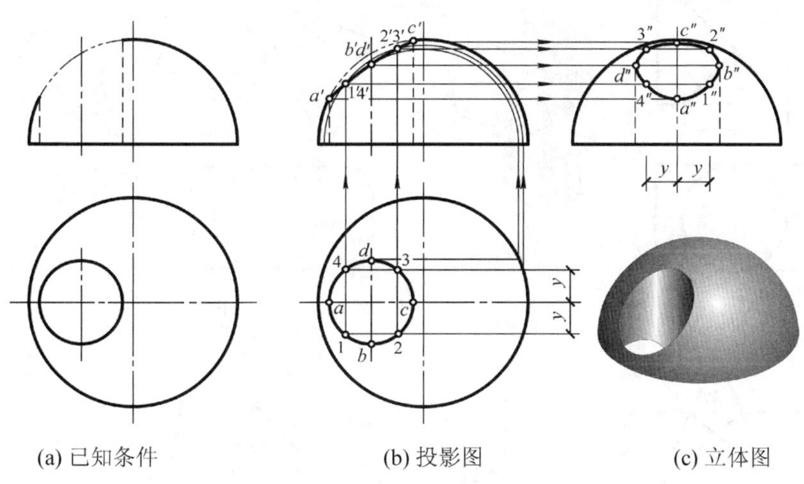

(a) 已知条件　(b) 投影图　(c) 立体图

图 4-20　例 4-17 图

分析：半圆球的球面与圆柱孔(即内圆柱面)所形成的孔口相贯线是一条闭合的空间曲线，半圆球的底面与圆柱孔口的相贯线是一个闭合的水平圆。因此，实际所要求的孔口相贯线主要是半球面与圆柱孔口的相贯线。圆柱面垂直于 H 投影面，其投影积聚为圆，孔口相贯线的 H 面投影与这个圆重影，已知。作图时把所求的这一孔口相贯线当作是球面上的线来考虑，这样用表面定点法便可作出该相贯线的 V 面和 W 面投影。根据形体结构前后对称性可以判定，所求孔口相贯线前后对称部分的 V 面投影重影，W 面投影为前后对称的图形。

作图：作图步骤如图 4-20(b)所示。

(1) 求特殊点。从 H 面投影可直接确定相贯线上的特殊点 A、B、C、D 的 H 面投影 a、b、c、d。由 a、c 作投影线与半球面的 V 面投影轮廓线相交得 a'、c'，在半球面上作过点 B、D 的正平圆辅助线则得到 b'、d'，根据投影规律，作出 a''、b''、c''、d''。

(2) 求一般位置点。在孔口相贯线 H 面投影的圆周上，确定出前后对称的四个点Ⅰ、Ⅱ、Ⅲ、Ⅳ的 H 面投影 1、2、3、4，并在半球面上作过点Ⅰ、Ⅱ、Ⅲ、Ⅳ的正平圆辅助线，由 1、2、3、4 作投影线得 $1'$、$2'$、$3'$、$4'$，根据投影规律作出点 $1''$、$2''$、$3''$、$4''$。

(3) 用光滑的曲线连接各点的同面投影。将点 a'、$1'$、b'、$3'$、c' 光滑地连接起来，即为所求相贯线的 V 面投影；将点 a''、$1''$、b''、$2''$、c''、$3''$、d''、$4''$光滑地连接起来，即为所求相贯线的 W 面投影。

任务 4　相贯线的特殊情况

两回转体相交，在特殊情况下，相贯线可能是平面曲线或直线。下面介绍几种特殊的相贯线。画相贯线时，若是可以直接画出的就不必用前面所介绍的方法求作。

（1）当圆柱与圆柱、圆柱与圆锥轴线相交，并公切于一圆球时，相贯线为平面曲线椭圆，如图4-21所示，在两回转体轴线同时平行的投影面上的投影为两条相交直线。

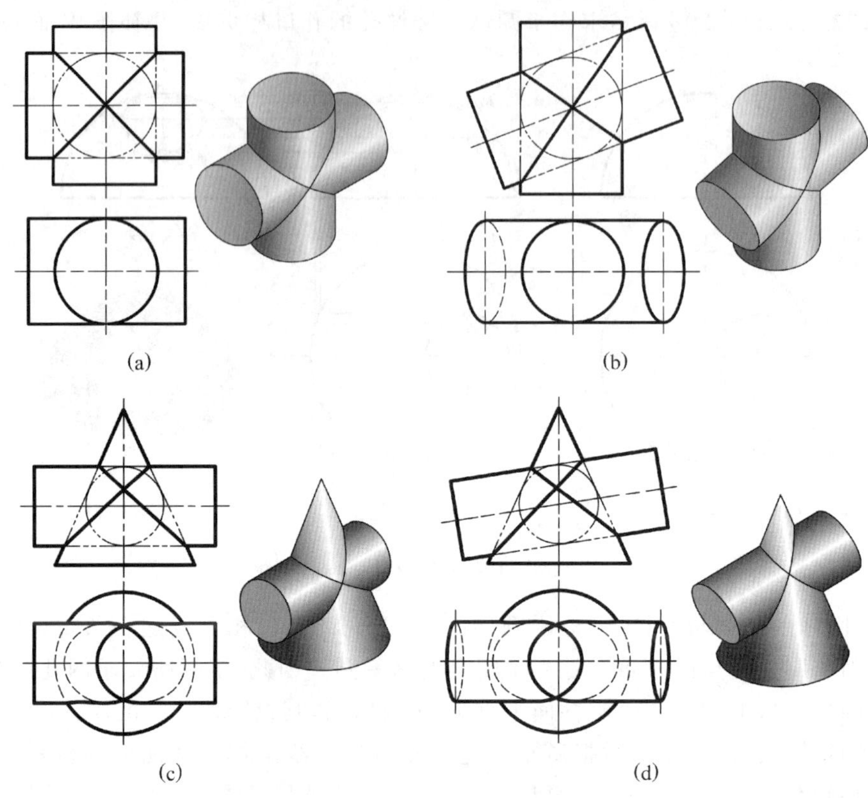

图 4-21　相贯线的特殊情况（一）

（2）当两回转体具有公共轴线时，相贯线是垂直于轴线的圆，在轴线所平行的投影面上的投影为与轴线垂直的直线，如图4-22所示。

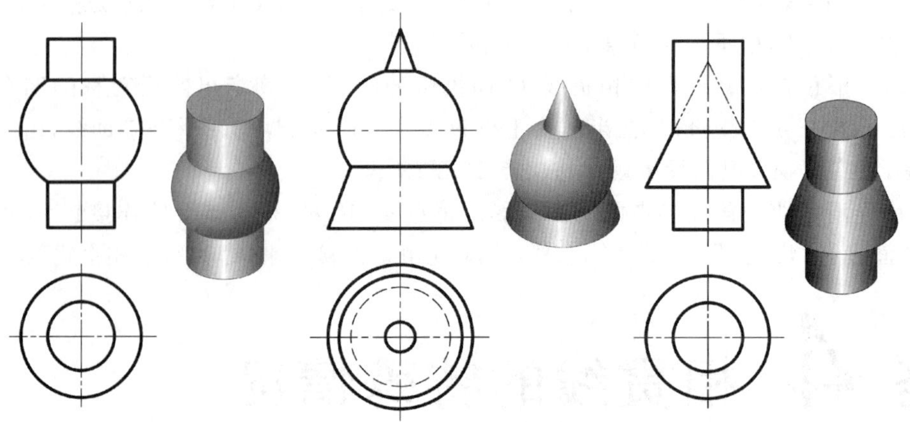

图 4-22　相贯线的特殊情况（二）

(3) 当两圆柱轴线平行或两圆锥共顶相交时，相贯线为直线，如图 4-23 所示。

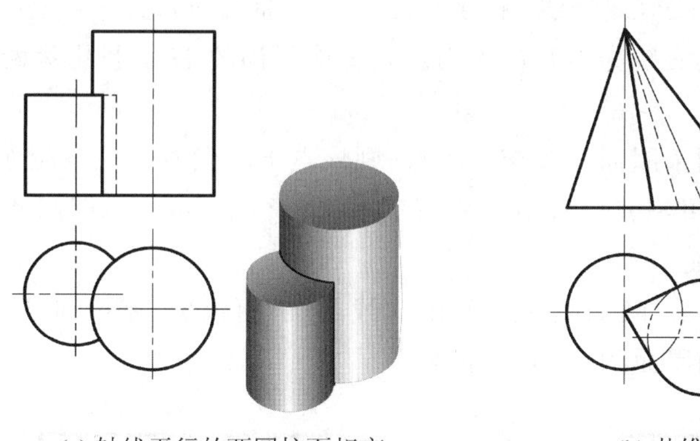

(a) 轴线平行的两圆柱面相交　　(b) 共锥顶的两圆锥面相交

图 4-23　相贯线的特殊情况(三)

任务 5 同坡屋面交线

为了排水需要，屋面均有坡度，当坡度大于 10%时称坡屋面或坡屋顶。坡屋面分单坡、两坡和四坡屋面，如果各坡面与地面(H 面)倾角都相等，则称为同坡屋面，如图 4-24(a)所示。同坡屋面的交线是两平面体相贯的工程实例，但因其自有的特点，其作图方法与前面所述有所不同。在同坡屋面上，两屋面的交线有以下三种：

(1) 屋脊线　与檐口线平行的二坡屋面交线；

(2) 斜脊线　凸墙角处檐口线相交的二坡屋面交线；

(3) 天沟线　凹墙角处檐口线相交的二坡屋面交线。

同坡屋面交线的投影有以下特点，如图 4-24(b)所示。

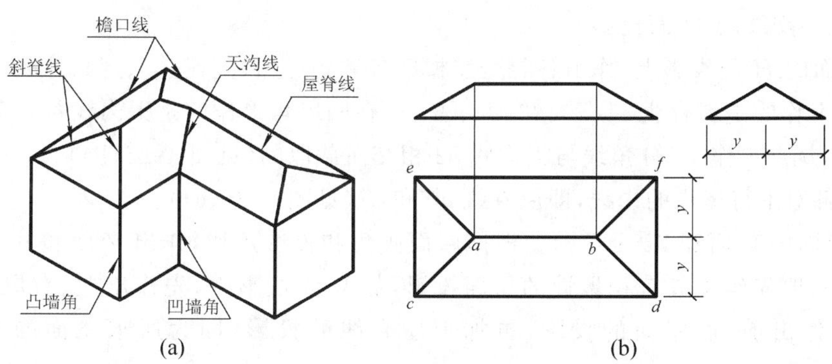

(a)　(b)

图 4-24　同坡屋面交线

(1) 两个屋檐平行的屋面,其交线为屋脊。屋脊的 H 面投影不仅与两屋檐的 H 面投影平行,而且与两檐口的距离相等。如 ab(屋脊线)平行于 cd 和 ef(屋檐线),且 $y=y$。

(2) 两个屋檐相交的屋面,其交线为斜脊或天沟。斜脊或天沟的 H 面投影为两屋檐夹角的平分线。如 $\angle eca=\angle dca=45°$。

(3) 在同坡屋面上,如果有两条屋面交线交于一点,则该点上必然有第三条屋面交线通过该点。这个点就是三个相邻屋面的共有点。如过点 a 有三条脊棱线 ab、ac、ae,即两条斜脊线 AC、AE 和一条屋脊线 AB 相交于点 A。

【例 4-18】 如图 4-25(a)所示,已知同坡屋面檐口线的 H 面投影,屋面对 H 面的倾角为 30°,求作屋面交线的 H 面投影和屋面的 V、W 面投影。

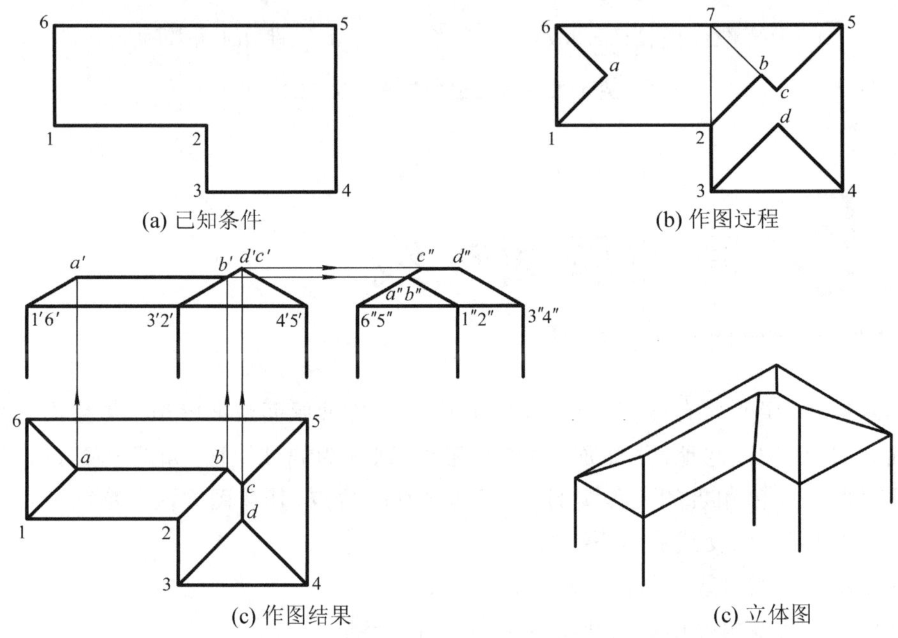

图 4-25 例 4-18 图

作图:根据上述同坡屋面交线的投影特点,作图步骤如下。

(1) 作屋面交线的 H 面投影。

① 在屋面的 H 面投影上,作出各相交屋檐即各墙角(∠1、∠2、∠3、∠4、∠5、∠6)的角平分线,在凸墙角上作的是斜脊线 $a1$、$a6$、$d3$、$d4$、$c5$、cb,在凹墙角上作的是天沟线 $b2$。其中 cb 是将 2 3 延长至点 7,从点 7 作 45°分角线与天沟线 $b2$ 相交而截取的(见图 4-25(b))。

② 作出各对平行屋檐的中线,即屋脊线 ab 和 cd(见图 4-25(c))。

(2) 作屋面的 V 面和 W 面投影。根据屋面倾角和投影规律,作出 V 面和 W 面投影(见图 4-25 (c))。一般先作出具有积聚性的屋面投影,如 V 面投影中,先作出左、右屋面的投影;W 面投影中,先作出前、后屋面的投影,再加上屋脊线的投影,即为所求屋面的 V 面和 W 面投影。

项目小结

1. 概念

截交线:平面或曲面截切(截断)立体所产生的表面交线。

相贯线:两立体相交,其表面所产生的交线。

平面体被一平面截割后形成的截交线,为截切面上的封闭折线,折线的每一线段为形体的棱面与截切面的交线。转折点为平面体的棱线与截切面的交点。求作平面体截交线的方法为:先求出各棱线与截切面的交点,再依次连接各交点,并判别可见性。连点的原则为:只有位于立体同一面上又同时位于同一截切面上的相邻两点方可连接。

2. 两平面体相贯

其相贯线是封闭的折线,折线上的各转折点为两平面体上参与相交的棱线与平面相互的交点,求出这些交点的投影并依次连接起来,即可得两平面体相贯线的投影。连接原则为:只有位于立体的同一面上又同时位于另一立体的同一面上的相邻两点方可连接。

3.曲面体的截交线或相贯线

曲面体的截交线或相贯线一般是曲线或折线。求作截交或相贯线的方法如下。

(1) 找特殊点:一般指投影轮廓线上的点及转折点。

(2) 找一般点:一般取两特殊点中间的点。

(3) 连点并判别可见性:顺序连接各点,看不见的用虚线表示,看得见的用实现表示。

4.特殊情况下的相贯线

(1) 当圆柱与圆柱,圆柱与圆锥轴线相交,并公切于一圆球时,相贯线为平面曲线椭圆,在两回转体轴线所同时平行的投影面上的投影为两条相交直线。

(2) 当两回转体具有公共轴线时,相贯线是垂直于轴线的圆,在轴线所平行的投影面上的投影为与轴线垂直的直线。

(3) 当两圆柱轴线平行或两圆锥共顶相交时,相贯线为直线。

5.同坡屋面

同一屋顶上各个坡面与水平面的倾角相等。同坡屋面的特点与投影规律如下。

(1) 当前后(或左右)檐口线平行且等高时,前后(或左右)坡面必相交成水平的屋脊线。屋脊线的水平投影必平行于两檐口线的水平投影,且位于正中间(即平行等距)。

(2) 当两檐口线相交时,该两坡面必交成倾斜的斜脊线或天沟线。其水平投影为两檐口先水平投影夹角的分角线。当两檐口先相交成直角时,其与檐口线的投影成45°角(即角平分线)。

(3) 屋顶上若两条脊线(包括屋脊线、斜脊线或天沟线)相交于一点,则必有第三天脊线通过该点。其水平投影一般为三线交于一点(即一点三线)。

学习情境 5 轴测投影图

学习目标

1. 知识目标

(1) 掌握轴测投影的相关基本理论知识。
(2) 掌握简单形体的正等测投影图的画法。
(3) 掌握简单形体的斜二测投影图的画法。

2. 能力目标

(1) 熟悉正三面投影图和轴测投影图之间的关系。
(2) 能够绘制一般组合体的轴测投影图。

◈ 引例导入

已知四棱台的正三面投影图如图 5-1(a)所示，请指出四棱台的正三面投影图和轴测投影图之间的关系，并利用正三面投影图绘制四棱台的正等测图。

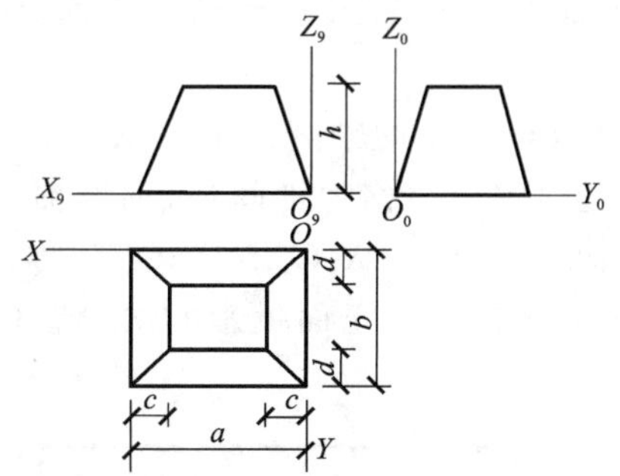

(a) 在正投影图上定出原点和坐标轴的位置

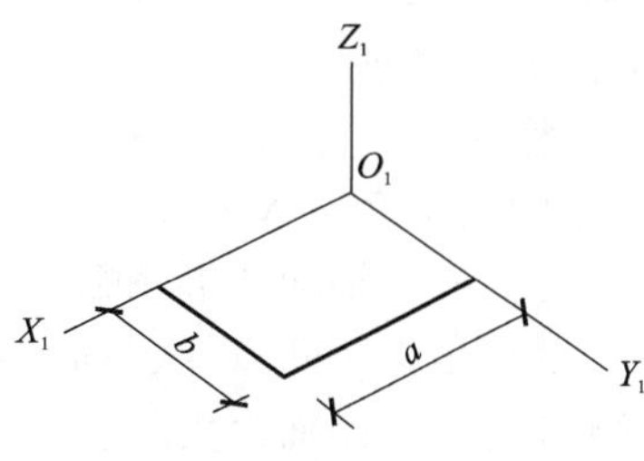

(b) 画轴测轴，在O_1X_1和O_1Y_1上分别量取a和b，画出四棱台底面的轴测图

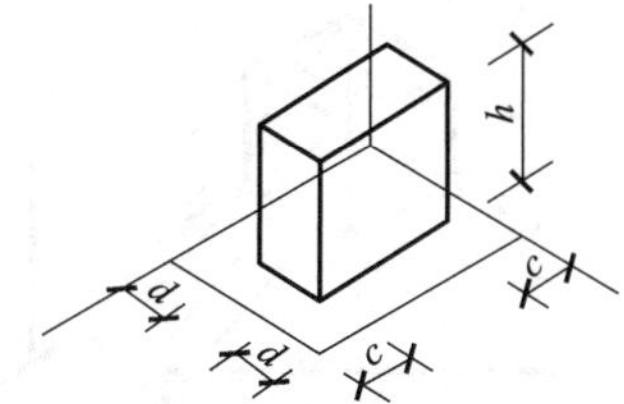

(c) 在底面上用坐标法根据尺寸c、d和h，作四棱台各角点的轴测图

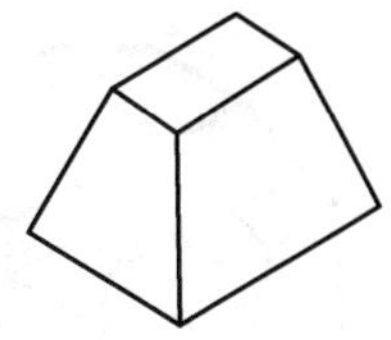

(d) 依次连接各点，擦去多余的线并描深，即得四棱台的正等测图

图 5-1　四棱台的正等测图的画法

任务 1　轴测投影的基本知识

一、轴测投影的形成

1. 轴测投影图与正投影图的区别

在工程上广泛应用的正投影图(三视图)，可以准确完整地表达出立体的真实形状和大小，如图 5-2(a)所示。它作图简便，度量性好，这是它最大的优点，因此在实践中得到广泛应用。但是它立体感差，对于缺乏读图知识的人难以看懂。

而轴测图(立体的轴测投影图)能在一个投影面上同时反映出物体三个方面的形状，所以富有立体感，直观性强，但这种图不能表示物体的真实形状，度量性也较差，如图 5-2(b)所示，因此，常用轴测图作为正投影图的辅助图样。在建筑工程专业中，给排水、暖通等的管道系统图常以轴测图为主要表达方法。

2. 轴测投影的形成

根据平行投影的原理，把形体连同确定其空间位置的三根坐标轴 OX、OY、OZ 一起，沿不平行于这三根坐标轴和由这三根坐标轴所确定的坐标面的方向，而投影到新投影面，所得的投影称为轴测投影，如图 5-3 所示。

投影面 P 或 Q 称为轴测投影面；三根坐标轴 OX、OY、OZ 的轴测投影 O_1X_1、O_1Y_1、O_1Z_1 称为轴测轴；轴测轴之间的夹角 $\angle X_1O_1Y_1$、$\angle X_1O_1Z_1$、$\angle Y_1O_1Z_1$ 称为轴间角；轴测轴上某段长度和它的实长之比 p、q、r 称为轴向变形系数；轴测坐标面 $X_1O_1Y_1$、$X_1O_1Z_1$、$Y_1O_1Z_1$ 称为直角坐标面的轴测投影。次投影是指空间点、线、面正投影的轴测投影。正面投影的次投影称为正面次投影，同样有水平面次投影、侧面次投影。

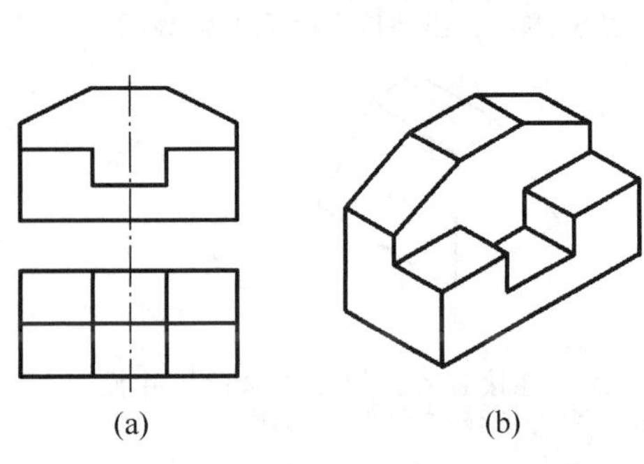

图 5-2　正投影图与轴测图的比较

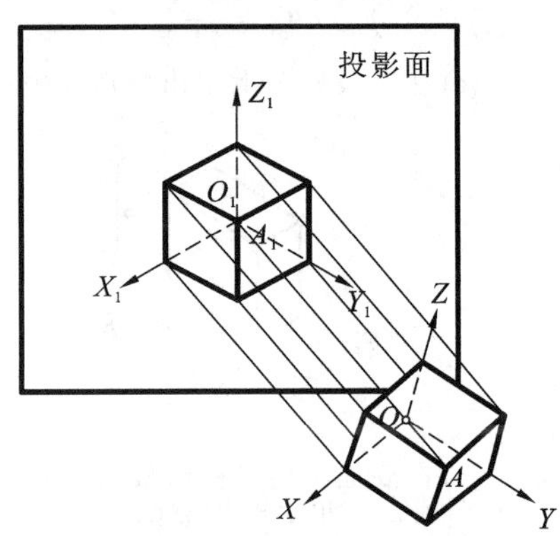

图 5-3　轴测投影的形成

二、轴测投影的特性

1. 平行性

凡在空间平行的线段，其轴测投影仍平行。其中在空间平行于某坐标轴(X、Y、Z)的线段，其轴测投影也平行于相应的轴测轴。

2. 定比性

点分空间线段长之比，等于其对应轴测投影长之比。

3. 从属性

点属于空间直线，则该点的轴测投影必属于该直线的轴测投影。

三、轴测投影的分类

轴测图按照投影方向 S 与轴测投影面 P 是否垂直，可以分为正轴测图和斜轴测图。用正投影法(投影方向与轴测投影面垂直)得到的轴测投影称为正轴测图,用斜投影法(投影方向与轴测投影面倾斜)得到的轴测投影称为斜轴测图。

根据轴向伸缩系数的不同,轴测图又可分为正等测图、正二测图、斜等测图、斜二测图等。本章主要介绍广泛使用的正等测图、斜等测图和斜二测图。

四、轴测图画法

1. 坐标法

根据物体的尺寸或顶点的坐标画出点的轴测图,然后将同一棱线上的两点连成直线,即得形体的轴测图。

2. 切割法

先画出基体,然后确定切平面位置,再擦去被切的部分。

3. 综合法

坐标法和切割法综合使用。

4. 叠加法

根据立体的组成形式,分析其基本组成部分和附属部分,然后先画出基本部分,然后在基本部分的基础上再画出附属部分,最后擦掉不可见部分就形成了立体的轴测图。

画线段的轴测图,要先画出线段端点的轴测图。而在画点的轴测图时,一定要根据点的坐标值计算出点的轴测坐标值,再沿轴测轴测量,才能画出点的轴测图。这种沿轴测量定位的方法,是画轴测图最基本的方法。

任务2 正等测轴测投影

当投影方向 S 与轴测投影面 P 垂直,且空间直角坐标系中的各轴均与投影面 P 成相同的角度时,所形成的轴测投影即为正等轴测投影,简称正等测图。由于它画法简单,立体感较强,所以在工程上较常用。

一、轴间角和轴向变形系数

如图5-4所示,根据计算,正等测的轴向变形系数 $p=q=r=0.82$,轴间角 $\angle X_1O_1Y_1=\angle X_1O_1Z_1=\angle Y_1O_1Z_1=120°$。画图时,规定把 O_1Z_1 轴画成铅垂位置,因而 O_1X_1 及 O_1Y_1 轴与

水平线均成 30°角，故可直接用 30°三角板作图。

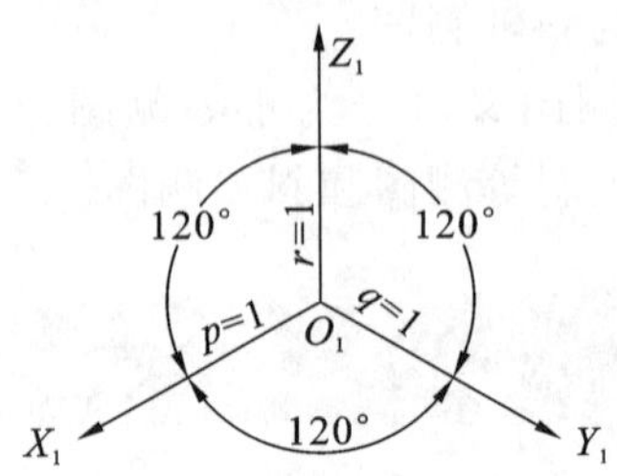

图 5-4　正等测的轴间角及轴向变形系数

为作图方便，常采用简化变形系数，即取 $p=q=r=1$。这样便可按实际尺寸画图，但画出的图形比原轴测投影大一些，各轴向长度均放大 1/0.82=1.22 倍。

图 5-5 所示是根据图 5-4 按轴向变形系数为 0.82 画出的正等测图。图 5-6 所示是按简化轴向变形系数为 1 画出的正等测图。

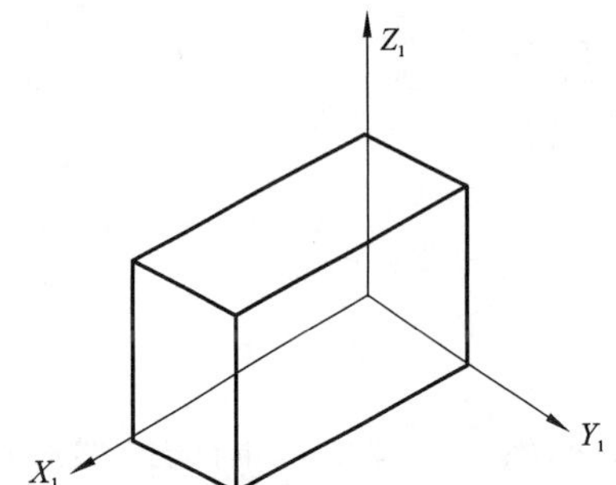

图 5-5　正等测图(按轴向变形系数为 0.82)

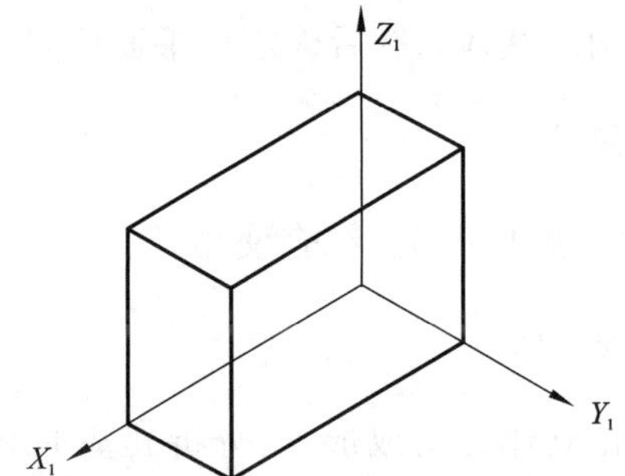

图 5-6　正等测图(按轴向变形系数为 1)

二、点的正等测投影的画法

图 5-7 所示为点 $A(X_A, Y_A, Z_A)$的三面正投影图，依据轴测投影基本性质及点的投影与坐标的关系，便可作出如图 5-8 所示的点 A 的正等测投影图。其作图步骤如下。

(1) 作出正等轴测轴 O_1Z_1、O_1X_1 及 O_1Y_1。

(2) 在 O_1X_1 轴上截取 $O_1a_{X1}=X_A$。

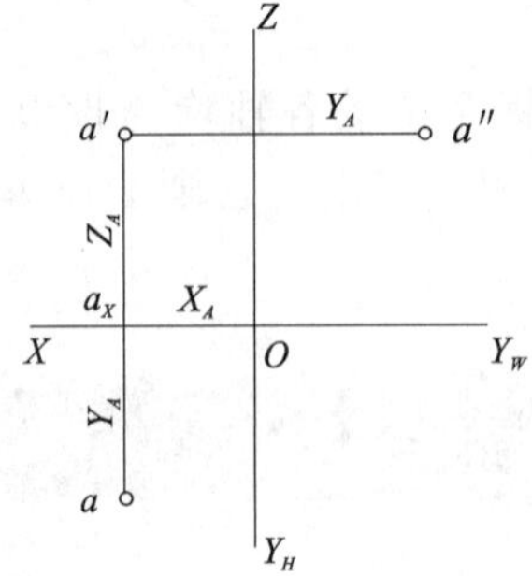

图 5-7　点的三面正投影图

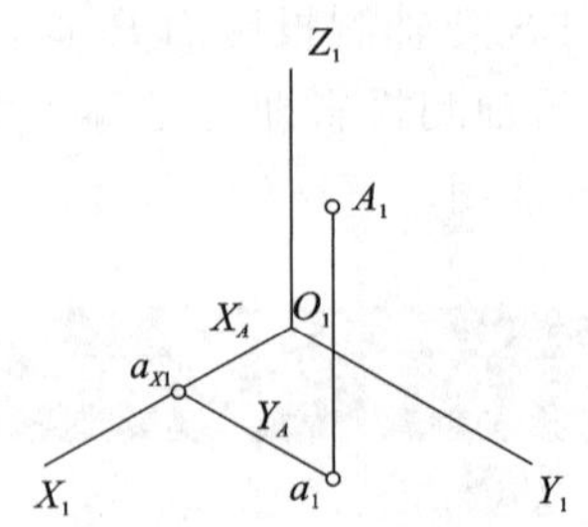

图 5-8　点的正等测图

(3) 过点 a_{x1} 作直线平行于 O_1Y_1 轴，并在该直线上截取 $a_{X1}a_1=Y_A$。

(4) 过点 a_1 作直线平行于 O_1Z_1 轴，并在该直线上截取 $A_1a_1=Z_A$，得点 A_1，点 A_1 即为空间点 A 的正等测图。

应指出的是，如果只给出轴测投影 A_1，不难看出，点 A 的空间位置不能唯一确定。实际上点的空间位置是由它的轴测投影和一个次投影确定的。所谓次投影是指点在坐标面上的正投影的轴测投影。例如，点 A 的空间位置就是由 A_1 和 A 在 XOY 坐标面上的正投影 a 的轴测投影来确定的。

【例 5-1】 已知斜垫块的正投影图如图 5-9 所示，画出其正等测图。

作图：(1) 在斜垫块上选定直角坐标系。

(2) 如图 5-10(a)所示，画出正等轴测轴，按尺寸 a、b，画出斜垫块底面的轴测投影。

(3) 如图 5-10(b)所示，过底面的各顶点，沿 O_1Z_1 方向，向上作直线，并分别在其上截取高度 h_1 和 h_2，得斜垫块顶面的各顶点。

(4) 如图 5-10(c)所示，连接各顶点画出斜垫块顶面。

(5) 如图 5-10(d)所示，擦去多余作图线，描深，即完成斜垫块的正等测图。

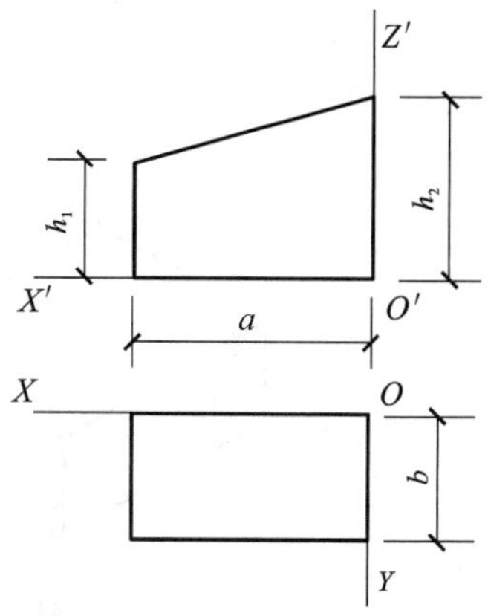

图 5-9 斜垫块的正投影图

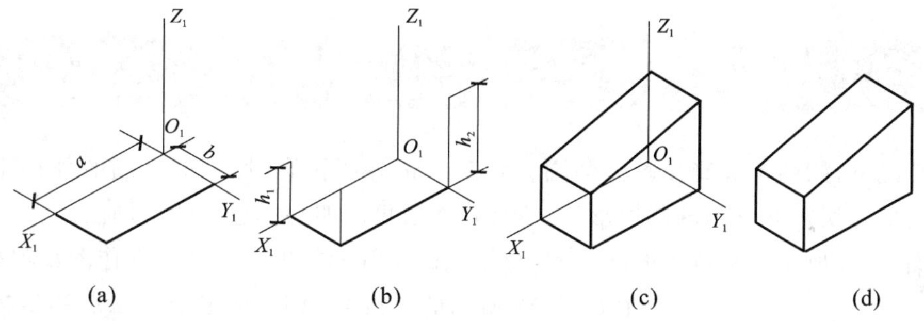

图 5-10 作垫块的正等测图

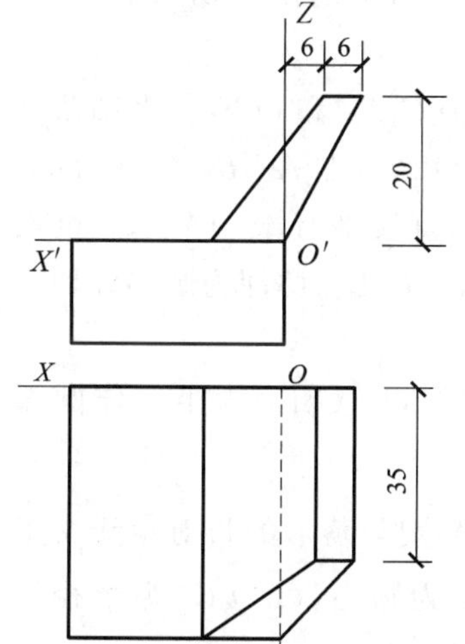

图 5-11 形体的正投影图

【例 5-2】 已知形体的正投影图如图 5-11 所示，画出其正等测图。

分析：形体由矩形底块和楔形板组成。坐标原点和坐标轴的确定如图 5-11 所示。可以看出，楔形板各侧棱线都不与坐标轴平行，其轴测投影的长度并不按正等测轴向变形系数缩变。画这些棱线时，应先沿轴测量，画出棱线端点的轴测投影。

作图：

(1) 如图 5-12(a)所示，画出正等测轴，根据正投影图，画出矩形底块的轴测投影。

(2) 如图 5-12(b)所示，作楔形板上、下底面的轴测投影。

① 自原点 O_1 沿 O_1Z_1 轴向上量取 20 mm 得点 E_1；

② 过点 E_1 作与 O_1X_1 轴的平行线，并在其上自点 E_1 向右量

取6 mm得点 A_1，再量取 6 mm，得点 B_1；

③ 分别过点 A_1 和 B_1 作与 O_1Y_1 轴的平行线，并在其上分别沿 O_1Y_1 方向量取楔形板上底面的长度尺寸，得点 C_1 和 D_1。平面图形 $A_1B_1C_1D_1$ 即为上底面的轴测投影；

④ 在 $O_1X_1Y_1$ 面上，做出楔形板下底面的轴测投影。

(3) 如图 5-12(c)所示，作出各侧棱线，擦去多余作图线，描深，即完成形体的正等测图。

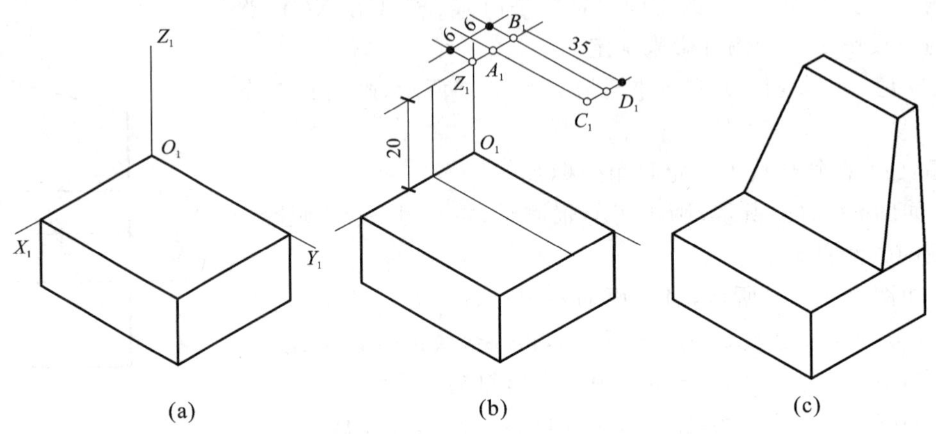

图 5-12　作形体的正等测图

三、圆的正等测投影的画法

一般情况下，圆的正等测投影为椭圆。画圆的正等测投影时. 一般以圆的外切正方形为辅助线。先画出外切正方形的轴测投影——菱形，然后再用四心法近似画出椭圆。

现以图 5-13 所示水平位置的圆为例，介绍圆的正等测投影的画法。其作图步骤如下。

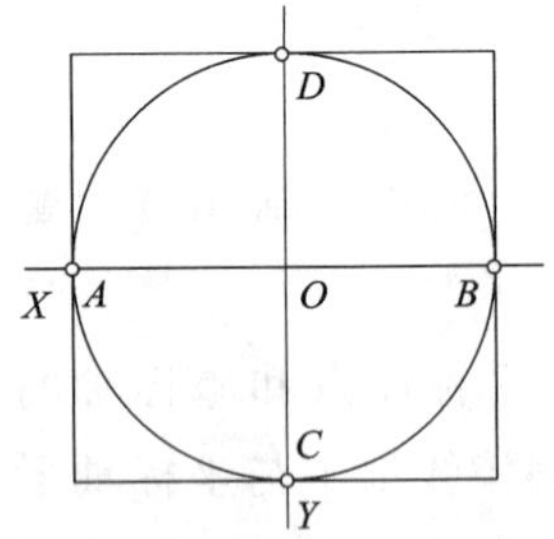

图 5-13　水平圆的正投影

(1) 在图 5-13 所示的正投影图上，选定坐标原点和坐标轴。并沿坐标轴方向作出圆的外切正方形，得正方形与圆的四个切点 A、B、C 和 D。

(2) 如图 5-14(a)所示，画出正等轴测轴 O_1X_1 和 O_1Y_1。沿轴截取 $O_1A_1=OA$，$B_1O_1=BO$，$C_1O_1=CO$，$O_1D_1=OD$，得点 A_1、B_1、C_1 和 D_1。

(3) 如图 5-14(b)所示，过点 A_1、B_1 作直线平行于 O_1Y_1 轴，过点 C_1、D_1 作直线平行于 O_1X_1 轴，交得菱形 $A_1B_1C_1D_1$，此即为圆的外切正方形的正等测投影。

(4) 如图 5-14(c)所示，以点 O_0 为圆心，以 O_0B_1 为半径作圆弧 B_1D_1；以点 O_2 为圆心，以 O_2A_1 为半径作圆弧 A_1C_1；

(5) 如图 5-14(d)所示，作出菱形的对角线，线段 O_2A_1、O_0B_1 分别与菱形的长对角线交于点 O_3、O_4。以点 O_3 为圆心，以 O_3A_1 为半径作圆弧 A_1D_1；以点 O_4 为圆心，以 O_4C_1 为半径作圆弧 C_1B_1。

以上四段圆弧组成的近似椭圆，即为所求圆的正等测投影。

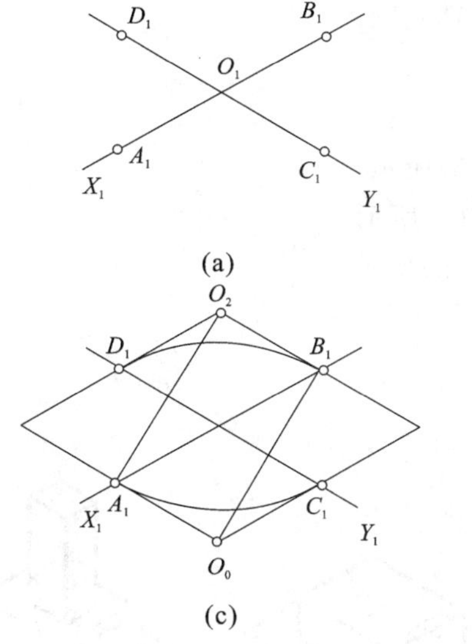

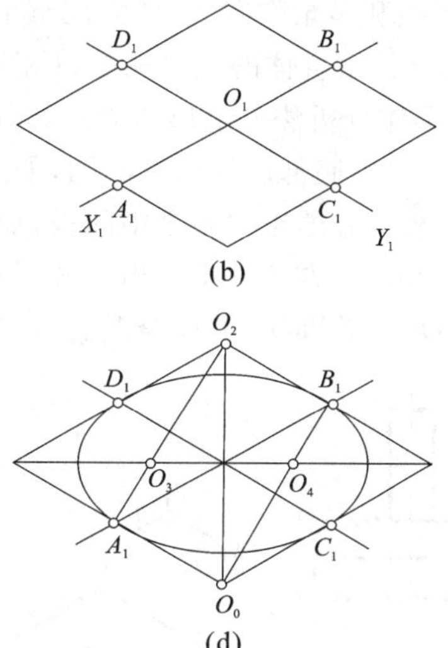

图 5-14　圆的正等测图的近似画法

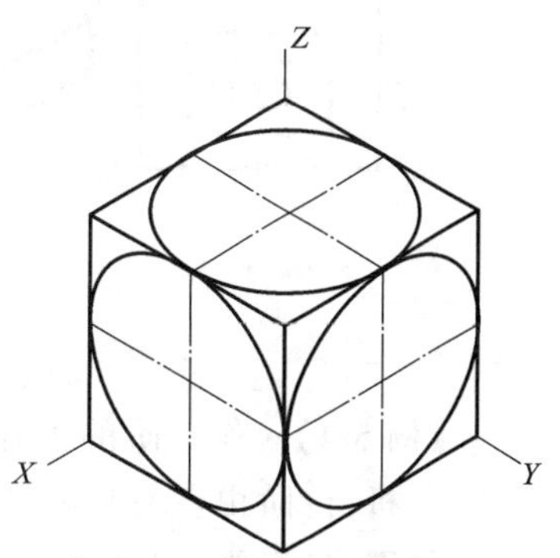

图 5-15　各坐标面圆的正等测投影

如图 5-15 所示，三个坐标面上相同直径圆的正等测投影，它们是形状相同的三个椭圆。

每个坐标面上圆的轴测投影（椭圆）的长轴方向与垂直于该坐标面的轴测轴垂直；而短轴则与该轴测轴平行。

以上圆的正等测的近似画法，也适用于平行坐标面的圆角。

图 5-16(a)所示的平面图形上有四个圆角，每一段圆弧相当于整圆的四分之一，其正等测图如图 5-16(b)所示。每段圆弧的圆心是过外接菱形各边中点（切点）所作垂线的交点。

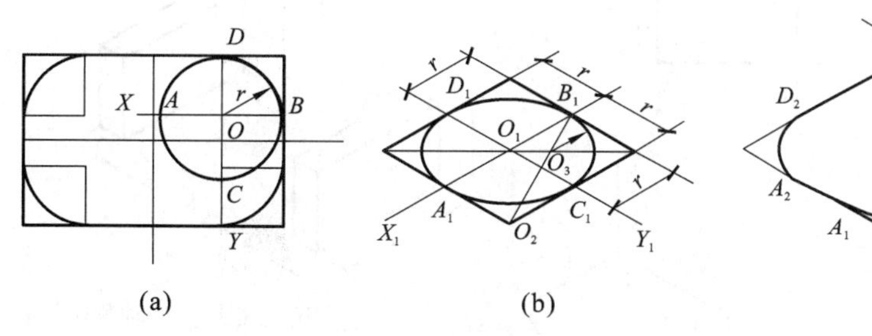

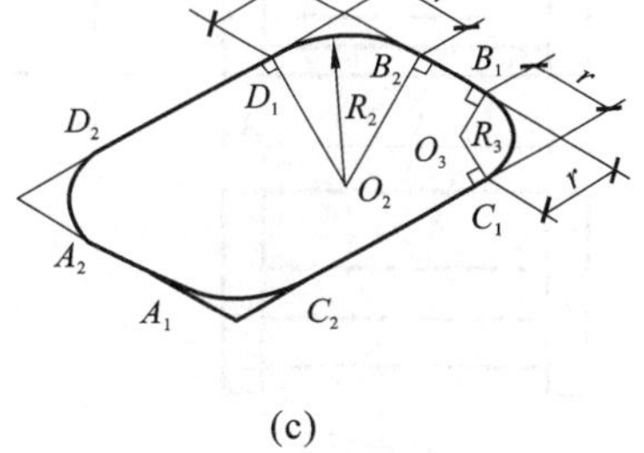

图 5-16　圆角正等测画法

图 5-16(c)是平面图形的正等测图。其小圆弧 D_1B_2 是以 O_2 为圆心、R_2 为半径画出；圆弧 B_1C_1 是以 O_3 为圆心、R_3 为半径画出，D_1、B_1、C_1 等各切点，均利用已知的 r 来确定。

四、组合体的正等测图

有些形体常常是由若干基本几何形体按叠加或切割的方式组合而成的，当绘制这种形体时，可按其组成顺序逐个绘出每一个基本形体的轴测图，然后整理立体投影，加粗可见轮廓线，去掉不可见图线和多余作图线，即完成整个形体的轴测图。

【例 5-3】 作组合体的正等测图(见图 5-17)。

分析：用形体分析法分解形体为三部分。

作图：(1) 先画底部底板的轴测图，如图 5-17(b)所示。

(2) 在底板上方的正中画出中间板，如图 5-17(c)所示。

(3) 在中间板上方的正中画出上柱，如图 5-17(d)所示。

(4) 加粗可见轮廓线，完成全图。

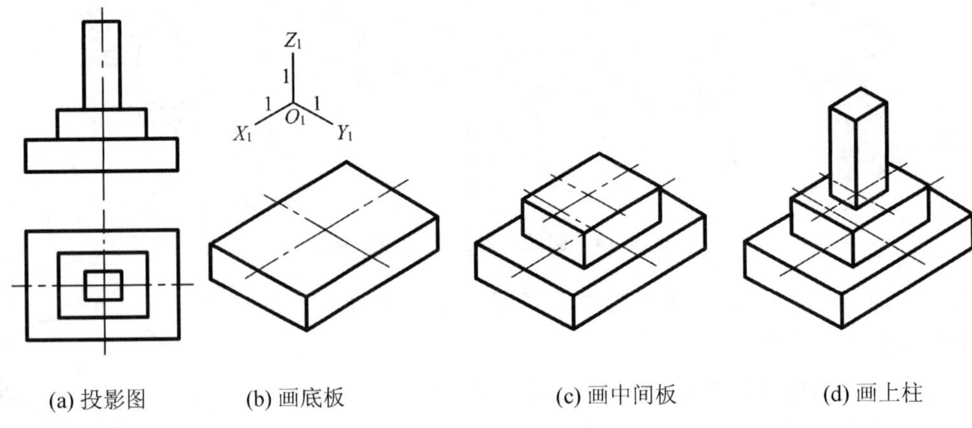

图 5-17　例 5-3 图

【例 5-4】 作台阶的正等测图(见图 5-18)。

分析：台阶由左右栏板和三个踏步组成。

作图：(1) 画左右栏板的轴测图，如图 5-18(a)所示。

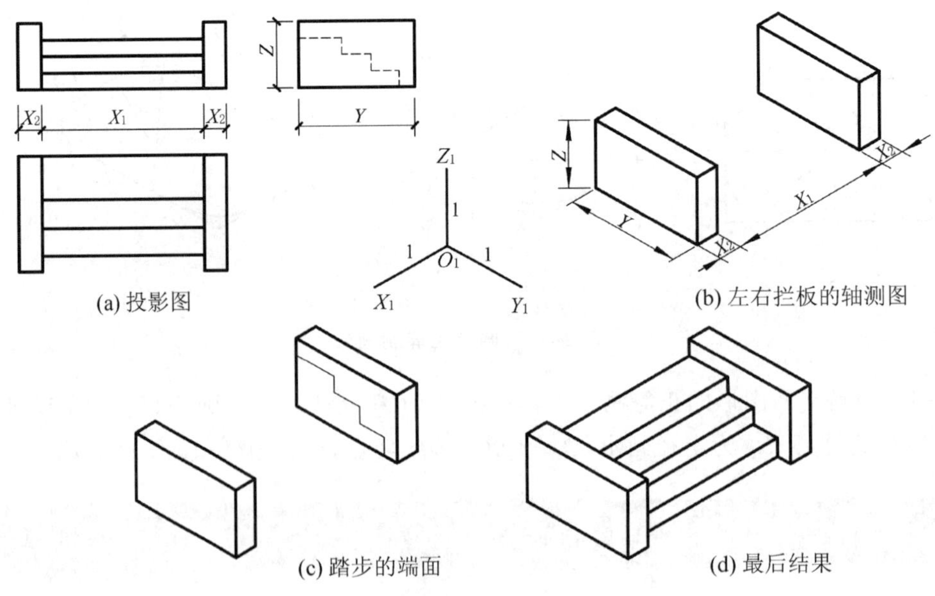

图 5-18　例 5-4 图

(2) 画右栏板内侧踏步轮廓线的轴测图,如图 5-18(b)所示。

(3) 由右栏板内侧踏步轮廓线的端点画出踏步线至左栏板。

(4) 整理完成全图,如图 5-18(d)所示。

任务 3 斜二测投影

当投影方向对轴测投影面 P 倾斜时,形成斜轴测投影。在斜轴测投影中,以 V 面平行面为轴测投影面,所得的轴测投影称为正面斜轴测图,如图 5-19(a)所示。若以 H 面平行面为轴测投影面,则得水平面斜轴测图。下面对这两种斜轴测投影作进一步讨论。

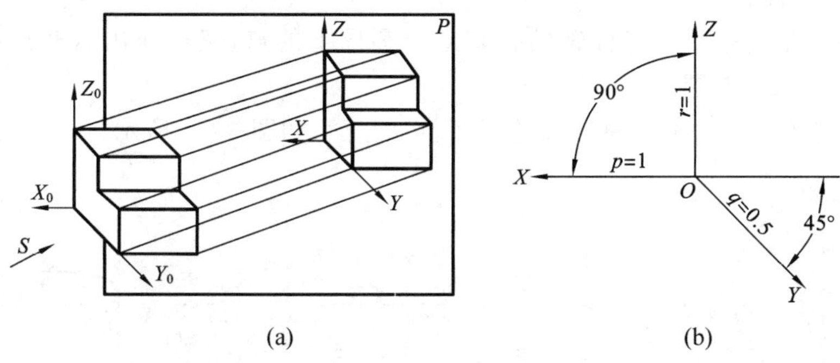

图 5-19 正面斜二测图的轴间角和轴向伸缩系数

一、正面斜二测图

1. 正面斜二测图的轴间角和轴向伸缩系数

如图 5-19(b)所示,正面斜轴测投影不论投影方向如何,轴间角$\angle XOZ=90°$,X 和 Z 方向的轴向伸缩系数均为 1,即 $p=r=1$。OZ 与 OX、OY 的轴间角随投影方向的不同而发生变化。至于轴间角$\angle XOY$ 和 OY 的轴向伸缩系数则随投影方向而定。由于投影方向有无穷多个,所以可令 OY 的轴间角为任意数。为了使作图方便,通常选用 OY 与水平方向成 45°(也可画成 30°或 60°),O_1Y_1 的伸缩系数常取 0.5。

2. 正面斜二测图的画法

1) 正面斜二测椭圆的长、短轴的方向和大小

在坐标面 XOZ 或与其平行的平面上,圆的正面斜二等轴测投影仍为圆;在另外两个坐标面上或与它们平行的平面上,圆的斜二等轴测投影为椭圆。如图 5-20 所示,在 $X_1O_1Y_1$、$Y_1O_1Z_1$ 面上的椭圆长轴分别与 O_1X_1、O_1Z_1 的夹角为 7°10′,短轴与长轴垂直。椭圆长轴约为 $1.06d$,短轴约为 $0.33d$。

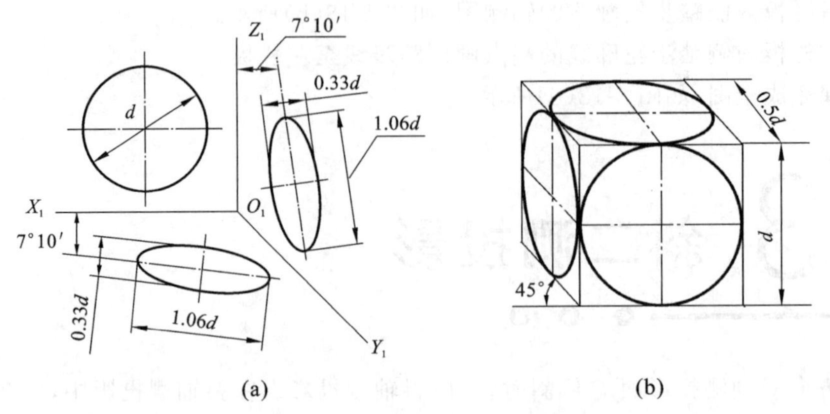

图 5-20 三坐标面上圆的斜二测图

2）平行弦法画椭圆

平行弦法就是通过平行于坐标轴的弦来定出圆周上的点，然后作出这些点的轴测投影，最后光滑连线这些点求得椭圆。

用平行弦法求作 XOZ 坐标面上圆的正面斜二测图，如图 5-21 所示。

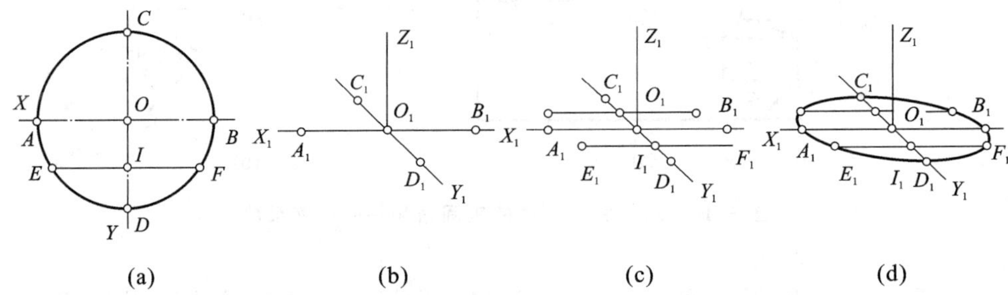

图 5-21 用平行弦法作圆的斜二测图

作图步骤如下：

(1) 用平行于 OX 轴的弦 EF 分割圆，得分点 E、F，如图 5-21(a)所示。

(2) 画轴测轴 O_1-$X_1Y_1Z_1$，如图 5-21(b)所示，取简化轴向伸缩系数 $p=r=1, q=0.5$。

(3) 求出点 A、B、C、D、E、F 的轴测投影 A_1、B_1、C_1、D_1、E_1、F_1，如图 5-21(c)所示，利用上述平行弦可求出圆周上一系列点的轴测投影。

(4) 用曲线光滑连接 A_1、E_1、D_1、F_1、B_1、C_1 各点，即得到圆的斜二测图，如图 5-21(d)所示。

平行弦法画椭圆不仅适用于平行于坐标面上圆的轴测图，也适用于不平行于坐标面上圆的轴测图。平行弦法实质上是坐标法。

【例 5-5】 作出形体的正面斜二测图，如图 5-22 所示。

分析：形体由三部分组成，作轴测图时必须注意各部分在 Y 方向的相对位置。

作图：(1) 作出底板的轴测图，在 Y 方向上量取 $A/2$，如图 5-22(b)所示。

(2) 定出 U 形板的位置线，按实形画出其前端面，在 Y 方向上量取 $B/2$，画出其后端面的实形。注意后端面的圆心位置及其可见部分，如图 5-22(c)、(d)所示。

(3) 画出前台的轴测图，擦去多余线条，完成作图，如图 5-22(e)所示。

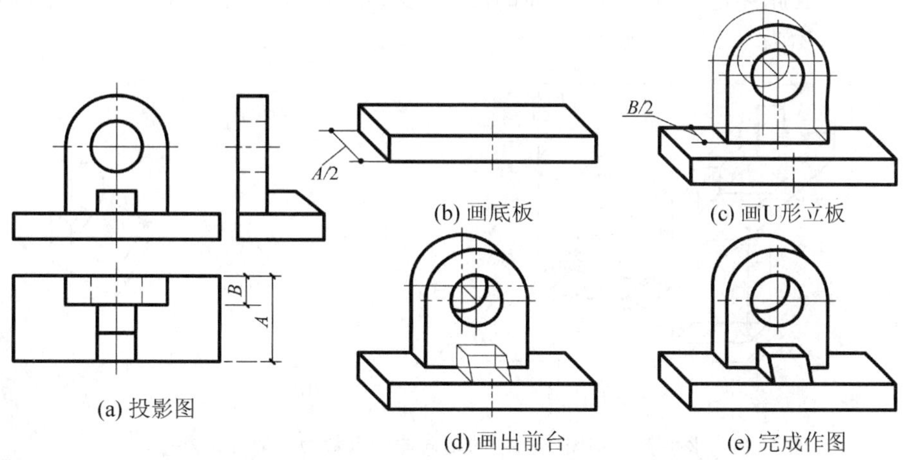

(a) 投影图 (b) 画底板 (c) 画U形立板 (d) 画出前台 (e) 完成作图

图 5-22 例 5-5 图

【例 5-6】 作出形体的正面斜二测图，如图 5-23 所示。

分析：看懂视图，形体在 Y 方向上形状复杂，用分层定心法画出形体的斜二测图。

作图：(1) 根据 Y 方向各端面的圆的圆心定位尺寸，确定其在轴测图上的位置。注意定位尺寸均缩短一半，并作出前端面的实形，如图 5-23(b)、(c)所示。

(2) 由各端面的圆心画出各个端面的轴测图。注意后端面的圆可看到一部分，如图 5-23(d)、(e)所示。

(3) 整理，完成作图，如图 5-23(f)所示。

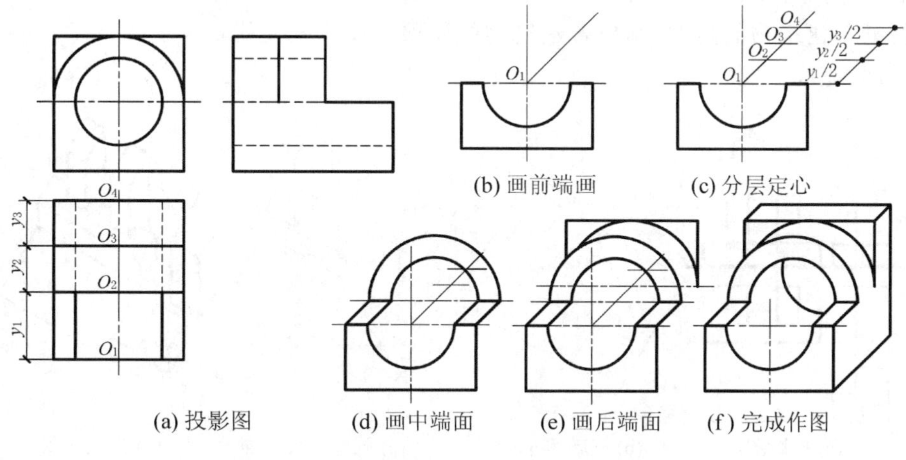

(a) 投影图 (b) 画前端画 (c) 分层定心 (d) 画中端面 (e) 画后端面 (f) 完成作图

图 5-23 例 5-6 图

二、水平斜二测图

1. 水平斜二测图的轴间角和轴向伸缩系数

由于轴测投影平行于坐标面 XOY，如图 5-24(a)所示，所以轴间角 $\angle X_1O_1Y_1=90°$，轴向伸

缩系数 $p=q=1$，因此凡是平行于 XOY 面的图形，投影后形状不变。当 $r=0.5$ 时，称为水平斜二测（当 $r=1$ 时，称为水平斜等测）。

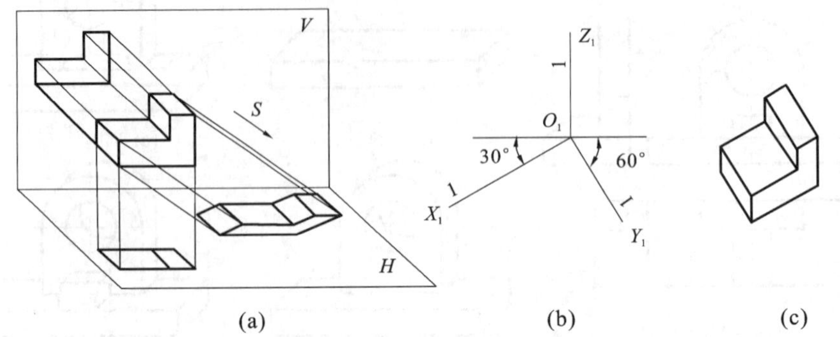

图 5-24　水平斜二测图（当 Z_1 的轴向伸缩系数为 1 时即为斜等测图）

2. 水平斜二测图的画法

在坐标面 XOY 或与其平行的平面上，圆的正面斜二等轴测投影仍为圆；在另外两个坐标面上或与它们平行的平面上，圆的斜二等轴测投影为椭圆。如图 5-20 所示，其画图方法和正面斜二测的画图方法基本相同。

【例 5-7】 画出建筑群的水平斜二测图，如图 5-25 所示。

分析： 在水平斜二测图中，水平投影的轴测图显示实形。可先作水平投影的轴测图，然后升高水平投影面求顶面。

作图：(1) 将平面投影图旋转 30°。

(2) 测量各建筑物的高度，画出各建筑物的屋顶。注意画交线。

(3) 整理，完成作图。

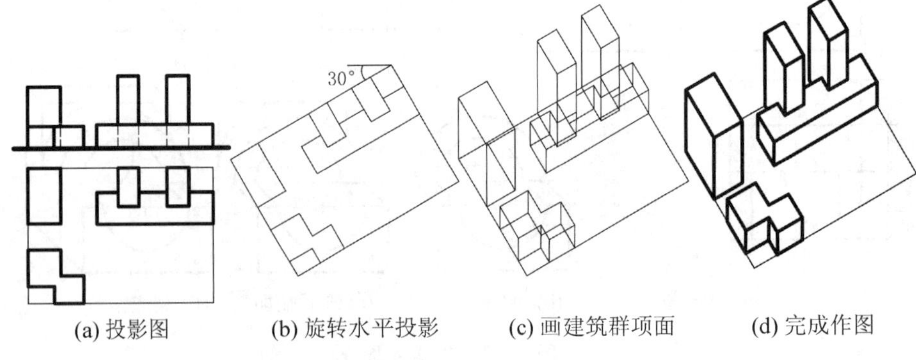

图 5-25　例 5-7 图

【例 5-8】 画带断面的房屋的水平斜二测图，如图 5-26 所示。

分析： 用水平剖切平面剖切房屋后，将下半截房屋画成水平斜二等轴测图。

作图：(1) 看懂视图，将平面投影图中的断面部分旋转 30°，如图 5-26(b)所示。

(2) 从旋转后的断面图的内墙角向下画出内墙角线、门洞和柱子，其长度为 Z_1，并画出房间内外地面线；根据 Z_2 画出窗洞和窗台，如图 5-26(c)所示。

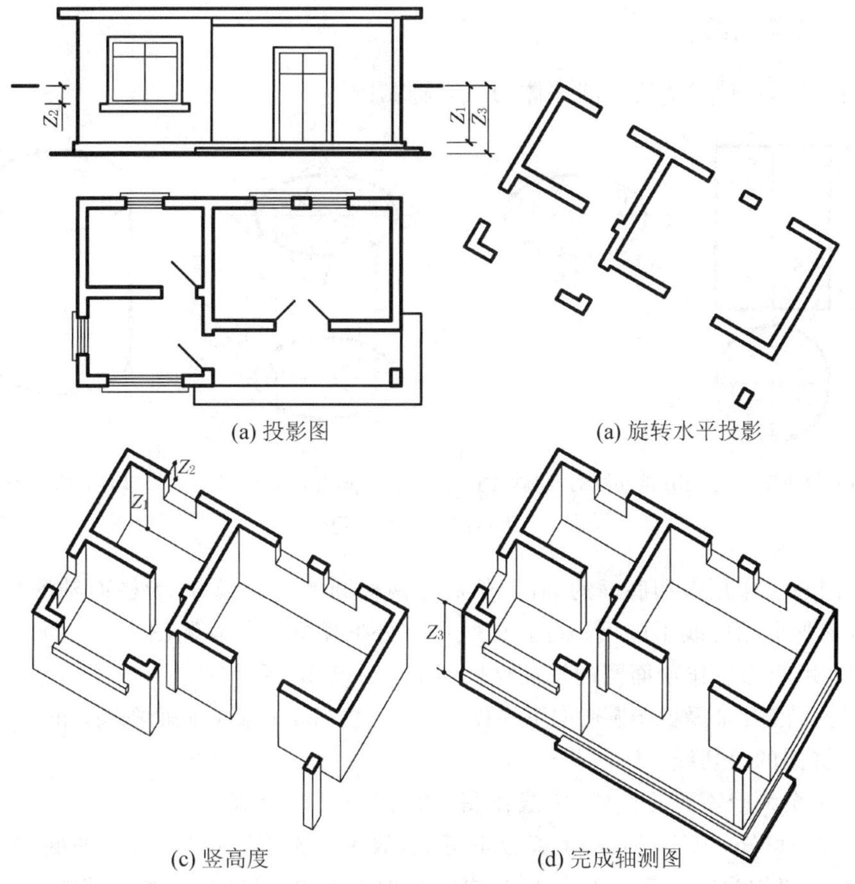

(a) 投影图　　(a) 旋转水平投影

(c) 竖高度　　(d) 完成轴测图

图 5-26　例 5-8 图

(3) 根据 Z_3 画出室外地面线、勒脚线和台阶，如图 5-26(d)所示。

(4) 用不同粗细的图线加深轮廓线，完成全图，如图 5-26(d)所示。

任务 4 回转体的轴测投影

工程中的回转体是指由母线绕回转轴旋转所形成的规则曲面立体。在工程中常用的回转体有：圆柱、圆锥、圆球和圆环。回转体的衍生物体有圆锥台、圆筒等被截切、切槽、挖孔等的立体以及回转体与平面立体形成的组合体。

一、回转体的正等测图

画回转体的轴测投影，应首先掌握圆的正等测投影，特别是要掌握与坐标面平行或重合的圆的正等测投影的画法。

1. 圆柱的正等测图

【例 5-9】 作如图 5-27 所示圆柱体的正等轴测图。

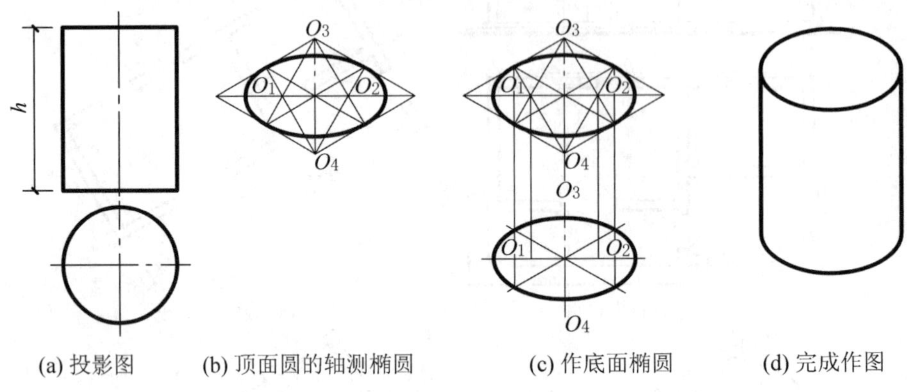

(a) 投影图　(b) 顶面圆的轴测椭圆　(c) 作底面椭圆　(d) 完成作图

图 5-27　例 5-9 图

分析：用四心法作顶面和底面的椭圆，然后作两椭圆的公切线，即为柱面轴测投影的外形轮廓线。注意，该外形轮廓线不同于圆柱正面投影中外形轮廓线的轴测图。

作图：(1) 用四心法作顶面圆的轴测椭圆，如图 5-27(b)所示。

(2) 将顶面椭圆中心及四个圆心向下平移(移心法)柱高 h，以此作底面椭圆，如图 5-27(c)所示。

(3) 作两椭圆的公切线。

(4) 擦去多余线及不可见曲线，完成作图，如图 5-27(d)所示。

从图 5-27(c)可知，圆柱底面后半部分不可见，故不必画出。由于上、下两椭圆完全相等，且对应点之间的距离均为圆柱高度 h，所以只要完整地画出顶面椭圆，则底面椭圆的三段圆弧的圆心以及两圆弧相连处的切点，沿 Z_1 轴方向向下量取高度 h 即可找出。这种方法称为移心法，可简化作图过程。

轴线垂直于 V 面、W 面的正圆柱的轴测图画法与垂直于 H 面的相同，只是椭圆长轴方向随圆柱的轴线方向而异，即圆柱顶面、底面椭圆的长轴方向与该圆柱的轴线垂直，如图 5-28 所示。

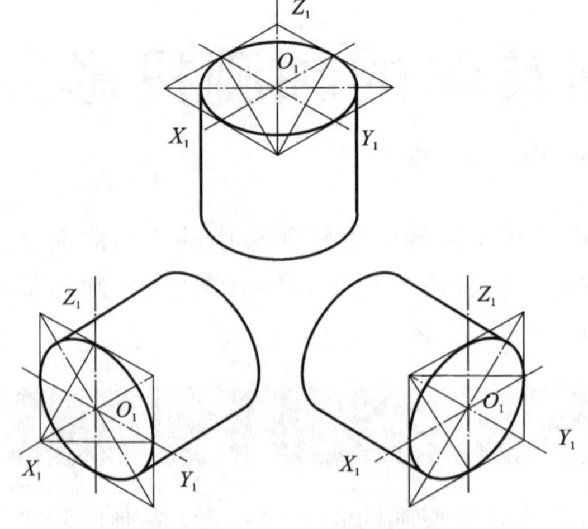

图 5-28　三个方向圆柱的正等测图

2. 斜截圆柱的正等测图

【例 5-10】 作出图 5-29(a)所示形体的正等测图。

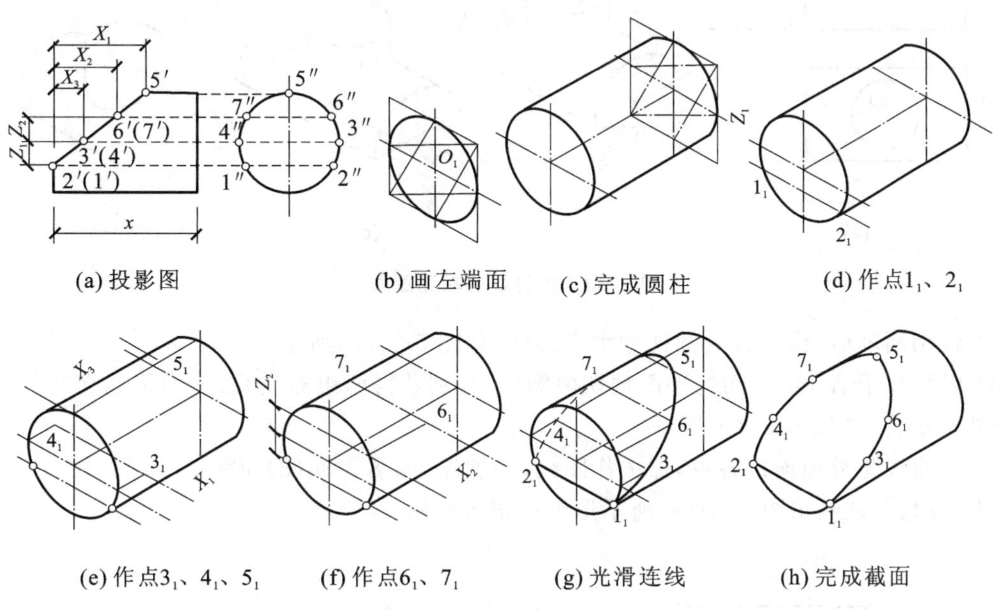

(a) 投影图　(b) 画左端面　(c) 完成圆柱　(d) 作点1_1、2_1

(e) 作点3_1、4_1、5_1　(f) 作点6_1、7_1　(g) 光滑连线　(h) 完成截面

图 5-29　截交线的正等测图画法

分析：由投影图可知，圆柱被一个平面截切，截切后的截交线是椭圆弧。作图时应先画出未截切之前的圆柱，再画斜截面。

作图：

(1) 画圆柱的左端面。选定轴测轴，画外切菱形和四心椭圆，如图 5-29(b)所示。

(2) 沿 O_1X_1 轴向右量取 X，作右端面椭圆，作平行于 O_1Y_1 轴的直线与两椭圆相切，完成圆柱的正等测图，如图 5-29(c)所示。

(3) 用坐标法画出截面上一系列的点。先作最低点 1_1 和 2_1。可在左端面上沿 O_1Z_1 轴向下量取 Z_1，再引线平行于 O_1Y_1 轴，交椭圆于点 1_1、2_1，如图 5-29(d)所示。再作最前点 3_1、最后点 4_1 和最高点 5_1。分别过中心线与椭圆的交点引平行于 O_1X_1 轴的圆柱素线，对应量取 X_1 和 X_2，得点 3_1、4_1 和 5_1，如图 5-29(e)所示。在适当位置作中间点。先在投影图上选定点 6_1、7_1，再沿 O_1Z_1 向上量取 Z_2，沿 O_1X_1 向右量取 X_2，可得点 6_1 和 7_1，如图 5-29(f)所示。

(4) 用直线连接点 1_1、2_1，用圆滑曲线依次连接其余各点，如图 5-29(g)所示。

(5) 擦去作图线，即为所求，如图 5-29(h)所示。

3. 相交两圆柱的正等测图

【例 5-11】 作出图 5-30(a)中两相贯圆柱的正等测图。

分析：此两圆柱正交，相贯线为空间曲线，需求出若干共有点的轴测投影，以完成此空间曲线的轴测投影。

作图：

(1) 引入直角坐标系，如图 5-30(a)所示。

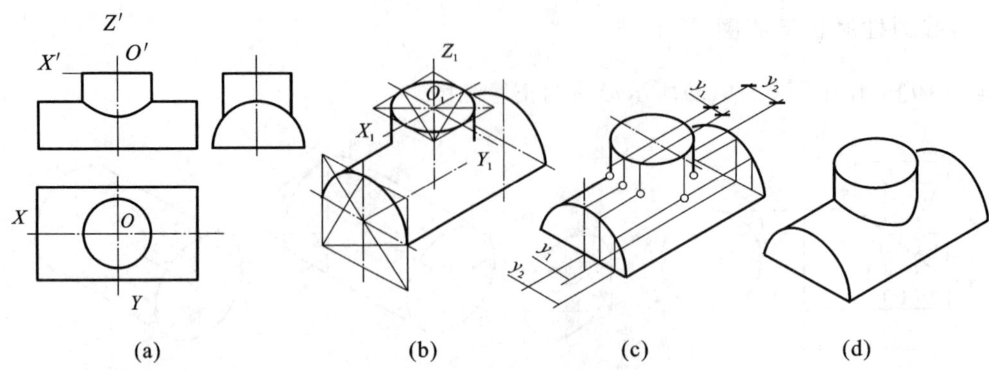

图 5-30　相贯线的轴测图画法

(2) 画轴测轴后，作出直立圆柱和水平圆柱，如图 5-30(b)所示。

(3) 以平行于 $X_1O_1Z_1$ 面的平面截切两圆柱，分别获得两组截交线，该两组截交线的交点均为相贯线上的点，如图 5-30(c)所示。

(4) 用曲线光滑地连接各点，擦去作图线，并加深，如图 5-30(d)所示。

【例 5-12】 试画出图 5-31(a)所示形体的正等测图。

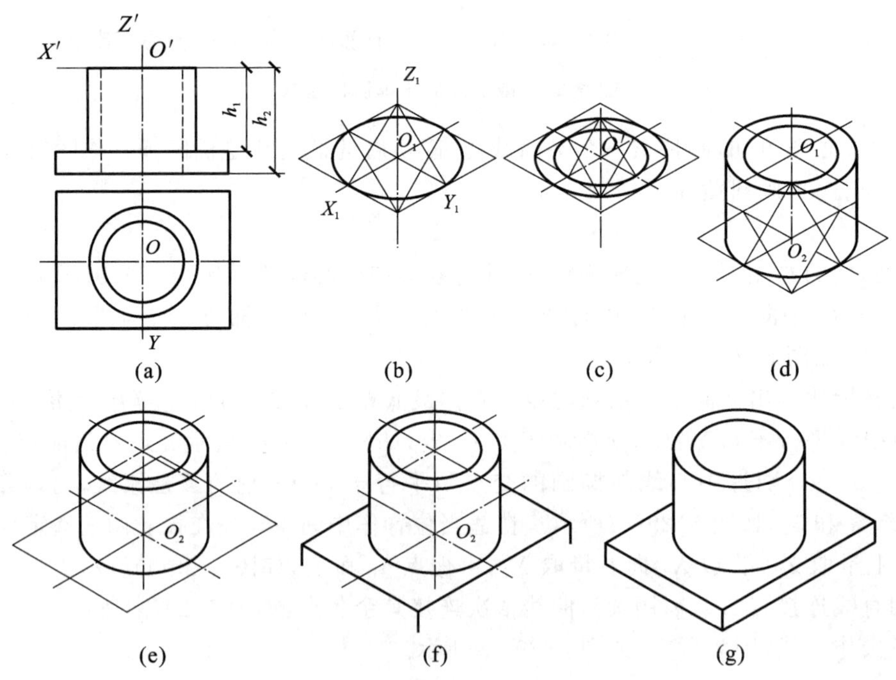

图 5-31　组合体的正等测图

分析：从给出的正投影图可知，该形体是一个组合体；由方板和圆筒叠加而成，因此可按叠加法，先画圆筒，后画方板。

作图：

(1) 画顶面外椭圆：以 O_1 为圆心画轴测轴，画外切菱形和四心椭圆，如图 5-31(b)所示。

(2) 用同样的方法画顶面内椭圆，如图 5-31(c)所示。

(3) 完成圆筒：沿 O_1Z_1 轴从 O_1 点往下量取 h_1 得到 O_2，以 O_2 为原点画轴测轴。用同样的方法画出底面椭圆。作平行于 O_1Z_1 轴的直线与两椭圆相切，完成圆柱的正等测图，如图 5-31(d)所示。

(4) 利用圆筒底面的轴测轴，画出方板顶面，如图 5-31(e)所示。

(5) 用端面延伸法，将方板顶面的四角顶点沿 O_1Z_1 轴往下平移一个方板的厚度(h_2-h_1)，如图 5-31(f)所示。

(6) 画出方板底面的边线，整理并加深可见轮廓线，完成整个形体的正等测图，如图 5-31(g)所示。

二、回转体的斜二测图

【例 5-13】 试画出图 5-32 所示回转体的斜二测图。

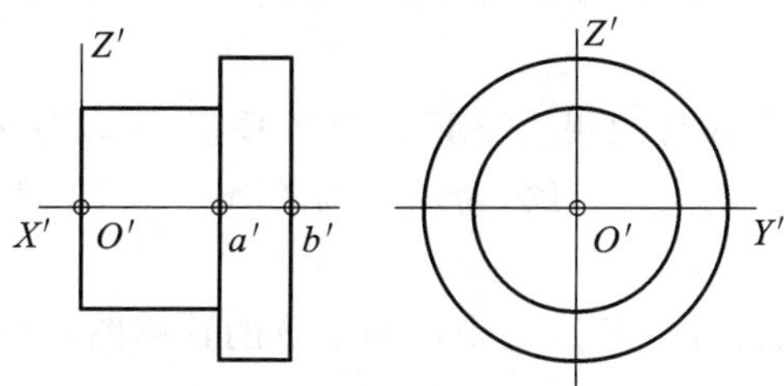

图 5-32 回转体的正投影图

分析：回转体只在一个方向上有圆。为简化作图，设回转轴线与 OY 轴重合，并取小圆柱端面圆心为坐标原点。

作图：

(1) 如图 5-33 所示，在回转体上选定直角坐标系。

(2) 如图 5-33(a)所示，画出正面斜二测轴测轴，沿 O_1Y_1 轴量取 $O_1A_1=0.5OA$，得点 A_1，量取 $B_1A_1=0.5BA$，得点 B_1。

(3) 如图 5-33(b)所示，分别以点 O_1、A_1、B_1 为圆心，根据正投影图量取各圆的半径，画出一个圆。

(4) 如图 5-33(c)所示，作出每一对等直径圆的公切线。

(5) 如图 5-33(d)所示，擦去多余作图线，描深，即完成形体的正面斜二测图。

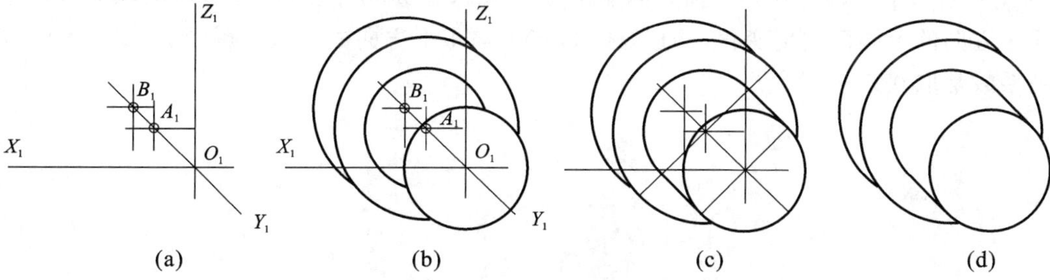

图 5-33 作回转体的正面斜二测图

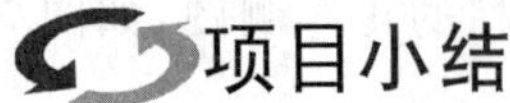

项目小结

1. 轴测投影图的概念

根据平行投影的原理，把形体连同确定其空间位置的三根坐标轴 OX、OY、OZ，一起沿不平行于这三根坐标轴和由这三根坐标轴所确定的坐标面的方向 S，投影到新投影面 P，所得的投影称为轴测投影图。

2. 轴测投影的特性

(1) 平行性：凡在空间平行的线段，其轴测投影仍平行。其中在空间平行于某坐标轴(X、Y、Z)的线段，其轴测投影也平行于相应的轴测轴。

(2) 定比性：点分空间线段长之比，等于其对应轴测投影长之比。

(3) 从属性：点属于空间直线，则该点的轴测投影必属于该直线的轴测投影。

3. 轴测投影图的分类

(1) 轴测图按照投影方向 S 与轴测投影面 P 是否垂直，可以分为正轴测图和斜轴测图。

(2) 根据轴向伸缩系数的不同，又可分为正等测图、正二测图、斜等测图、斜二测图等。

4. 轴测图画法

(1) 坐标法：根据物体的尺寸或顶点的坐标画出点的轴测图，然后将同一棱线上的两点连成直线即得形体的轴测图。

(2) 切割法：先画出基体，然后确定切平面位置，擦去被切的部分。

(3) 综合法：坐标法和切割法综合使用。

(4) 叠加法：根据立体的组成形式，分析其基本组成部分和附属部分，先画出基本部分，然后在基本部分的基础上再画出附属部分，最后擦掉不可见部分，就形成了立体的轴测图。

5. 正等测图

当投影方向 S 与轴测投影面 P 垂直，且空间直角坐标系中的各轴均与投影面 P 成相同的角度时，所形成的轴测投影即为正等轴测投影，简称“正等测图”。正等测的轴向变形系数 $p=q=r=0.82$，轴间角 $\angle X_1O_1Y_1=\angle X_1O_1Z_1=\angle Y_1O_1Z_1=120°$。

6. 正面斜轴测图

当投影方向对轴测投影面 P 倾斜时，形成斜轴测投影。在斜轴测投影中，以 V 面平行面为轴测投影面，所得的轴测投影称为正面斜轴测图。正面斜轴测投影不论投影方向如何，轴间角 $\angle X_1O_1Z_1=90°$，X_1 和 Z_1 方向的轴向伸缩系数均为 1，即 $p=r=1$。O_1Z_1 与 O_1X_1、O_1Y_1 的轴间角随投影方向的不同而发生变化。通常选用 O_1Y_1 与水平方向成 45°(也可画成 30°或 60°)，O_1Y_1 的伸缩系数常取 0.5。

学习情境 6

建筑形体的组合形式和形体分析法

学习目标

1. 知识目标

(1) 熟悉组合体的组合形式。
(2) 熟练应用形体分析法分析组合形体。
(3) 掌握组合体视图的画法。
(4) 掌握组合体视图的尺寸标注方法。
(5) 掌握组合体视图的识读方法。

2. 能力目标

(1) 能够熟练应用形体分析法分析组合体。
(2) 能够熟练绘制及识读组合体的视图。

引例导入

工程建筑物，从形体角度看，都是由一些基本形体（如棱柱体、棱锥体、圆柱体、圆锥体和球体等）组合而成。

由基本形体组合形成的立体称为组合体。建筑物或构筑物及其构件都是由一些几何体组成的，如图 6-1 所示。

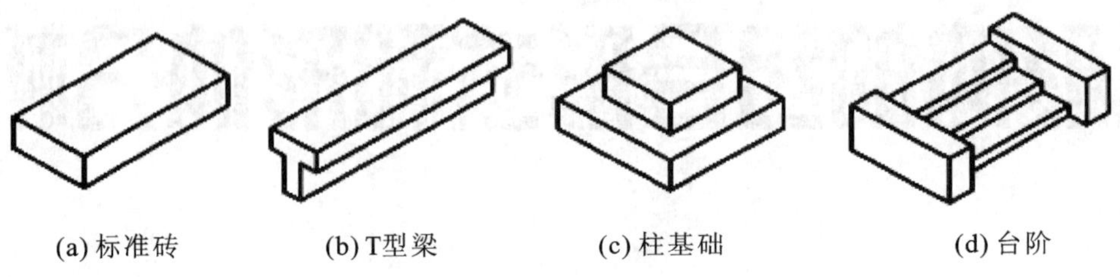

(a) 标准砖　(b) T型梁　(c) 柱基础　(d) 台阶

图 6-1　简单建筑形体

本章将研究建筑形体组合体投影图的画法。

任务 1　组合体的组合形式及形体分析法

一、组合体的组合形式

如图 6-2 所示，组合体按其组合方式常分为叠加、挖切和既有叠加又有挖切的综合三种。

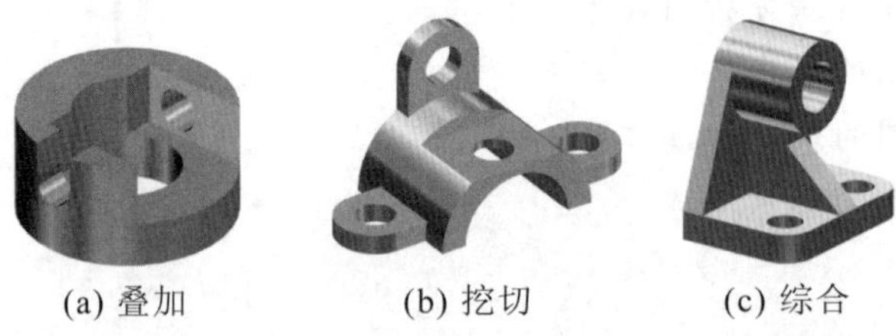

(a) 叠加　(b) 挖切　(c) 综合

图 6-2　组合体组合形式

二、形体分析法

将物体分解成由一些简单形体组合（叠加、挖切、综合）而成的方法称为形体分析法。它是画图、看图、注尺寸的基本方法。

组合体在工程中常以综合的形式出现，所以读、画组合体视图时，必须掌握其组合形式和各基本体表面间的连接关系，才能不多画线或漏画线。在读图时，注意这些形式和关系，才能准确想象出整体结构的形状。

组合体中的个基本几何体表面之间有不平齐、平齐、相切和相交四种表现形式(见图 6-3)。

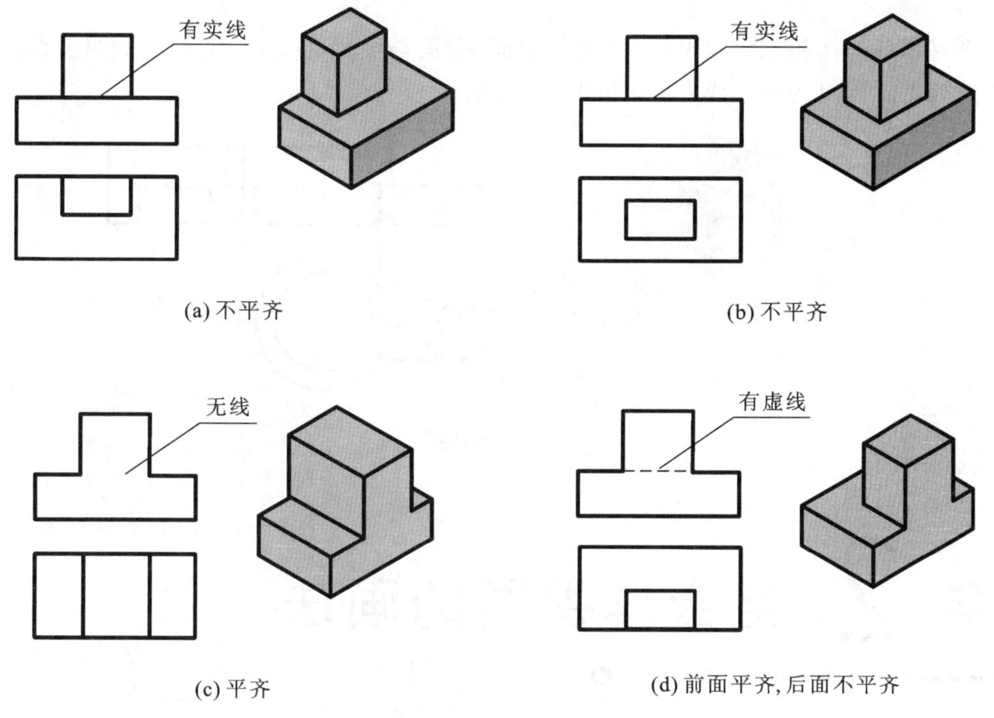

(a) 不平齐　(b) 不平齐　(c) 平齐　(d) 前面平齐,后面不平齐

图 6-3　形体叠加

1. 不平齐

两个基本几何体表面分界处不平齐应有轮廓线隔开,如图 6-3(a)所示。

2. 平齐

两个基本几何体表面分界处平齐处中间没有线隔开,如图 6-3(b)所示。

3. 相切

两个基本几何体表面(平面与曲面、曲面与曲面)光滑过渡处没线隔开,例如,当曲面与曲面、曲面与平面相切时,在相切处不存在切线,如图 6-4 所示。

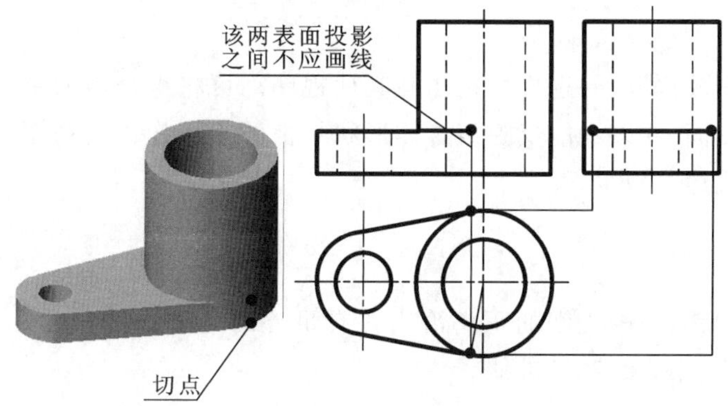

图 6-4　形体相切

4. 相交

两个基本几何体的平面与平面、平面与曲面、曲面与曲面相交，相交处应画出交线，这种交线按相交表面不同可为曲线或直线，如图 6-5 所示。

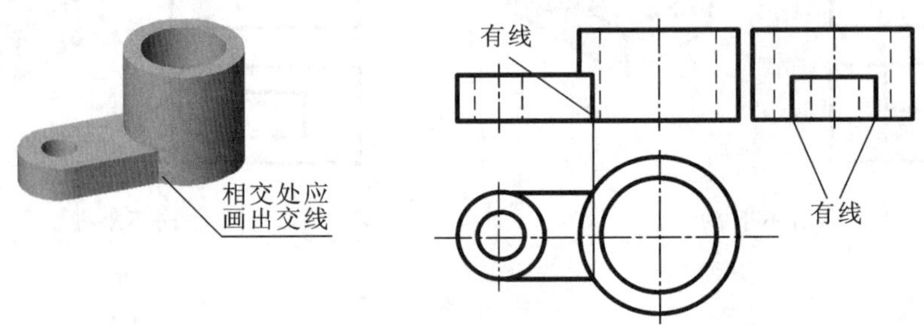

图 6-5　形体相交

任务 2 组合体视图的画法

画组合体视图时，应先分析它是由哪些基本形体组合而成的，再分析这些基本形体的组合形式、相对位置和连接关系，最后根据以上分析，按各个基本形体的组合顺序进行定位、布图，然后画出组合体的视图。

一、画图步骤

1. 对组合体进行形体分析

分析组合体由哪些基本体组成，它们之间的相对位置以及组合体的形状特征。

2. 选择视图

确定组合体的安放位置，并选择主视图与其他视图。可将组合体的主要面或主要轴线放成平行或者垂直于投影面，并以最能反映组合体形状特征的投影作为主视图。同时还须考虑使其他两个视图上的虚线尽量减少。

3. 布置视图

布图力求图面匀称，视图之间的距离恰当并有足够的地方标注尺寸。布置好投影图后，画出组合体的主要轴线、中心线和基准线。

4. 画底稿、校核和加深图线

按形体分析，先画主要形体，S 后画细节，逐个画好底稿。每一个形体一般先从它具有积聚性或反映形状特征的投影开始画（如先画圆柱反映为圆的投影），最好三个视图配合着画，以保证投影正确和提高画图速度。底稿完成，校核无误后，方能加深图线，从而完成全图。

二、举例

【例 6-1】 画出台阶的三面视图。

形体分析：从台阶直观图 6-6 中可看到它是三块四棱柱按大小由下而上叠加做踏步板，左右两侧则由两块五棱柱体叠靠作栏板组合而成的叠加式组合体。

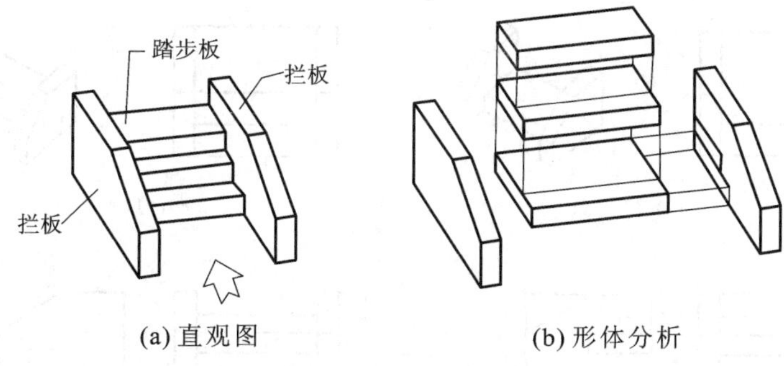

(a) 直观图　　(b) 形体分析

图 6-6　形体分析

选择视图：作图前在选好组合体最佳安放位置的同时定出最能反映构件特征的部位作为主视图，并确定其他视图的数量。该构件仅有主、俯两视图不能清除的放映其形状特征，为此增加了左视图会比较清除的反映出台阶的形状特征。

布置视图。匀称布图如图 6-7(a)所示，注意在视图之间留出足够的注尺寸的间隙。

画底稿、校核和加深图线。如图 6-7 所示。

【例 6-2】 画出排水管道中窨井外形视图。

形体分析：窨井由五个基本形体组合而成，如图 6-8 所示。

视图选择：

(1) 选主视图，应该最能放映物体结构实形特征的图形作主视图，本例的 A 向或 B 向所作的主视图都将符合要求，所以本例可选 A 向或 B 向画主视图，在此以 A 向作主视图的投影方向，获得主视图。

(2) 选其他视图。主视图确定后，左视图、俯视图均可确定，如图 6-9(d)所示。

布置视图及画底稿，画图步骤如图 6-9 所示。

校核整理底稿和加深图线，如图 6-9 所示。

画图时，注意表面连接部位的画法。

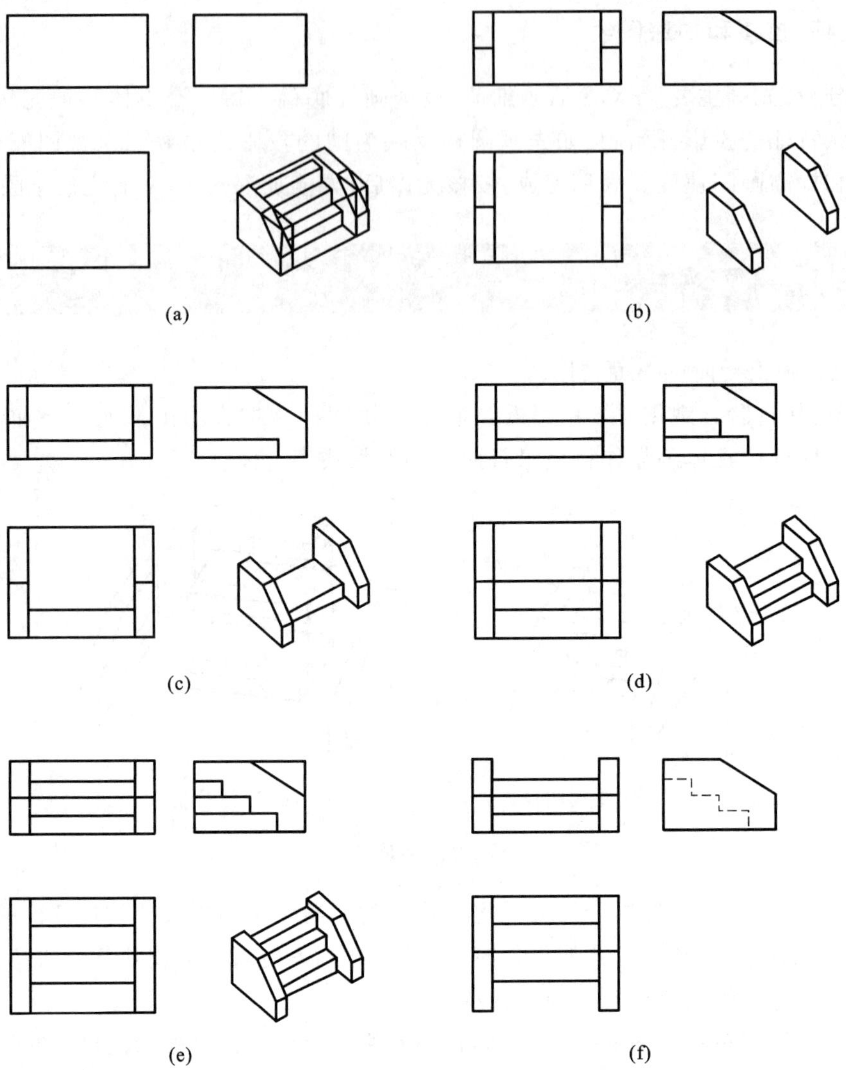

(a) (b)

(c) (d)

(e) (f)

图 6-7　台阶三视图

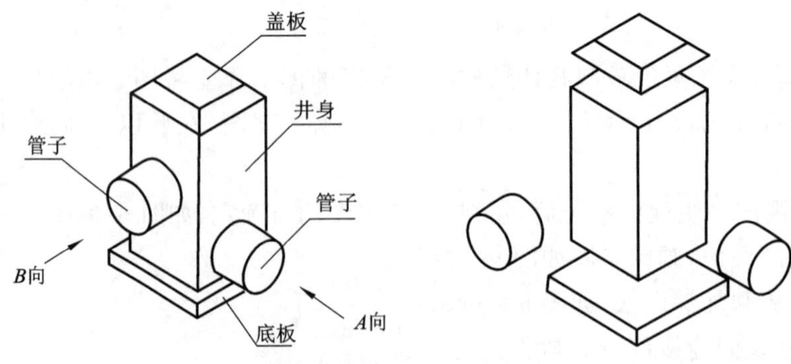

图 6-8　窨井外形的形体分析

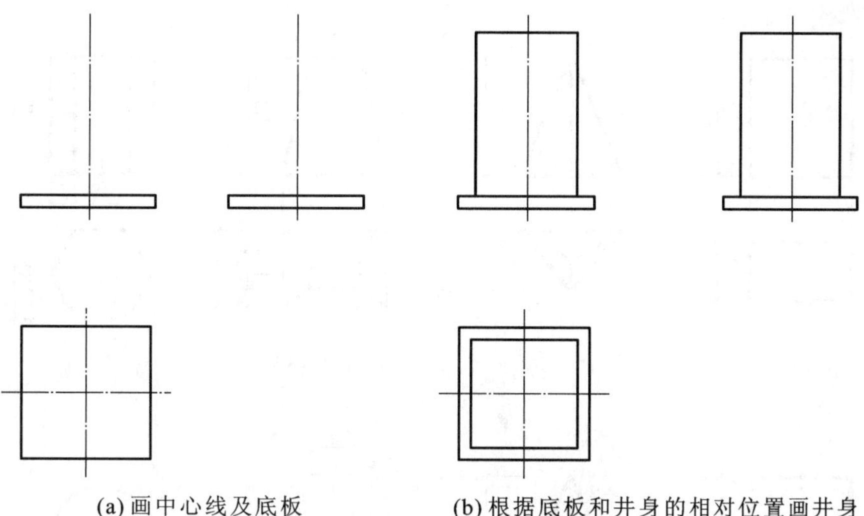

(a) 画中心线及底板　　(b) 根据底板和井身的相对位置画井身

图 6-9　窨井三视图的画图步骤

任务 3 组合体视图的尺寸标注

物体的大小是由图上所标注的尺寸来确定的，所以在画出视图之后，还必须标注尺寸，以便施工人员能根据图纸进行施工。因组合体是由基本形体组合而成的，为注好组合体的尺寸，应先了解基本形体的尺寸注法。

一、基本形体的尺寸标注

基本形体的尺寸标注，应按物体的形状特点进行标注。如图 6-10 所示是常见的基本形状尺寸标注方法。

二、组合体的尺寸标注

在组合体视图上标注尺寸，必须标注"齐全、清晰、正确"。

1. 尺寸齐全

尺寸齐全就是指所注尺寸能够完全确定物体各组成部分的大小以及它们之间的相互位置关系和组合体的总体大小。因此，标注组合体尺寸时，必须在形体分析的基础上先选择出尺寸基准，然后再标注出定形、定位尺寸和总体尺寸。

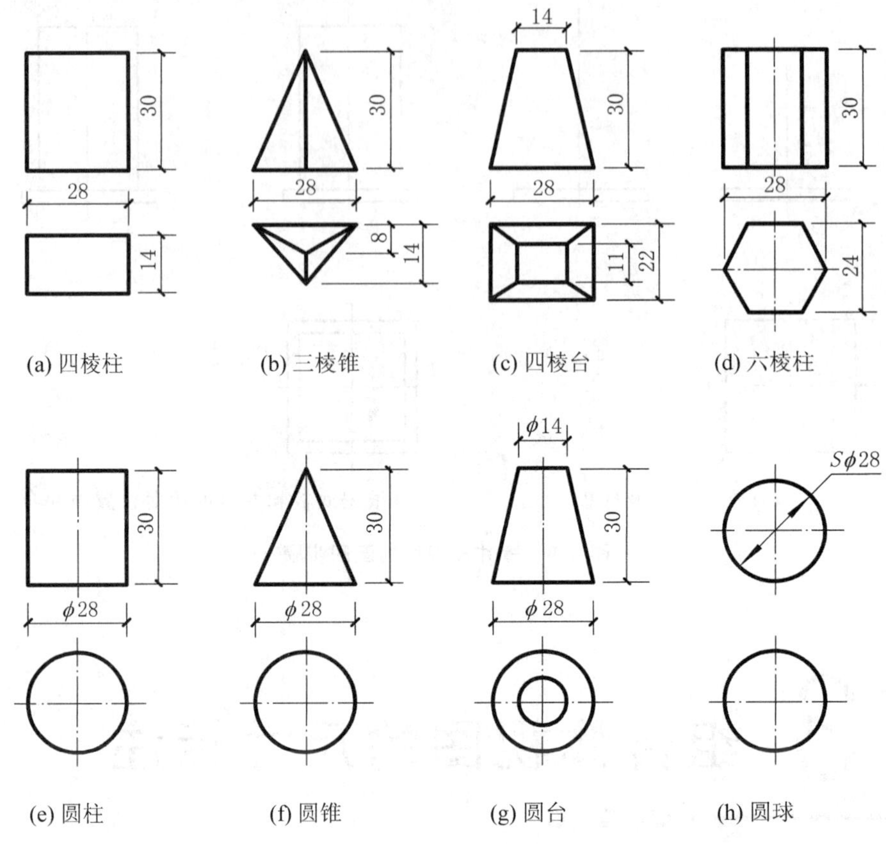

(a) 四棱柱 (b) 三棱锥 (c) 四棱台 (d) 六棱柱

(e) 圆柱 (f) 圆锥 (g) 圆台 (h) 圆球

图 6-10　基本体的尺寸标注

1）尺寸基准

标注定位尺寸时，首先要选择出定位尺寸的起点，即尺寸基准。物体的长、宽、高方向上至少各有一个尺寸基准。一般选组合体的对称平面、大的或重要的底面、端面或回转体的轴线等作为尺寸基准。

工程图中的尺寸基准是根据设计、施工、制造要求确定的。看一幅已标注好尺寸的视图去判断设计者在各方向所选用的尺寸基准，可用如下方法：视其定位尺寸从哪个部位标注出。如图 6-11 所示判断其高度方向的尺寸基准位置。从主视图和左视图看出，高度方向的尺寸基准在底面，因为大部分高度尺寸数值都从底面注出。

2）定形尺寸

确定各基本形体大小（长、宽、高）的尺寸称为定形尺寸。如图 6-11 中的定形尺寸有：主视图中的 8，俯视图中的 50 是底板高、宽、长的尺寸；主视图中的 65、俯视图中的 40 是井身高、宽、长的尺寸；主视图中的 6 和主、左视图中的 30 是盖板的高和上底面的长、宽尺寸；主、左视图中 φ30 和 φ20 是两管子的直径和外形的尺寸。对于正方形尺寸，可分别注出长与宽，也可以简化注成 40×40 、50×50 的形式。

3）定位尺寸

确定各基本形体之间相对位置（上下、左右、前后）的尺寸称为定位尺寸。定位尺寸要直接从基准注出，以减小累计误差。如图 6-11 中的定位尺寸有：主、左视图中的 50、23，它们是两管子高度的定位尺寸。井身及管子的前后左右位置可由中心线确定，不必再标注尺寸。

4）总体尺寸

确定物体总长、总宽、总高的尺寸称为总体尺寸。如图 6-11 主视图中的 79、俯视图中的 65 就是窨井外形的高、宽、长总体尺寸。

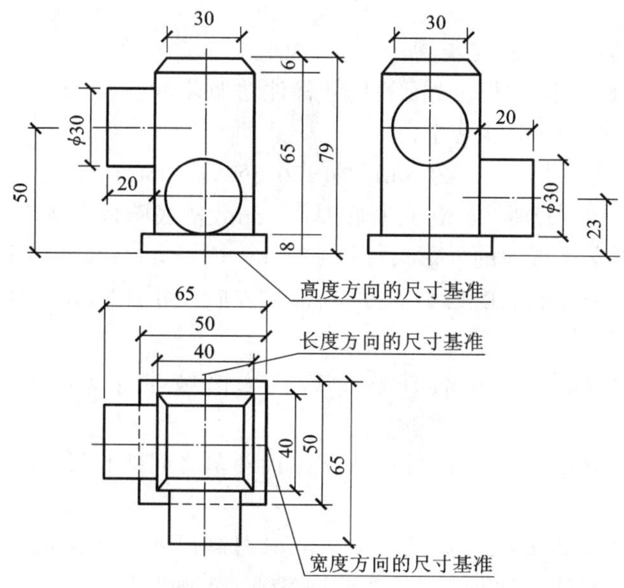

图 6-11　组合体视图尺寸标注及尺寸基准的确定

2. 尺寸清晰

(1) 尺寸要标注完整、清晰、易读、不重复。如图 6-11 中底板的宽 50 和高 8 在俯视图、主视图中已注出，在左视图中则不必再注。

(2) 为使所注尺寸清晰，易读，尽可能避免在虚线上标注尺寸。

(3) 半径尺寸应注在反映圆弧的视图上，而直径尺寸应注在反映矩形的视图上。

(4) 为方便读图，尺寸最好注在图形之外，并布置在两视图之间。

(5) 为便于读图，定形定位尺寸应尽量集中在一个视图中。

(6) 为使图面清晰、图形中的尺寸应小尺寸在内，大尺寸在外。

3. 尺寸正确

应做到尺寸数字和选择基准正确，符合国家制图标准规定。

【例 6-3】 水槽组合体的尺寸标注。

水槽尺寸分析。

(1) 定形尺寸。如图 6-12 所示，水槽的外形尺寸：620 mm×450 mm×250 mm；水槽四周壁厚 25 mm，槽底厚 40 mm，圆柱通孔直径 70 mm。

直角梯形空心支撑板的外形尺寸分别为 310 mm、550 mm、400 mm，板厚 50 mm，制成空心板后的四条边框宽度，水平方向为 50 mm，铅垂方向均为 60 mm。

(2) 定位尺寸。如图 6-12 所示，水槽底的圆柱孔居中布置，因此长、宽方向的尺寸基准在水槽圆柱孔的中心线上，并以中心线为基准，注出两个长度定位尺寸 310 mm 和两个宽度定位尺寸 225 mm，并以圆柱孔的中心线为长度尺寸基准注出两支撑板外壁之间的长度定位尺寸 520 mm。

(3) 总体尺寸。从图 6-12 可看出，水槽的总长尺寸为 620 mm，总宽尺寸为 450 mm，总高尺寸为 800 mm。

水槽组合体尺寸的标注方法与步骤。

如图 6-13 所示为水槽组合体三视图的尺寸标注法及步骤。

第一步：标注各基本体的定形尺寸。

(1) 标注水槽体的外形尺寸长 620 mm、宽 450 mm、高 250 mm。

(2) 标注水槽体的四周壁厚 25 mm、槽底厚 40 mm、槽底圆柱孔 $\phi 70$ mm。

(3) 标注提醒空心支撑板的的外形尺寸：310 mm、550 mm、400 mm 和板厚 50 mm。

(4) 标注空心板四条边框宽度的水平方向、铅垂方向尺寸：50 mm、60 mm。

第二步：标注定位尺寸。

(1) 以圆柱孔中心线为基准，标注两个长度定位尺寸 310 mm 和两个宽度定位尺寸 225 mm；

(2) 同样以圆柱孔中心线为基准，标注两支撑板外壁之间的长度定位尺寸 520 mm。

第三步：标注总体尺寸。

标注水槽总长尺寸 620 mm、总宽尺寸 450 mm、总高尺寸 800 mm。

检查三个投影图中所注尺寸是否符合“齐全、清晰、正确”。

(1) 尺寸齐全：检查定形尺寸、定位尺寸、总体尺寸是否标注齐全。

(2) 尺寸清晰：检查直径尺寸 $\phi 70$ 是否注在放映实形的视图中。检查所标注的尺寸是否易读(如：尺寸布置在两图之间；定型尺寸，定位尺寸是否集中标注；尺寸是否有重复)。检查图形尺寸是否按照小尺寸在内、大尺寸在外的方式标注。

(3) 尺寸正确：尺寸基准选择正确，尺寸数字标注正确，标注方式符合国家标准规定。

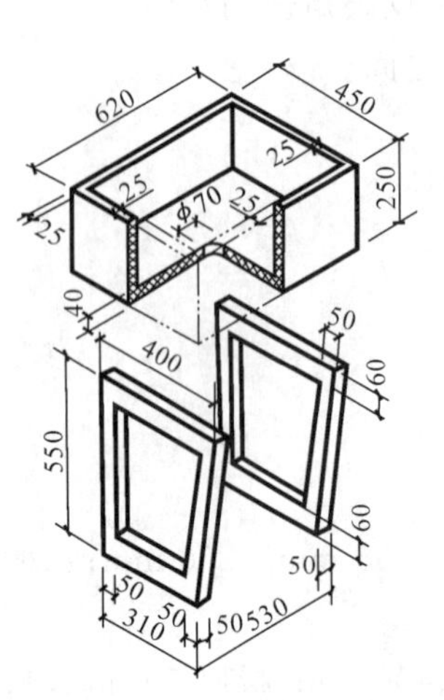

图 6-12　水槽尺寸分析

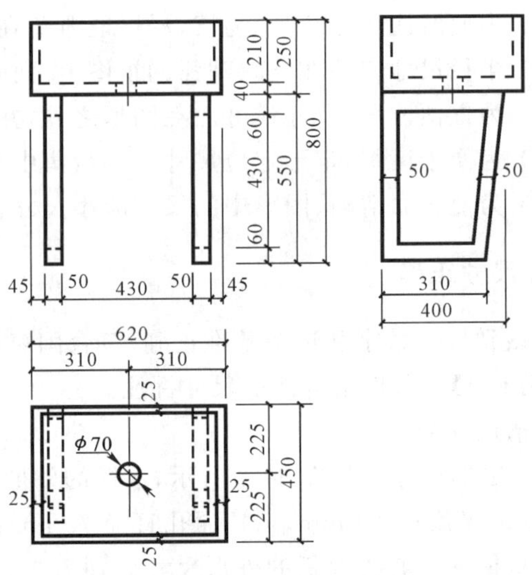

图 6-13　水槽的三视图的尺寸标注

任务 4 组合体视图的阅读方法

根据视图想象出物体空间结构形状的过程称为读图。读图与画图均是以学过的形体分析法、正投影法、投影规律、方位关系、组合体表面连接处的画法特点为依据，所以在读图和画图的训练过程中，要注意将它们有机地结合，才能达到真正读懂图和画好图的目的。由于一个视图不能反映物体的确切形状，所以在读图过程中要注意将几个视图联系起来看，才能正确地确定物体的形状和结构，这是读图的基本准则。

读图的基本方法是形体分析法和线面分析法。

一、形体分析法读图

形体分析法读图时，应根据不同的结构形状，用不同的方法进行。例如，对于叠加式组合体，宜用先分后叠的思路读图；对于挖切式组合体，宜用先整体后挖切的思路读图。为了能够准确读懂组合体的三视图，必须做到能够准确想出各种基本体的三视图和立体图。只有在大脑中有基本体图的概念，才能实现用形体分析法迅速、准确读懂组合体三视图的目的。

【例 6-4】 挖切式组合体的读图方法。

分析：图 6-14(a)所示是在长方体的基础上，在左上前方分别用正平面、侧平面、水平面切去一小长方体所形成的挖切式组合体，挖去部分因可见，所以三个视图中均反映可见的粗实线。图 6-14(b)、(c)、(d)所示均用同样的方法分析读图。

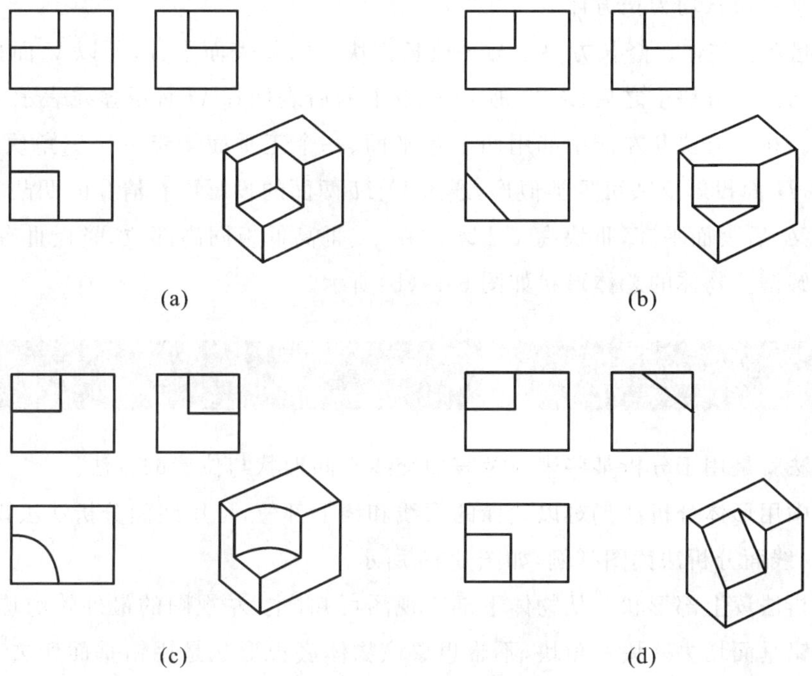

图 6-14 挖切式组合体的读图方法

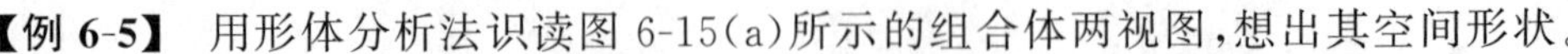

【例 6-5】 用形体分析法识读图 6-15(a)所示的组合体两视图,想出其空间形状。

分析:从两视图中可以看出,该物体是在长方体的基础上,经多次切割而形成的挖切式组合体,读图是先完整后挖切。

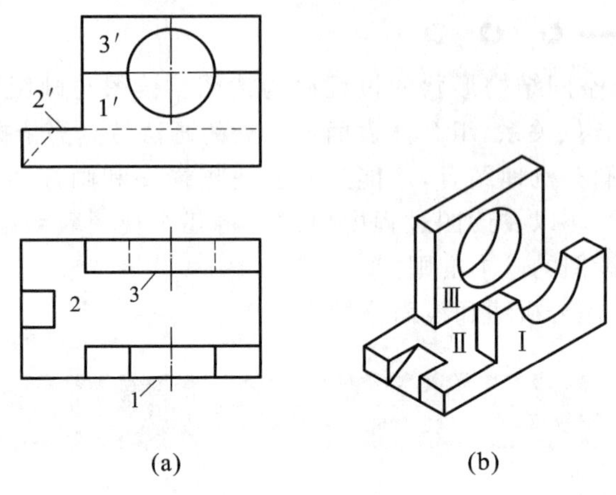

图 6-15　形体分析法读图

(1) 分解视图。先从反映形状特征的正面视图入手,假想将物体按线框分解为 1′、3′和俯视图中的 2 三个大线框。

(2) 找对应投影。利用主、俯视图"长相等"的关系,分别找出俯视图、主视图中的 1、3、2′线框。

(3) 逐个线框想形状。利用主、俯视图"长相等"的关系,将 1′与 1、2′与 2、3′与 3 结合着想出物体各线框的基础形状均为长方体。

(4) 结合起来想整体。竖长方块Ⅰ与平放长方块Ⅱ的前表面平齐,所以 V 面投影线框内没线。长方块Ⅱ凸到长方块Ⅰ之后,之左,所以竖板Ⅰ的后表面在 V 面用虚线表示不可见的水平面积聚性投影。在长方块Ⅱ左侧中部用两个正平面、一个正垂面切走一个三角块,此时 V 面投影有一斜虚线,H 面投影反映可见类似形,通过 V、H 两面的投影可看清Ⅱ的凹凸状况。竖块Ⅲ与长方块Ⅱ在又、后表面平齐,Ⅲ块高于Ⅰ块。在Ⅰ、Ⅲ高低板同高部位,竖板Ⅲ有一个圆柱孔、竖板Ⅰ有个半圆槽。物体的总体形状如图 6-15(b)所示。

二、线面分析法读图

线面分析法就是用于分析某些表面及表面交线空间形状与位置的方法。

对于视图中用形体分析法仍难以读懂的图线和线框部位,可用线面分析法去识读。

【例 6-6】 线面分析法读图举例,如图 6-16 所示。

用形体分析法读上部形状。从物体下部三视图可知,主、左视图的最外轮廓均为矩形,俯视图的左前方用铅垂面切去一块三角块,不难想象该物体底板形状是用铅垂面切去三角块后的带缺口长方块。

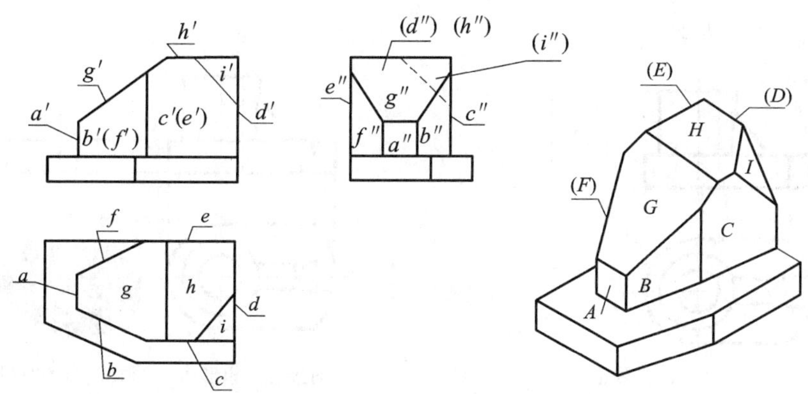

图 6-16 线面分析法读图

用线面分析法读懂上部形状。

(1) 划分投影图线框。在三视图中用平面的投影特性，按如图 6-15 所示的方式将线框划分为 9 个。

(2) 对投影，分析表面形状及位置。从 a'、a、d'、d 积聚性可知是侧平面，它在 W 面反映实形的 a''部位可见，d''为不可见。从 b、f 积聚性可知平面是铅垂面，V 面为类似形，相应部位 b'可见，f'不可见，b''和 f''均为可见。图中的 c、c''、e、e''为正平面的积聚性投影，正平面在 V 面反映实形，相应部位 c'可见，e'不可见。g'在 V 面中积聚为一斜线，在 H、W 面 g、g''均为正垂面类似形。h 和 h''在 V 面、W 面积聚为直线，在 H 面中 h 反映实形，所以是水平面。i'、i、i''在三个投影面中均反映类似形，所以是一般平面。

(3) 结合各面想形体。该物体上部是在长方体的基础上，左前、左后部位被铅垂面分别切割。左上部被正垂面切割。右前上方被一般位置面切割。该物体的下部是大长方体，她的左前方被一个铅垂面切割。上部物体与下部物体的右平面及后平面叠加后平齐即形成如图 6-15 所示的组合体了。

三、读图训练

【例 6-7】 根据组合体图 6-17(a)所示的两视图，补画第三视图。

如图 6-17 所示，已知主、俯视图，想象出其空间形状，补画左视图。具体的读图方法和步骤如下。

(1) 分线框。将主、俯视图对应起来分析，可将主视图划分成三个主要的封闭线框 1′、2′和 3′，如图 6-17(a)所示。

(2) 对投影。根据投影关系(借助三角板、分规等制图工具)，可以在俯视图上找出对应的线框 1、2 和 3，如图 6-17(a)所示。

(3) 想形体。根据各线框的投影想出形状，想形状时要抓住最能反映形体特征的视图识别形体，三个线框的形状如图 6-17(b)、(c)和(d)所示。

(4) 综合想象整体形状。考虑各形体之间的相对位置及组合方式，想象出组合体的整体结构形状，如图 6-17(e)所示。

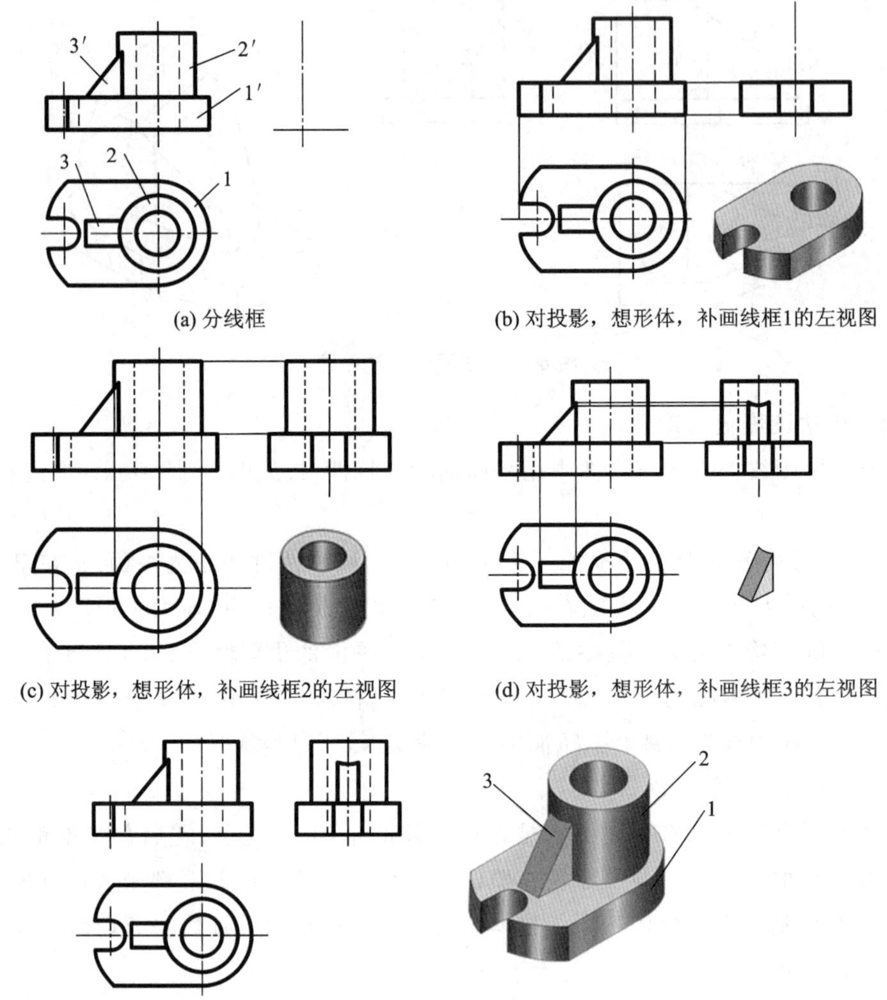

(a) 分线框　(b) 对投影，想形体，补画线框1的左视图

(c) 对投影，想形体，补画线框2的左视图　(d) 对投影，想形体，补画线框3的左视图

(e) 综合想象整体形状

图 6-17　采用形体分析法读组合体的方法和步骤

【例 6-8】 如图 6-18(a)所示，根据已知组合体的主、俯视图，画出其左视图。

(1) 形体分析。主视图可以分为 4 个线框，根据投影关系在俯视图上找出它们对应的投影，可以初步判断该物体是由 4 个部分组成的。下部Ⅰ是底板，其上开有两个通孔；上部Ⅱ是一个圆筒；在底板与圆筒之间有一块支撑板Ⅲ，它的斜面与圆筒的外圆柱面相切，它的后表面与底板的后表面平齐；在底板与圆筒之间还有一个肋板Ⅳ。根据以上分析，想象出该物体的形状，如图 6-18(f)所示。

(2) 画出各部分在左视图的投影。根据上面的分析及想象出的形状，按照各部分的相对位置，依次画出底板、圆筒、支撑板、肋板在左视图中的投影，作图步骤如图 6-18(b)、(c)、(d)、(e)所示。

(3) 进行检查、描深，完成左视图。

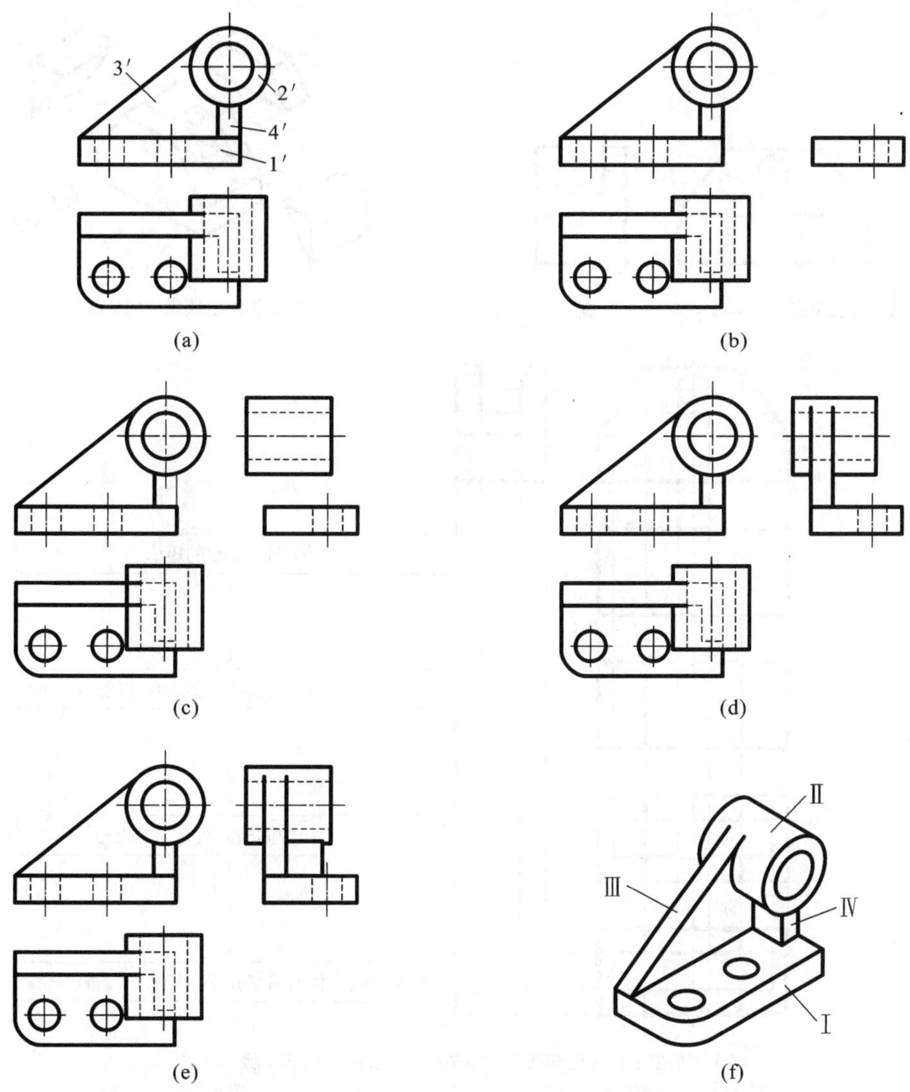

图 6-18　叠加型组合体中已知两个视图画第三视图的方法和步骤

通过以上几个例子的分析说明，尽管复杂组合体的视图较为复杂难懂，但只要逐个对其形体进行分析或对其线面进行分析，再运用前面所学的投影知识和规律，可以在首先得出其局部的空间形貌的基础上，最终构想出其整体的结构形状。为了训练、检验学生构想出其整体结构形状，通常采用已知组合体的两个视图，要求补画出地三视图的方法。

【例 6-9】　如图 6-19(a)所示，根据已知的组合体的主、左视图，画出其俯视图。

(1) 初步判断主体形状。该组合体被多个平面切割，但从 3 个视图的最大线框来看，基本都是矩形，据此可判断该组合体的主体应是长方体。

(2) 确定切割面的形状和位置，想象出该组合体的形状，如图 6-19(b)所示。

(3) 画出该组合体的俯视图，如图 6-19(c)所示。

【例 6-10】　已知组合体的两个视图，要求补画出第三视图，如图 6-20 所示。

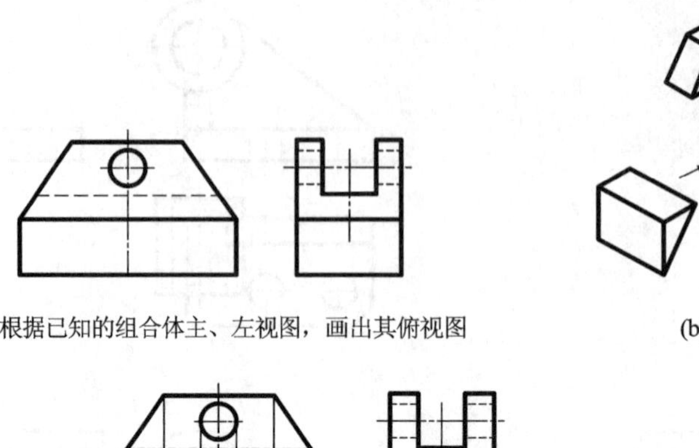

(a) 根据已知的组合体主、左视图，画出其俯视图

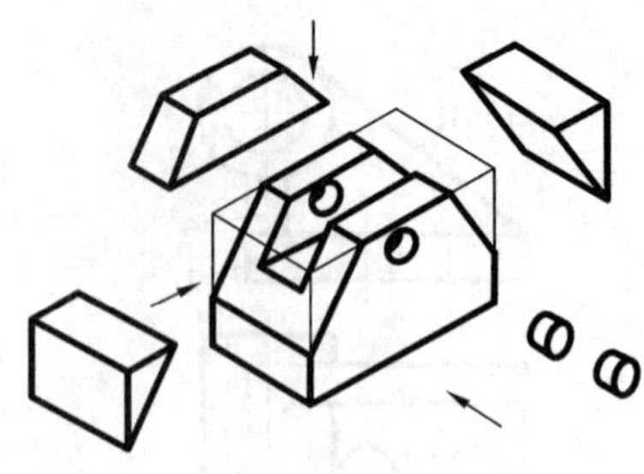

(b) 想象出该物体的形状

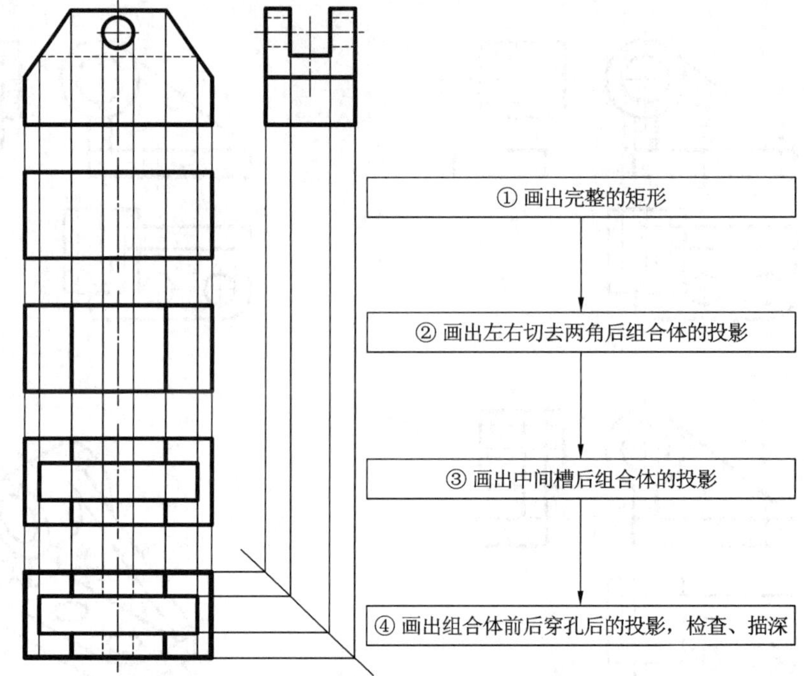

(c) 切割型组合体已知两个视图画第三视图的方法和步骤

图 6-19　已知组合体的主、左视图，画出其俯视图的方法

如图 6-20(a)所示，根据机座的两个视图，补其轴测图。

(1) 对投影，想象出形体Ⅰ的大致形状，如图 6-20(b)所示。

(2) 想象出形体Ⅱ的大致形状和位置，如图 6-20(c)所示 。

(3) 想象出形体Ⅲ的大致形状和位置，如图 6-20(d)所示。

(4) 想象出形体Ⅱ中孔的形状和位置，如图 6-20(e)所示。

(5) 想象出形体Ⅰ上凹槽的形状和位置，如图 6-20(f)所示。

(6) 想象出形体左边缺口的形状和位置，并画出机座的完整形状，如图 6-20(g)所示。

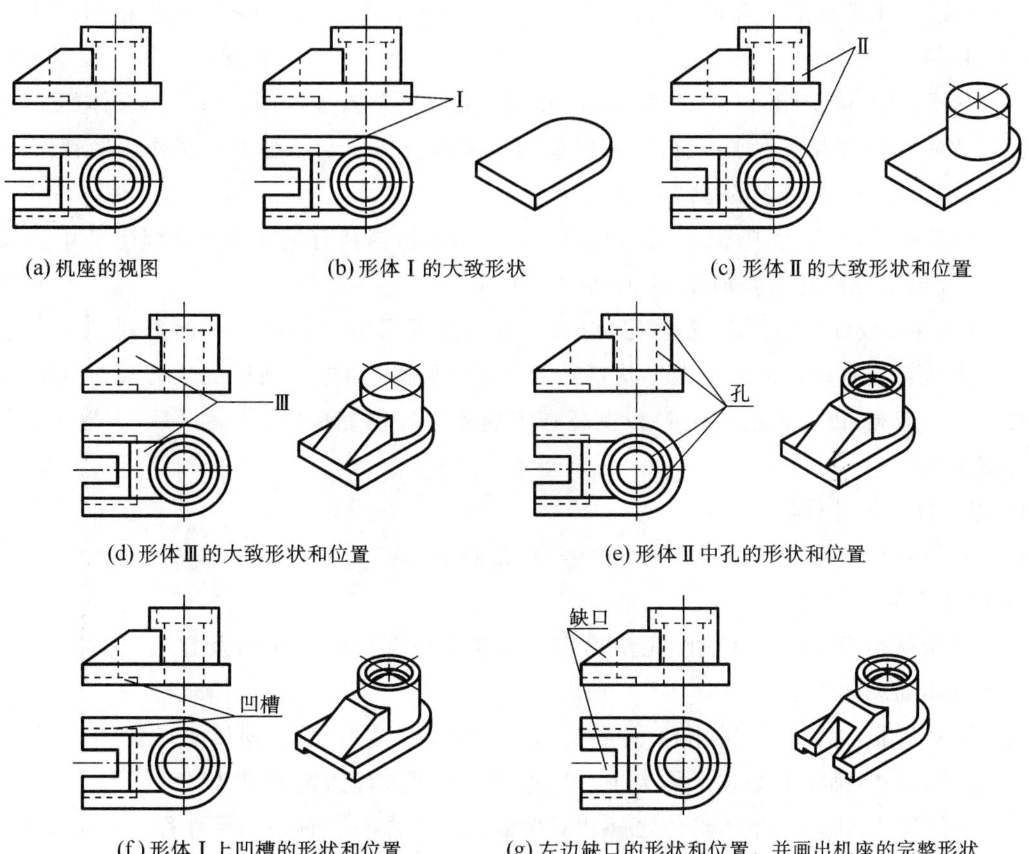

(a) 机座的视图　(b) 形体Ⅰ的大致形状　(c) 形体Ⅱ的大致形状和位置

(d) 形体Ⅲ的大致形状和位置　(e) 形体Ⅱ中孔的形状和位置

(f) 形体Ⅰ上凹槽的形状和位置　(g) 左边缺口的形状和位置，并画出机座的完整形状

图 6-20　补机座的形体图

项目小结

1. 组合体组合方式

组合体按其组合方式分为叠加、挖切和既有叠加又有挖切的综合式三种。

2. 组合体的表现形式

组合体中的个基本几何体表面之间有不平齐、平齐、相切和相交四种表现形式。

(1) 不平齐。两基本几何体表面分界处不平齐应有轮廓线隔开。

(2) 平齐。两基本几何体表面分界处平齐处中间没有线隔开。

(3) 相切。两基本几何体表面(平面与曲面、曲面与曲面)光滑过渡处没线隔开。如当曲面与曲面、曲面与平面相切时,在相切处不存在切线。

(4) 相交。两基本几何体的平面与平面、平面与曲面、曲面与曲面相交,相交处应画出交线。这种交线按相交表面不同可为曲线或直线。

3. 组合体的视图画图步骤

(1) 对组合体进行形体分析:分析组合体由哪些基本体组成,它们之间的相对位置以及组合体的形状特征。

(2) 选择视图:确定组合体的安放位置,并选择主视图与其他视图。可将组合体的主要面或主要轴线放成平行或者垂直于投影面,并以最能反映组合体形状特征的投影作为主视图。同时还须考虑使其他两个视图上的虚线尽量减少。

(3) 布置视图:布图力求图面匀称,视图之间的距离恰当并有足够的地方标注尺寸。布置好投影图后,画出组合体的主要轴线、中心线和基准线。

(4) 画底稿、校核和加深图线:按形体分析,先画主要形体,后画细节,逐个画好底稿。每一形体一般先从它具有积聚性或反映形状特征的投影开始画(如先画圆柱反映为圆的投影),最好三个视图配合着画,以保证投影正确和提高画图速度。底稿完成,校核无误后,方能加深图线,从而完成全图。

4. 组合体的尺寸标注

在组合体视图上标注尺寸,必须标注"齐全、清晰、正确"。

1) 尺寸齐全

尺寸齐全就是指所注尺寸能够完全确定物体各组成部分的大小以及它们之间的相互位置关系和组合体的总体大小。

(1) 尺寸基准:标注定位尺寸时,首先要选择出定位尺寸的起点,即尺寸基准。

(2) 定形尺寸:确定各基本形体大小(长、宽、高)的尺寸称为定形尺寸。

(3) 定位尺寸:确定各基本形体之间相对位置(上下、左右、前后)的尺寸称为定位尺寸。

(4) 总体尺寸:确定物体总长、总宽、总高的尺寸称为总体尺寸。

2) 尺寸清晰

(1) 尺寸要标注完整、清晰、易读、不重复。

(2) 为使所注尺寸清晰,易读,尽可能避免在虚线上标注尺寸。

(3) 半径尺寸应注在反映圆弧的视图上,而直径尺寸应注在反映矩形的视图上。

(4) 为方便读图,尺寸最好注在图形之外,并布置在两视图之间。

(5) 为便于读图,定形定位尺寸应尽量集中在一个视图中。

(6) 为使图面清晰、图形中的尺寸应小尺寸在内,大尺寸在外。

学习情境 7 建筑形体的表达方法

学习目标

1. 知识目标

（1）了解基本视图的形成原理。
（2）熟练掌握剖面图、断面图的表示方法及建筑图样的简化画法。
（3）掌握建筑制图的一般步骤。

2. 能力目标

（1）能够熟练绘制建筑图样的剖面图、断面图。
（2）大致能够按照制图的一般步骤绘制简单建筑物的建筑图。

引例导入

如图 7-1 所示，已知某物体的水平投影图及 A—A 断面图，试描述此空间立体的形状特点。

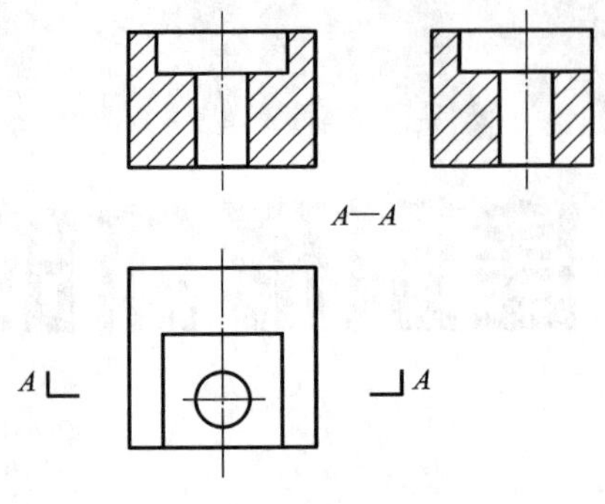

图 7-1　某物体的断面图

任务 1　基本视图

一、投射方向及其视图名称

表示一个物体可有六个基本投射方向，如图 7-2(a)所示。相应的，有六个基本投影平面分别垂直于六个基本投射方向。物体在基本投影面上的投影图称为基本视图。其中 A、B、C 方向的投影，就是前面所讲的正三面投影图：正面投影、水平投影和侧面投影。在建筑工程中，各个投射方向的投影图按以下方式表述，如图 7-2(b)所示。

A 方向的投影(即从前往后投影)称为正立面图，也称为正视图。

B 方向的投影(即从上往下投影)称为平面图，也称为俯视图。

C 方向的投影(即从左往右投影)称为左侧立面图，也称为左视图。

D 方向的投影(即从右往左投影)称为右侧立面图，也称为右视图。

E 方向的投影(即从下往上投影)称为底面图，也称为仰视图。

F 方向的投影(即从后往前投影)称为背立面图，也称为后视图。

为了使六面基本视图位于同一个平面内，国标中规定，将六个基本投影面按图 7-3(a)中的箭头所示方向展开在同一平面内，如图 7-3(b)所示。六面基本投影面展开后，六面基本视图的配置关系就确定了，如图 7-3(b)所示，采用这种表达方式时，一律不标注视图的名称。

六面基本视图是三视图的发展与完善，因此，三视图的投影规律仍适用于六面基本视图，即：正、俯、仰、后长对正；正、左、右、后高平齐；俯、左、仰、右宽相等。

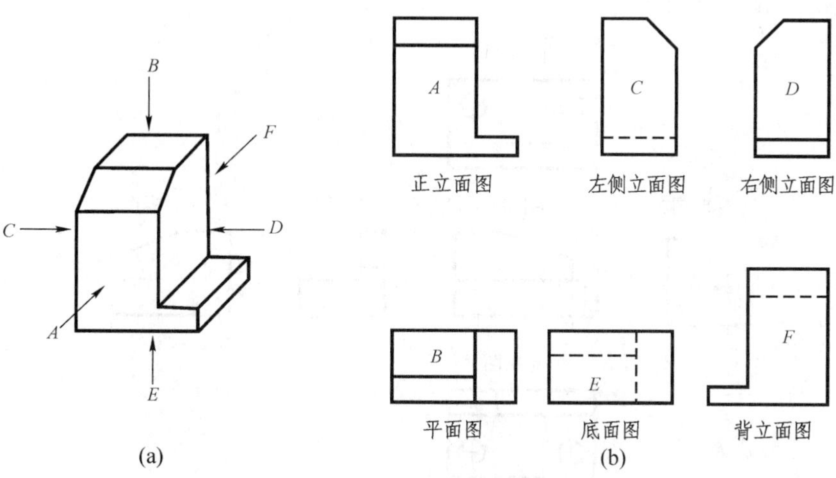

图 7-2 投射方向及其图样的名称

二、视图的布置及其图名的标注

在同一张图纸上，同时绘制若干个视图时，应按主次关系，从左至右依次排列。若只绘制正三面投影图（A、B、C 三面视图）时，应按图 7-2(b)中所示的位置布置图形。

每个图样都应注出图名，图名注写在图的下方为宜，并在图名下面画一粗横线，其长度应以图名所占长度为准，如图 7-2(b)所示。

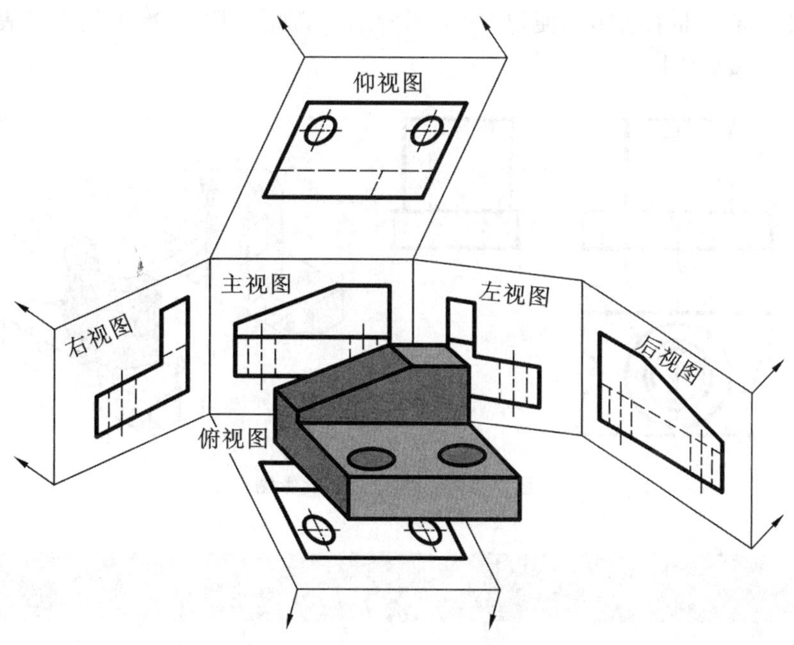

(a) 基本视图的投影方向及展开

图 7-3 六面基本视图的平面布置

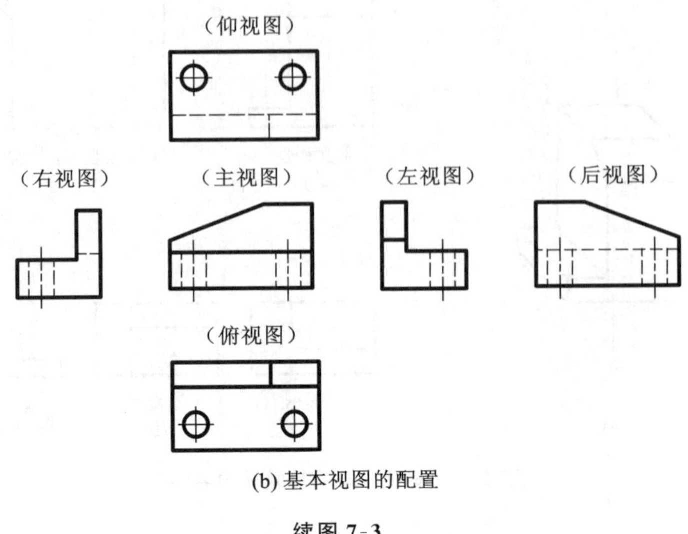

(b) 基本视图的配置

续图 7-3

任务 2 剖面图

任务 1 中介绍的基本视图都是着重表现物体的外部结构，而当物体的内部结构比较复杂且层次较多时，如果仍然用视图来表达，那么必然会出现很多虚线，严重影响了图形的清晰，给读图、画图以及尺寸标注带来诸多不便，如图 7-4 所示。为此，制图标准中规定了表达物体内部结构的表示方法——剖面图。

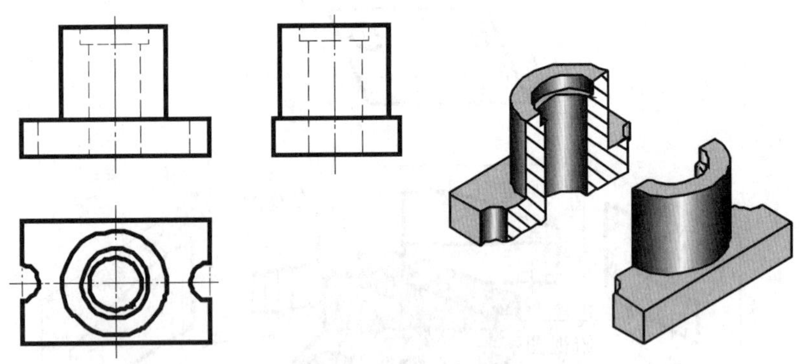

图 7-4　物体的三面投影图

一、剖面图的概念

假想用剖切平面剖开物体，将处在观察者和剖切平面之间的部分移去，而将其余的部分向投影面投影所得到的图形称为剖面图，也称为剖视图，如图 7-5 所示。

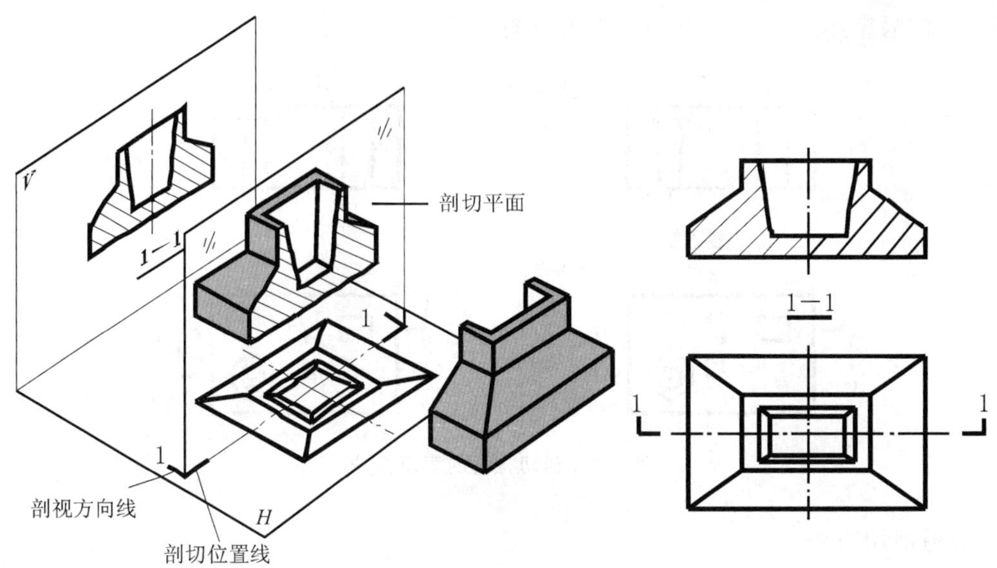

图 7-5 剖面图的形成

二、剖面图的画法

1. 剖切位置及剖切符号

剖切的位置可以按照需要确定，在有对称面时，一般选在对称面上，或者通过孔的中心线，并且平行某一投影面。如图 7-6 所示，若将正面投影图画成剖视图，则应选择平行于 V 面的前后对称面 P 作为剖切面；若将侧面投影图画成剖面图，则应选择平行于 W 面的左右对称面 R 作为剖切面。其他情况以此类推。

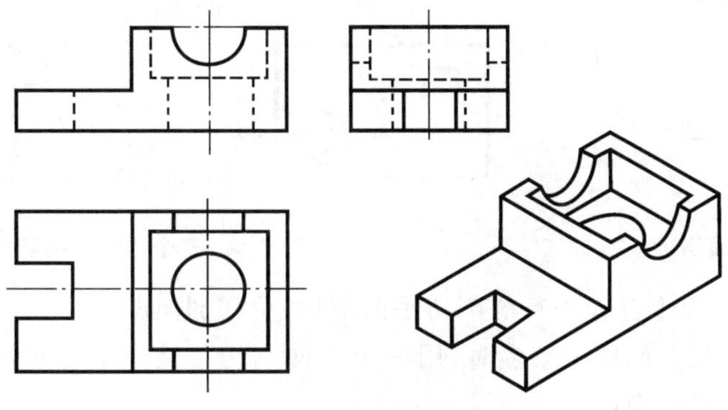

图 7-6 剖切平面的位置

剖切面的位置不同，所得到的剖面图的形状也不相同。因此，画剖面图时，必须用剖切符号标明剖切位置和投射方向，并予以编号。

如图 7-7 所示，剖面图的剖切符号是由剖切面的起、讫和转折位置线及投射方向线组成，且均用粗实线绘制。剖切位置线的长度约为 6～10 mm；投射方向线应垂直于剖切位置线，其长度应短于剖切位置线，约为 4～6 mm。转折位置线应相互垂直，其长度与投射方向线相同。剖切符号不宜与图面上任何图线接触，要保持间隙。剖切符号的编号采用阿拉伯数字，按从左至右或从下往上的顺序连续编号，并注写在投射方向线的端部。

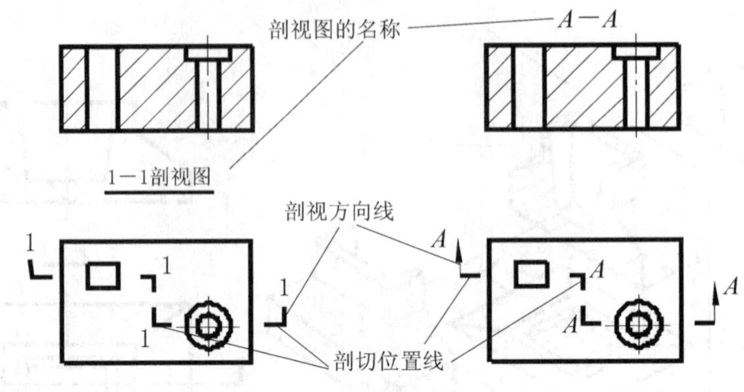

图 7-7　剖切符号的表示方法

2. 常用剖切方法

1）用一个剖切平面剖切（全剖面图）

这是一种最简单、最常用的剖切方法，适用于用一个剖切平面剖切后，就能把内部形状表示清楚的物体。如图 7-8 所示的图形，用 A—A 平面剖切后，零件的内部构造在 A—A 剖视图中就清楚了。

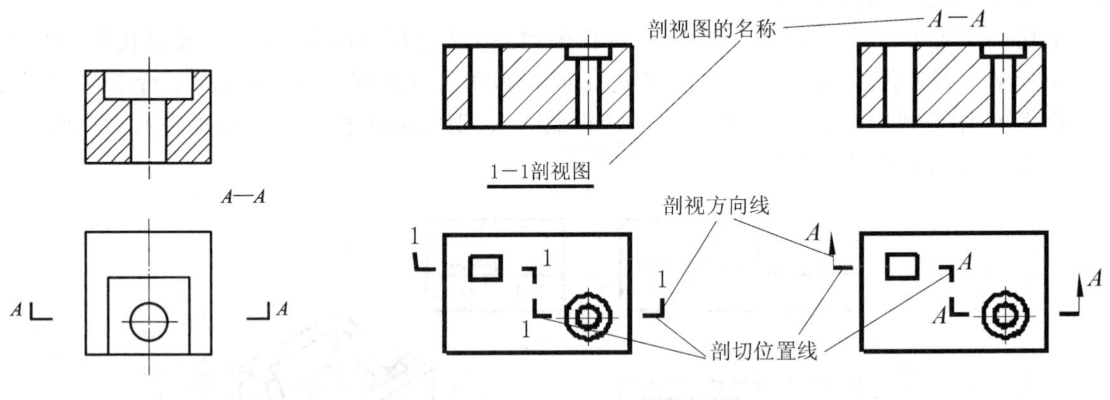

图 7-8　某零件的剖面图

图 7-9　三个平行的剖切平面

2）用两个或两个以上互相平行的剖切平面剖切（阶梯剖面图）

当物体内部形状复杂或层次较多时，用一个平面剖切不能全部显示出来，可用两个或两个以上互相平行的剖切平面剖切。

如图 7-9 所示的物体，有三个不同形状和不同深度的孔洞，平面图虽然将孔洞的形状和位置反映出来了，但是各孔的深度不清晰。如图 7-9 所示，如果用三个平行于 V 面的剖切平面进行剖切，所得到的剖面图就可以清楚表达物体中各孔的深度。

注意在标注剖切符号时，为使得转折的剖切位置线不与其他图线发生混淆，应在转折处的外侧加注与该符号相同的编号，如图 7-9 中的平面图所示。

3）用两个相交的剖切面剖切（旋转剖面图）

采用两个相交的剖切面时，其剖切面的交线应垂直于某一投影面，其中应有一个剖切面平行于投影面。

如图 7-10 所示的物体，右半边平行于 V 面，左半边与 V 面倾斜，有两个不同形状的孔。采用 3—3 两相交的剖切平面剖切，具体位置用剖切符号标注在平面图上。画剖面图时，将不平行于投影面的部分，绕其两剖切平面的交线，旋转至与投影面平行。剖面图的总长度应为两段长度之和($a+b$)。剖切平面与物体接触的部分画出材料图例，不画剖切平面的转折交线，并在图名上加注"展开"二字。这样即可表示出不在同一平面内两孔的深度。

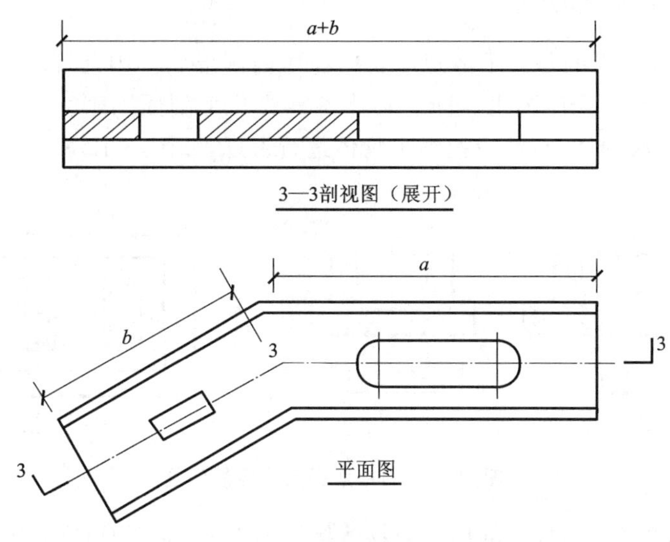

图 7-10　两个相交的剖切面

4）局部剖切

假想用剖切面将形体局部剖开，以表示出物体局部的内部构造，这种剖视图称为局部剖视图。局部剖视图是表达形体内部构造的一种比较灵活的方法，当形体的外形比较复杂，而内部只有局部构造需要表达时，常采用局部剖视图。

图 7-11 所示为用剖视图表达中间带有一个方孔的圆柱体。图 7-11(a)采用半剖面图来表达其内部形状，但由于该立体的轮廓线与对称中心轴线重合，该立体不宜采用这种表达方式，而采用局部剖视较为合理。图 7-11(b)所示为该立体的局部剖视图，图中将波浪线画到了对称中心轴线的左边，从而将与对称中心轴线重合的内轮廓线也清楚地表达出来。

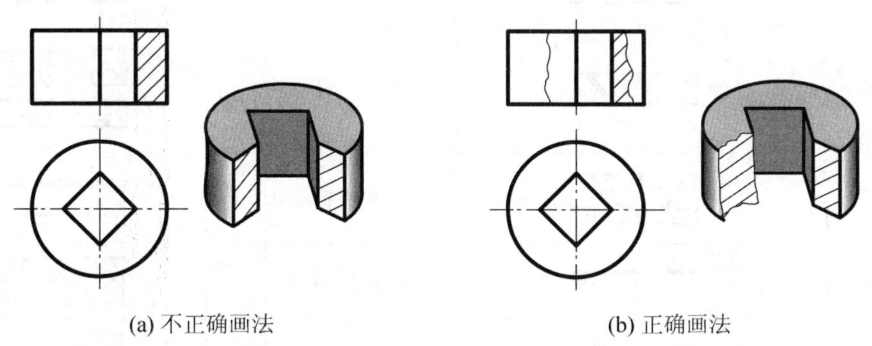

(a) 不正确画法　　(b) 正确画法

图 7-11　内方孔的圆柱体剖视图的画法对比

注意:(1) 在画局部剖视图时,形体被假想剖开的部分与未剖的部分以波浪线作为分界线,表明剖切范围。波浪线相当于剖切部分断裂面的积聚投影,因此波浪线应画在形体的实体部分,不得画在通孔、通槽或缺口的投影范围内,也不要超出视图之外。

(2) 当被剖切的局部结构为回转体时,允许将结构的轴线作为局部剖视图与视图的分界线。

(3) 在局部剖视图上,如果剖切位置明显,可不作剖视图的标注。

3. 画剖面图时应注意的问题

(1) 剖切是假想的,目的是为了清楚地表达物体内部形状。因此,除了剖面图外,其他投影图仍按照未剖切前的整个物体画出。同一物体若需要几个剖面图来表示时,可进行几次剖切,且互不影响。在每一次剖切前,都应按整个物体进行考虑,如图 7-12 所示。

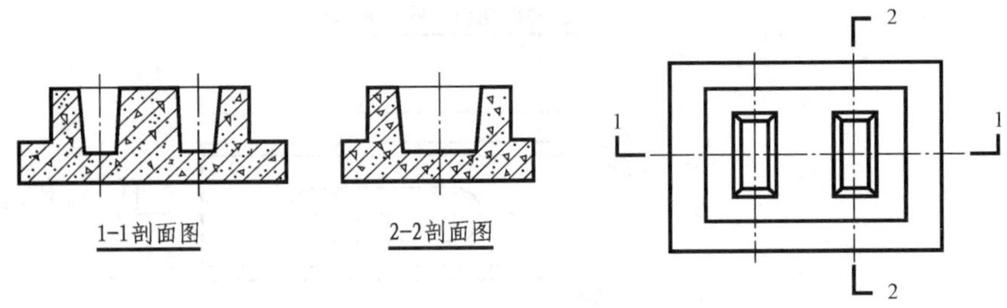

图 7-12 画剖面图应注意的问题

(2) 为使得图样层次分明,在剖切面与物体接触的部分(即断面)要画出相应的材料图例,如表 7-1 所示。图例中的斜线一律画成与水平线成 45°的细实线,且应间隔均匀、疏密适度。

表 7-1 常用材料图例

名 称	剖面符号	名 称	剖面符号
金属(机械)		饰面砖	
固体、砖(机械)		混凝土	
砖(建筑)		钢筋混凝土	
金属(建筑)		木 材	
毛 石		防水材料	
夯实土壤		多孔材料	
自然土壤		砂、灰土	

(3) 剖面图的名称用相应的编号代替,注写在相应的图样下方,如图 7-12 中的图名标注。

(4) 图样中不可见的轮廓线一般均可不画,如图 7-12 中的平面图和 1—1 剖面图中均省略了虚线。

任务 3 断面图

一、断面图的概念

用假想剖切平面剖开物体时,仅画出该剖切面与物体接触断面的图形,同时在剖切断面的物体部分画上材料图例,这样画出的图形称为断面图,简称断面,如图 7-13 所示。

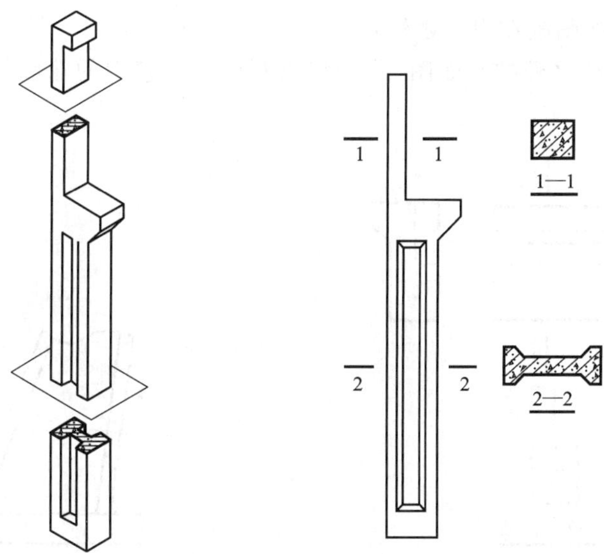

图 7-13 断面图

画断面图时,应特别注意断面图与剖面图的区别:断面图只画出物体剖切断面的形状,不包括剖切面后的轮廓;而剖面图除画出剖切断面的形状外,还需要画出剖切面后的其他可见轮廓线。实际上,剖面图中包含着断面图。

二、断面图的画法

1. 剖切位置及剖切符号

剖切面的位置可以按照需要确定。剖切面的位置不同,所得到的断面图的形状也不相同。因此,画断面图时必须用剖切符号标明剖切位置和投射方向,并予以编号。

如图 7-14 所示,断面图的剖切符号是由剖切面的起、讫和投射方向线组成,且均用粗实线绘制。剖切位置线的长度约为 6～10 mm；利用剖切编号的位置标明断面图的投射方向。剖切符号不宜与图面上任何图线接触，要保持间隙。剖切符号的编号一般采用阿拉伯数字，按从左至右或从下往上的顺序连续编号，并注写在断面图投射方向一侧，少数情况下也可以采用成对的英文字母表示。

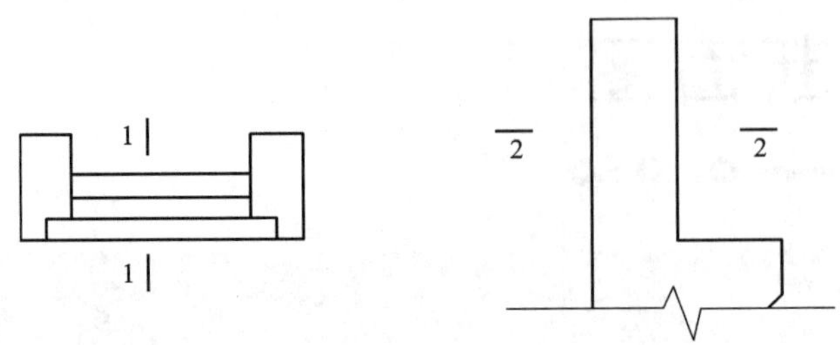

图 7-14　断面剖切符号的表示方法

2. 常用的断面图形式

1）移出断面图(断面图画在视图之外)

画在基本视图轮廓线之外的断面图，称为移出断面图。它们的轮廓线用粗实线绘制，如图 7-15 所示。

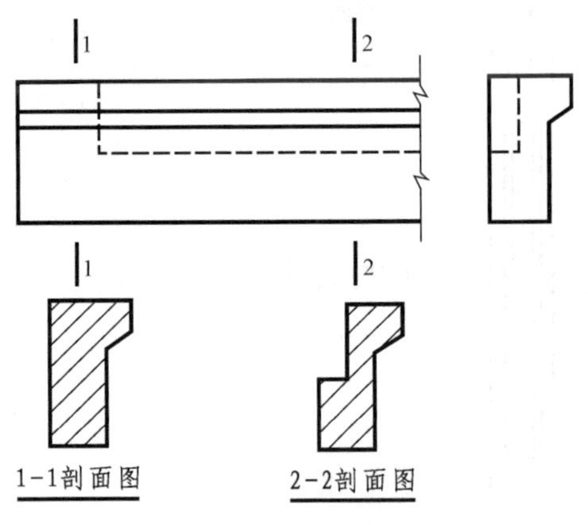

图 7-15　移出断面图

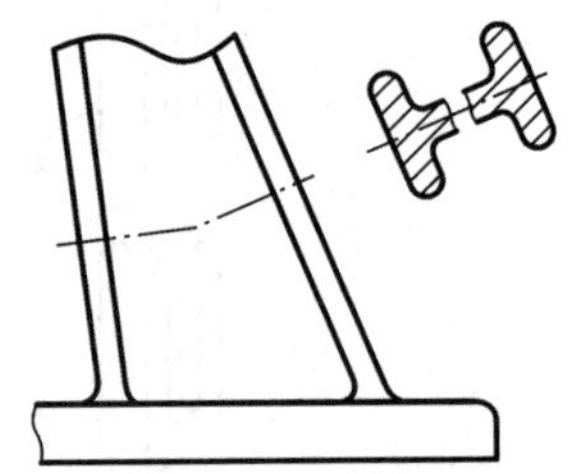

图 7-16　两个相交平面剖切的断面图画法

绘制移出断面图时，应注意以下几点。

(1) 断面图的轮廓线用粗实线绘制。

(2) 剖切平面应与形体的主要轮廓线垂直，由两个或多个相交平面剖切得到的移出断面图，中间一般应断开，如图 7-16 所示。

(3) 断面图的标注与剖面图基本相同，但不画投影方向线，而用剖切符号的注写位置表示。画在剖切延长线上的对称图形，可以不标注断面图，如图 7-16 所示。

2）中断断面图(断面图画在视图的中断处)

画在视图中断处的断面图，断面图的轮廓线用粗实线绘制，不需进行断面图标注，如图 7-17 所示。

3）重合断面图(断面图画在视图的轮廓线内)

画在基本视图轮廓线内的断面图，称为重合断面图。重合断面图的轮廓线用细实线绘制，如图 7-18 所示。

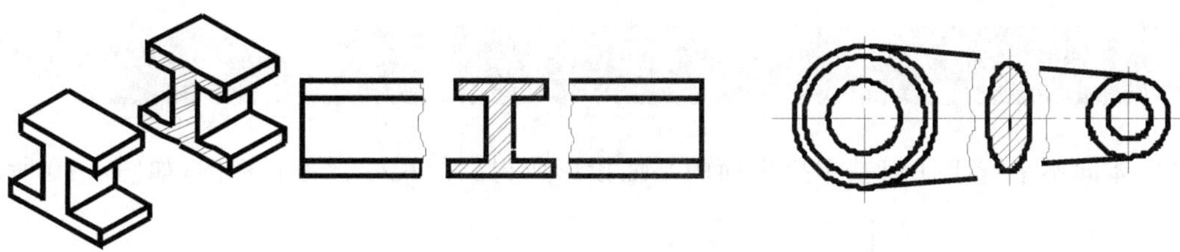

图 7-17 中断断面图

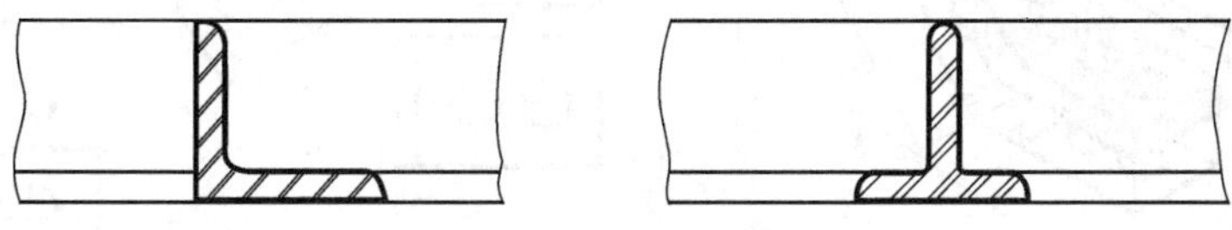

图 7-18 重合断面图

任务 4 其他表达方法

一、镜像投影

假想在平行于物体的某个表面，设置一个镜面，镜面中则呈现出该物体的像。按照镜中的像，用正投影法来绘制图样，这种方法称为镜像投影法。用这种方法所得到的图样，应在图名之后加注“镜像”二字。

如图 7-19 所示，镜面平行于物体底面，设置在物体的下方。这时，按镜像投影法所绘制的图样，在图名处应标注平面图(镜像)。镜像投影法一般用于顶棚平面图，或有特殊要求的立面图。它是直接投影法的辅助方法。

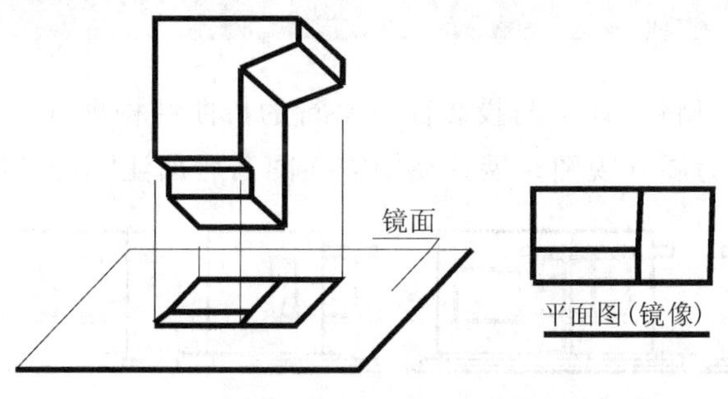

图 7-19 镜像投影法

二、斜视图

将物体向不平行于任何基本投影面的平面投影所得到的视图称为斜视图，如图 7-20 所示。

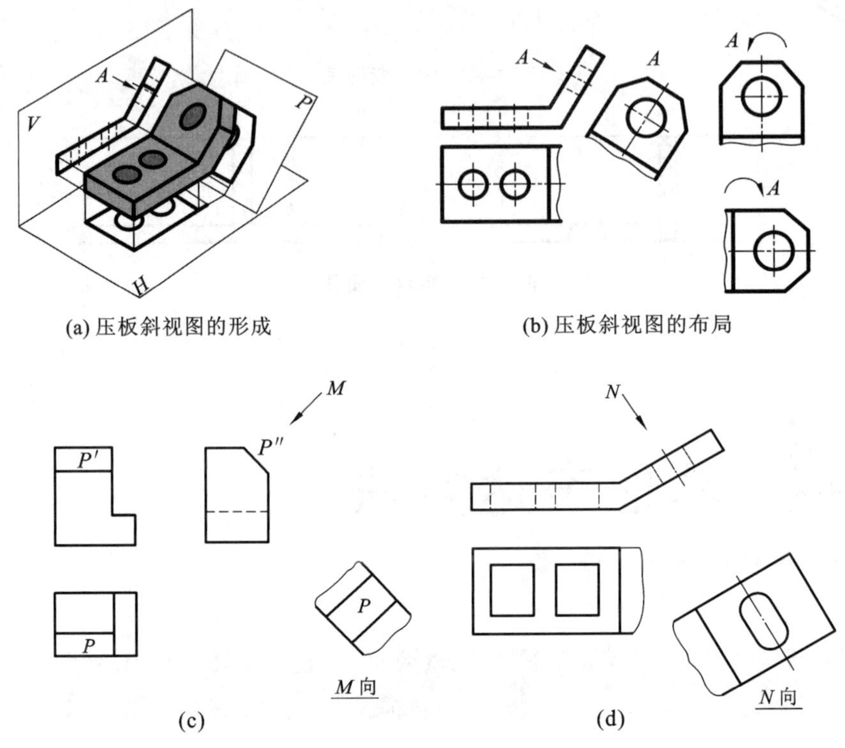

(a) 压板斜视图的形成　(b) 压板斜视图的布局

(c)　(d)

图 7-20　斜视图

其中，图(a)为零件的空间形态；图(b)中的 A 向投影图即为零件的 A 向斜视图，A 向旋转图即为 A 向斜视图向左边旋转得到的；图(c)中的 M 向图即为 M 向斜视图；图(d)中的 N 向图即为 N 向斜视图。

三、展开视图

在画建筑立面图时，可将物体上与投影面不平行的折曲结构展开到与基本投影面平行后再进行投影，这种投影图称为展开视图。展开视图需在图名后加注“展开”两字，如图 7-21 所示。

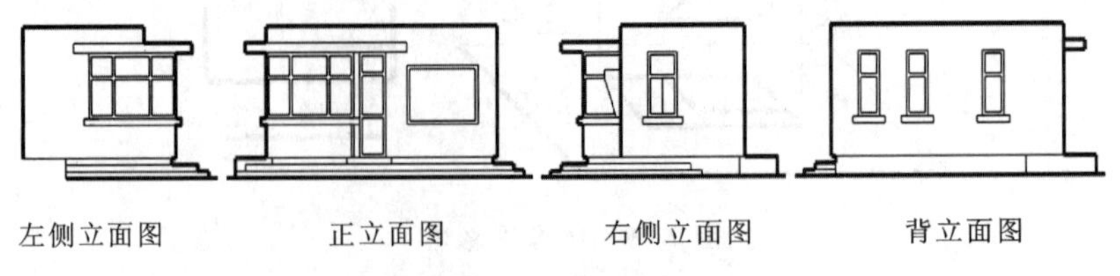

图 7-21　展开视图

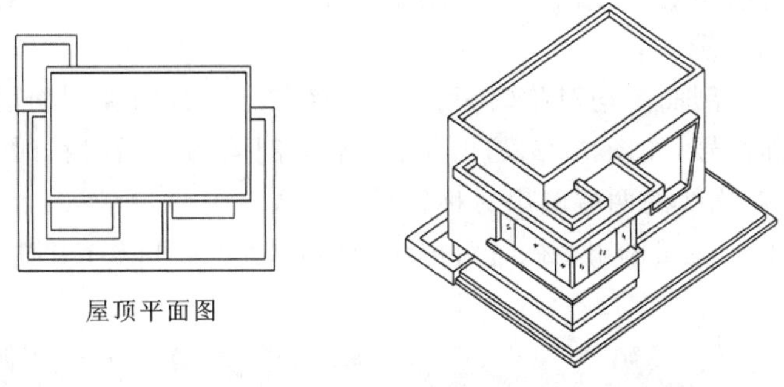

续图 7-21

任务 5 建筑图样简化画法

一、对称图样的简化

如果物体的图样有对称图形，可只画图样的一半或四分之一，并画出对称符号；也可使图样稍微超出对称线（略大于一半），而不画对称符号。

对称符号是用细实线绘制的两条平行线，其长度为 6～10 mm，之间的距离为 2～3 mm，画在对称线的两端，且平行线在对称线两侧的长度相等，如图 7-22(a)所示。

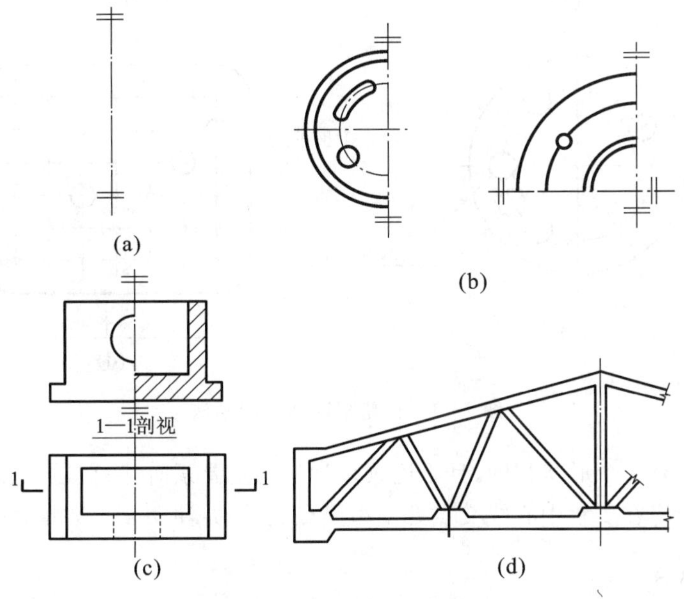

图 7-22　对称图形的简化画法

当图样有一条对称线时，可以只画图样的一半，并在对称线的两端画出对称符号，如图 7-22

(b)左图所示；当图样有两条对称线时，可只画图样的四分之一，并在两条对称线上都画出对称符号，如图 7-22(b)右图所示。

如果物体的外形图及剖面图均对称时，可以对称线为界，右侧画剖面图，左侧画外形图，并在对称线两端画出对称符号，如图 7-22(c)所示；当水平剖面图前后对称时，习惯上将剖面图画在对称线之前，并在该对称线的两端画出对称符号。

如果图样的图形对称，也可画出稍微过对称线的部分，此时，可以省去对称符号，如图 7-22(d)所示。

二、省略画法

1. 省去相同部分的画法

(1) 如果物体上具有多个形状相同而且连续排列的构造要素，可仅在两端或适当位置画出少数几个要素的形状，其余部分可用中心线表示位置，然后标注相同要素的数量，而省略多次重复的相同要素形状，如图 7-23(a)、(b)、(c)所示。

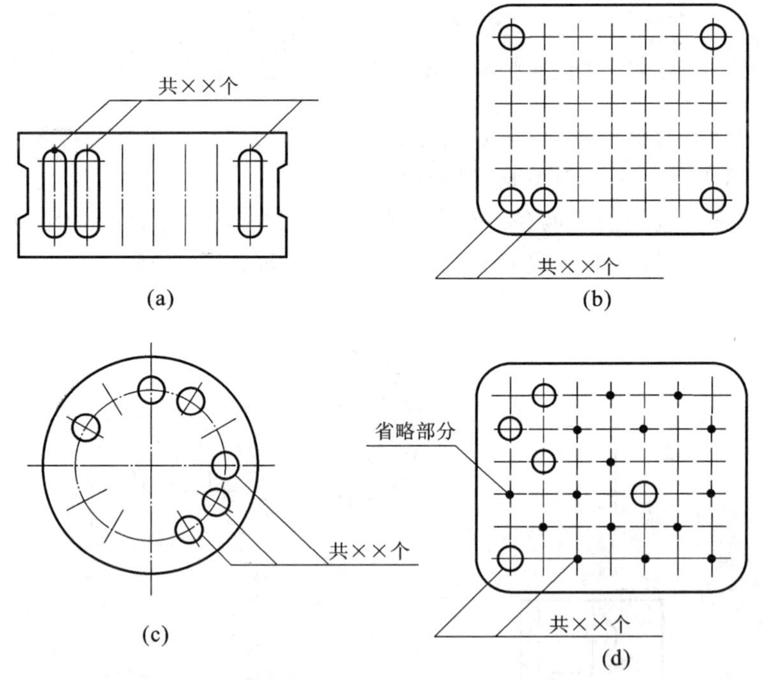

图 7-23 省略相同部分的画法

(2) 如果物体上有多个形状相同，且不连续排列的构造要素时，除在适当位置画出少数几个要素形状外，其余部分，应在要素中心线交点处用小黑点表示，并注明要素数量，如图 7-23(d)所示。

2. 省略折断部分

对于物体较长，而沿长度方向的形状相同或按一定规律变化时，可只画物体的两端，而将中间折断部分省去不画。在断开处，应以折断线表示。折断线两端应超出轮廓线 2～3 mm，其尺寸应按折断前原长度标出，如图 7-24 所示。

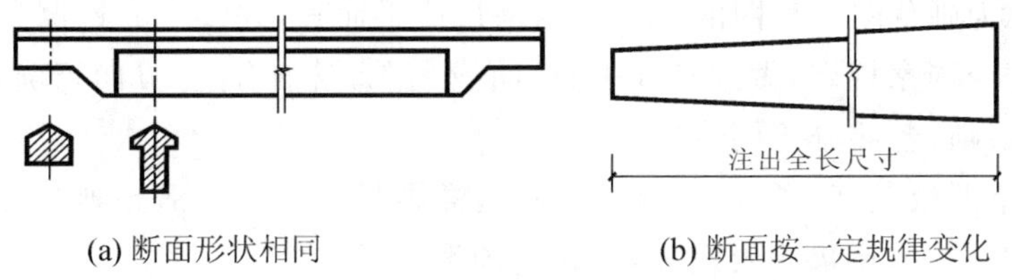

(a) 断面形状相同　　(b) 断面按一定规律变化

图 7-24　省略折断部分的画法

3. 局部省略画法

如果一个物体，与另外一个物体仅有部分不同时，该物体可只画不同部分，但应在两物体的相同与不同的分界处，分别绘制连接符号。两个连接符号应对准在同一条直线上。

图 7-25(a)所示是连接符号的画法。连接符号由折断线和字母组成。Ⅰ、Ⅱ为两个需要连接的不同物体的图样。连接部位用折断线表示，在折断线两端靠近图样的一侧注出大写拉丁字母表示连接编号。两个相连接的图样，字母编号必须相同。

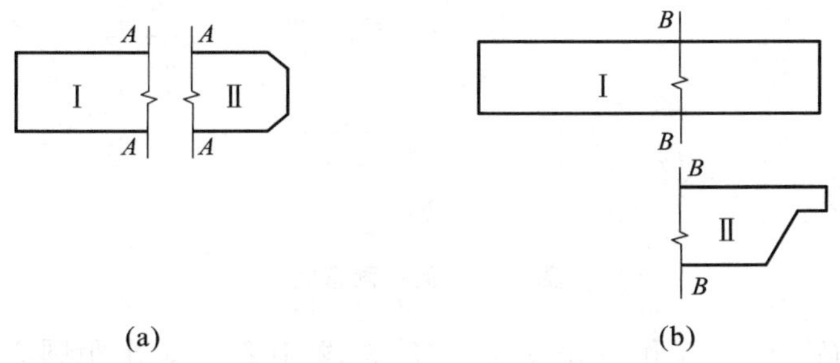

(a)　　(b)

图 7-25　局部不同省略画法

图 7-25(b)是局部省略画法例图，有两个左端相同而右端不同的物体Ⅰ、Ⅱ，可将Ⅱ中左端相同部分省去不画，而将右端不同部分画出，采用连接符号将Ⅱ的右端与Ⅰ的左端连接，而形成Ⅱ的完整图样。

任务 6　制图的一般步骤

一、徒手绘图

不用绘图仪器，徒手作出的图称为徒手图。工程技术人员在调查研究、搜集资料阶段，往往要测量实物，画出徒手图为制定技术文件提供原始资料；在设计时，也常用徒手图进行构思和表达设计思想；在外出参观和进行技术交流时，也常用徒手图记录和交流。因此，技术人员必须熟练掌握徒手作图的技巧。

徒手作图又称为画草图。草图的“草”字只是指徒手而言，并没有允许潦草的含义。草图上的图线也要尽量符合国家规定，做到直线平直、曲线光滑、粗细有别、方向正确，长短大致符合比例。图形要完整、清晰，各部分比例恰当。

画草图时，持笔的位置高一些，手放松一些，这样画起来比较灵活。画线时可用较软的铅笔HB或B。铅笔削长一些，笔尖不要过尖，要比较圆滑。

要画好草图，需要掌握徒手作图的技巧并加以练习。画直线时，应先定出其两端点的位置，自起点开始轻轻画出底线，而眼睛则应始终注视终点。然后修正不平直的地方并沿底线画出所需的直线。画水平线时，可把图纸斜放，以手腕动作沿图上水平方向自左向右画出，如图7-26(a)所示；如线段较长，则手臂要随之移动。画竖直线时，可将图纸放正，沿垂直方向以手指动作自上而下画出，如图7-26(b)所示；若竖直线较长，可分段绘制。画向右上方倾斜的线时，画法与画水平线相同；画向右下方倾斜的线时，画法与画竖直线相似，如图7-26(c)所示，但铅笔要更竖直一些，而且要特别注意眼睛盯住线的终点。

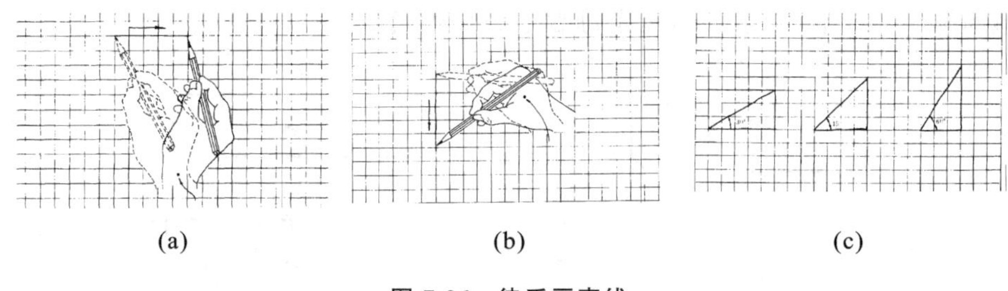

图7-26　徒手画直线

画大圆时，应先画出中心线和中心线成45°的斜线，在线上定出距圆心的距离相等的若干点，再依次连接。画小圆时，徒手过圆心作中心线及外切正方形，以圆弧连接正方形与中心线的交点(即切点)。画圆角时，先画出1/4外切正方形，然后用圆弧连接两切点，如图7-27所示。

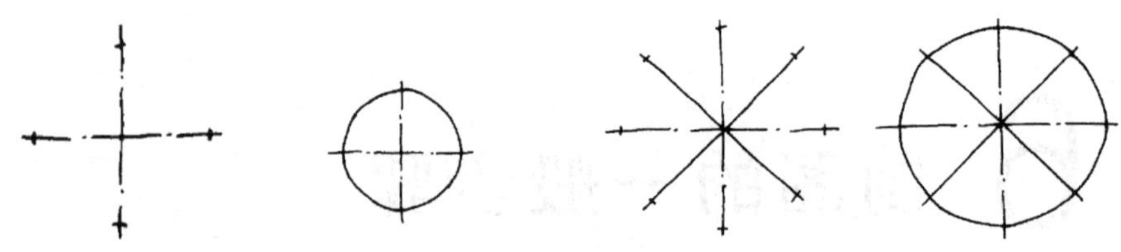

图7-27　圆和圆角的画法

画椭圆时，可先确定共轭直径，画出外切四边形；或画出长短轴及外切长方形，依次连接各切点可得，如图7-28所示。

徒手画平面图形时，不要急于画细部，要先考虑大局，即要注意图形的长与高的比例，以及图形的整体与细部的比例是否正确。只要各部分的比例恰当，图形真实感就强。初学时，可用铅笔测定各部分的大小，找出长与高的比例关系，先画整体再画细部。

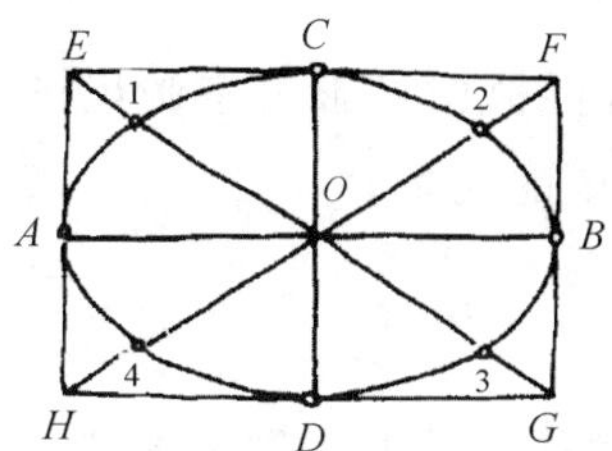

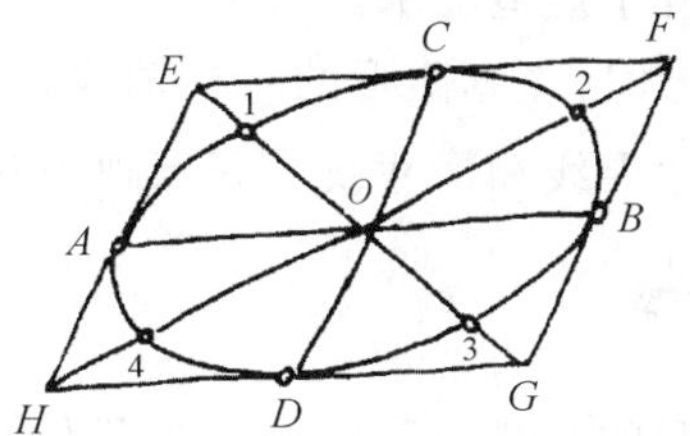

图 7-28　徒手画椭圆

二、仪器绘图

1. 绘图前的准备工作

(1) 阅读有关文件、资料，了解所要绘制图样的内容和要求。

(2) 准备绘制仪器和工具，擦净图板、三角板、丁字尺，削好铅笔，调整好分规和圆规。

(3) 图纸应位于图板偏左下的位置，图纸下边距图板边缘至少要留有丁字尺尺身的宽度，图纸的四角用透明胶带纸固定在图板上。

2. 画图幅、图框和标题栏

图幅应画在图纸的中央。先连图纸对角线找出图纸中心，根据此中心画出图幅、图框和标题栏，如图 7-29 所示。

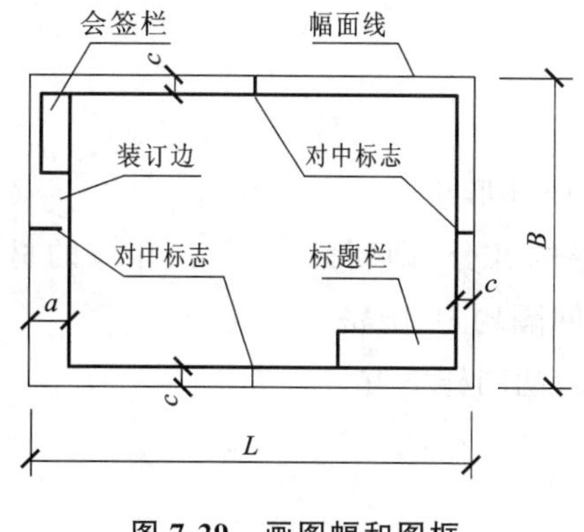

图 7-29　画图幅和图框

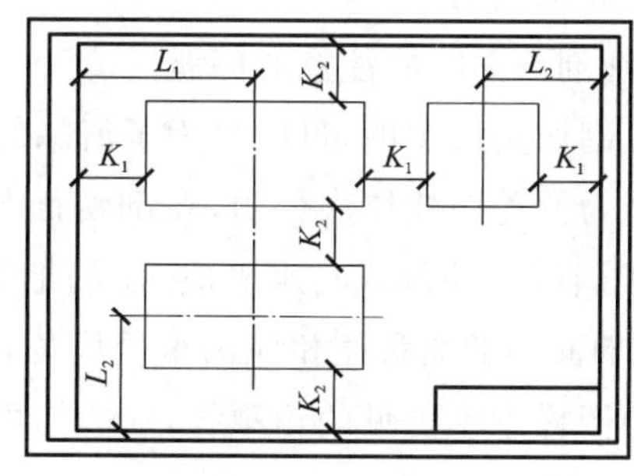

图 7-30　布图

3. 布图

为了合理利用图纸，使图样清晰、美观，要根据图形的最大轮廓范围，结合标注尺寸的需要进行布图，如图 7-30 所示。

4. 画底稿

图的底稿要求用轻而细的线条画出，但应清晰可见。底稿上的虚线、点长划线线段和间隔的长度要合乎规范要求。

画图形时，先画图形的对称轴线、中心线和主要轮廓线，再根据投影关系画出图样的细部，最后画尺寸界线和尺寸线。底稿画完检查无误后，擦去不必要的线条。

5. 描深

描深后的图线宽度要符合线型及线宽的要求。同类线型描深后的粗细浓淡要一致，因此应把图线按宽度分批描深，而且画线时用力要均匀，描深的顺序一般是：先曲线后直线；先实线后虚线；先粗线后细线。图形描深完毕后，再填写尺寸数字和书写文字说明。

最后应检查全图，如有错误，应立即改正。

项目小结

1. 基本视图

正视图、俯视图、左视图、右视图、仰视图、后视图。

2. 剖视图

假想用剖切平面剖开物体，将处在观察者和剖切平面之间的部分移去，而将其余的部分向投影面投影所得到的图形，称为剖面图，也称为剖视图。

3. 常用剖切方法

(1) 用一个剖切平面剖切(全剖面图)。

(2) 用两个或两个以上互相平行的剖切平面剖切(阶梯剖面图)。

(3) 用两个相交剖切面的剖切(旋转剖面图)。

(4) 局部剖切。

4. 画剖面图时应注意的问题

(1) 剖切是假想的，目的是为了清除的表达物体内部形状。

(2) 为使得图样层次分明，在剖切面与物体接触的部分(即断面)要画出相应的材料图例。图例中的斜线一律画成与水平成45°的细实线，且应间隔均匀，疏密适度。

(3)剖面图的名称用相应的编号代替，注写在相应的图样下方。

(4) 图样中不可见的轮廓线，一般均可不画。

5. 断面图

用假想剖切平面剖开物体，仅画出该剖切面与物体接触断面的图形，同时在剖切断面的实体物体部分画上材料图例，这样画出的图形称为断面图，简称断面。

6. 常用的断面图形式

(1) 移出断面图(断面图画在视图之外)。

(2) 中断断面图(断面图画在视图的中断处)。

(3) 重合断面图(断面图画在视图的轮廓线内)。

7. 其他表示方法

(1) 镜像投影:假想在平行于物体的某个表面,设置一个镜面,镜面中则呈现出该物体的像。按照镜中的像用正投影法来绘制图样,这种方法称为镜像投影法。

(2) 斜视图:将物体向不平行于任何基本投影面的平面投影所得的视图称为斜视图。

(3) 展开视图:在画建筑立面图时,可将物体与投影面不平行的折曲结构展开到与基本投影面平行再进行投影,这种投影图称为展开视图。

8. 绘图一般步骤

(1) 绘图前的准备工作。

(2) 画图幅、图框和标题栏。

(3) 布图。

(4) 画底稿。

(5) 描深。

学习情境 8 建筑施工图

学习目标

1. 知识目标

(1) 了解建筑施工图的设计过程及种类。
(2) 熟悉建筑施工图的识读方法和步骤。
(3) 掌握建筑施工图的规定和常用符号。

2. 能力目标

熟悉建筑施工图的组成、识读内容和方法,能够熟练识读建筑施工图。

◈ 引例导入

图 8-1 所示是某办公楼 1:100 的底层平面图，反映了办公楼的平面形状和空间布局、固定设备布置情况，以及室外可见台阶、散水等，有关知识内容将在后面的学习任务中详细讲述。

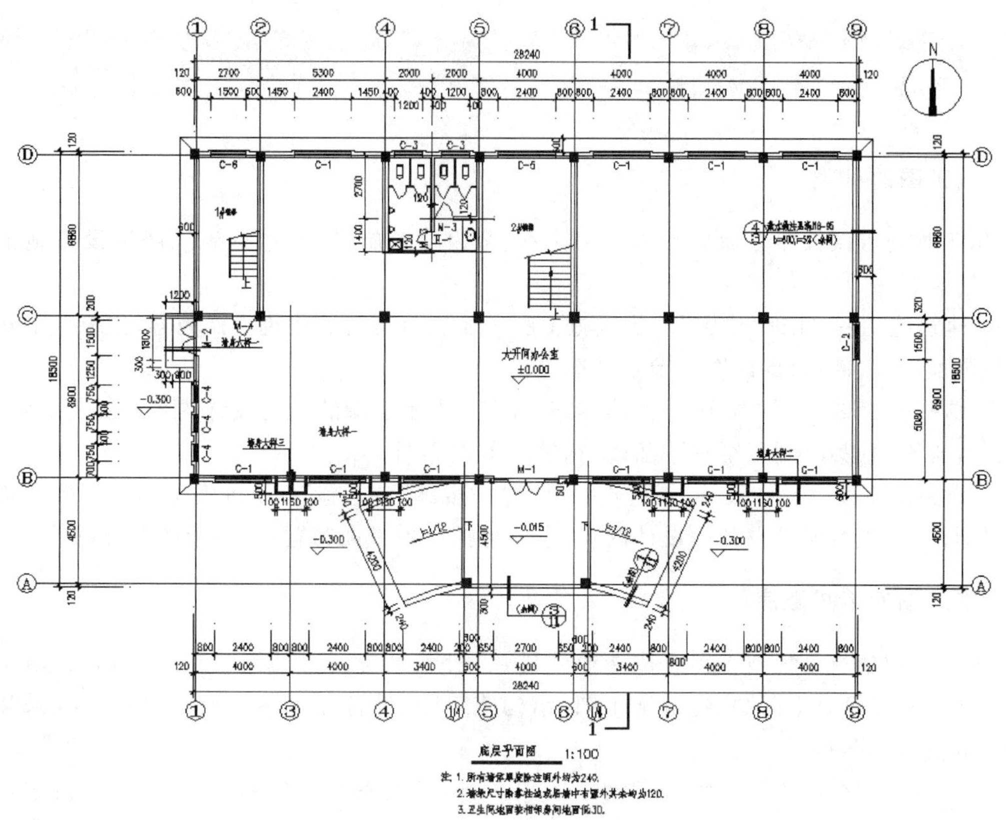

图 8-1　某办公楼底层平面图

任务 1　概述

建筑是与人们日常生活和社会活动关系密切、消耗材料巨大、建设工期和使用年限较长的一种人工产品，工程建设是个复杂的生产过程，设计是其中的重要环节，涉及专业和相关因素较多。工程设计人员应在充分调查研究，领会有关政策精神和规范的基础上，遵循工程设计的客观规律，合理地解决建筑的功能、艺术、技术、经济及环境等各方面问题，准确体现建设单位的意图并创造良好的施工基础条件。设计过程一般分成准备和实施两个阶段。

建筑工程施工图简称施工图，是工程建设领域中设计、施工、测量、造价等多方使用的“工程语言”，是表示建筑工程项目总体布局、外部形状、内部布置、结构构造、内外装修、材料做法以及

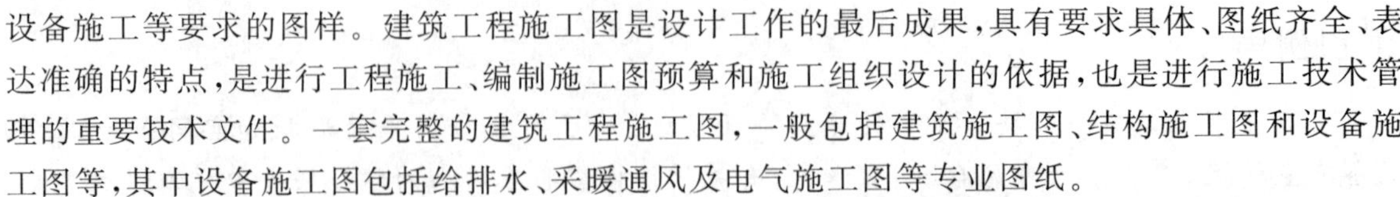

设备施工等要求的图样。建筑工程施工图是设计工作的最后成果，具有要求具体、图纸齐全、表达准确的特点，是进行工程施工、编制施工图预算和施工组织设计的依据，也是进行施工技术管理的重要技术文件。一套完整的建筑工程施工图，一般包括建筑施工图、结构施工图和设备施工图等，其中设备施工图包括给排水、采暖通风及电气施工图等专业图纸。

一、施工图的种类和编排顺序

1. 施工图的种类

建筑工程施工图按照专业分工的不同，一般分为建筑施工图、结构施工图和设备施工图三部分。

(1) 建筑施工图，简称“建施”。建筑施工图主要表示房屋的建筑设计内容，主要包括建筑总平面图、平面图、立面图、剖面图和节点详图等。

(2) 结构施工图，简称“结施”。结构施工图主要表示房屋的结构设计内容，主要包括结构设计说明、基础平面图及详图、结构平面图、构件与节点详图。

(3) 设备施工图，简称“设施”，又分为“水施”、“暖施”、“电施”。设备施工图主要表示给水排水、采暖通风、电气照明等设备的设计内容，主要包括设备平面布置图、系统图及详图等。

2. 施工图的编排顺序

一套完整的建筑工程施工图应按专业编排，一般顺序为：首页图（包括图纸目录、施工总说明、汇总表等）、建筑总平面图、建筑施工图、结构施工图、设备施工图（给排水施工图、采暖通风施工图、电气施工图）等。

每个专业的图纸应该按图纸内容的主次关系、逻辑关系有序排列。一般顺序为：主要的在前，次要的在后；基本图在前，详图在后；先施工的在前，后施工的在后；总体图在前，局部图在后；布置图在前，构件图在后等。

二、施工图的规定和常用符号

建筑工程施工图要符合投影原理的图示方法与要求，为了保证设计质量，提高制图效率，做到图面清晰、简明，符合设计、施工、存档的要求，绘制施工图时应严格遵守国家颁布的相关标准的规定。

国家标准包括《房屋建筑制图统一标准》(GB/T 50001—2010)、《总图制图标准》(GB/T 50103—2010)、《建筑制图标准》(GB/T 50104—2010)、《建筑结构制图标准》(GB/T 50105—2010)、《给水排水制图标准》(GB/T 50106—2010)和《暖通空调制图标准》(GB/T 50114—2010)等。

1. 定位轴线

定位轴线是确定建筑物主要承重构件平面位置的基准线，是施工定位、放线的重要依据。

定位轴线用细点画线绘制。定位轴线一般应编号，编号应注写在轴线端部的圆内。圆应用细实线绘制，直径应为 8 mm，详图上可增为 10 mm。定位轴线圆的圆心，应在定位轴线的延长线上或延长线的折线上。平面图上定位轴线的编号，宜标注在图样的下方与左侧。横向编号应用阿拉伯数字，从左至右顺序编写，竖向编号应用大写拉丁字母，从下至上顺序编写，如图 8-2 所示。

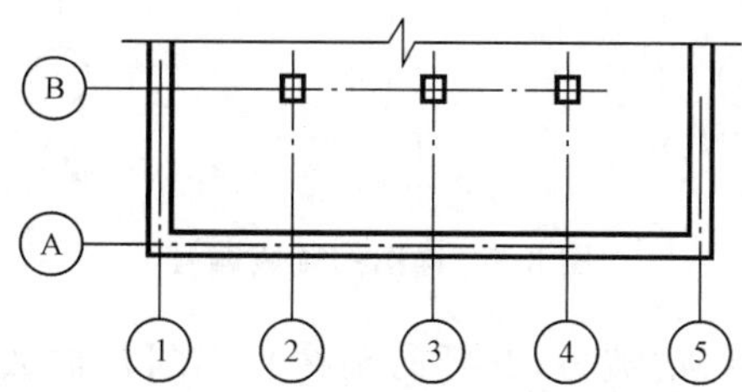

图 8-2　定位轴线的编号顺序

拉丁字母的 I、O、Z 不得用于做轴线编号。如字母数量不够使用，可增用双字母或单字母加数字注脚，如 AA、BA、…、YA 或 A1、B1、…、Y1。

组合较复杂的平面图中定位轴线也可采用分区编号，如图 8-3 所示。编号的注写形式应为“分区号-该分区编号”。分区号采用阿拉伯数字或大写拉丁字母表示。

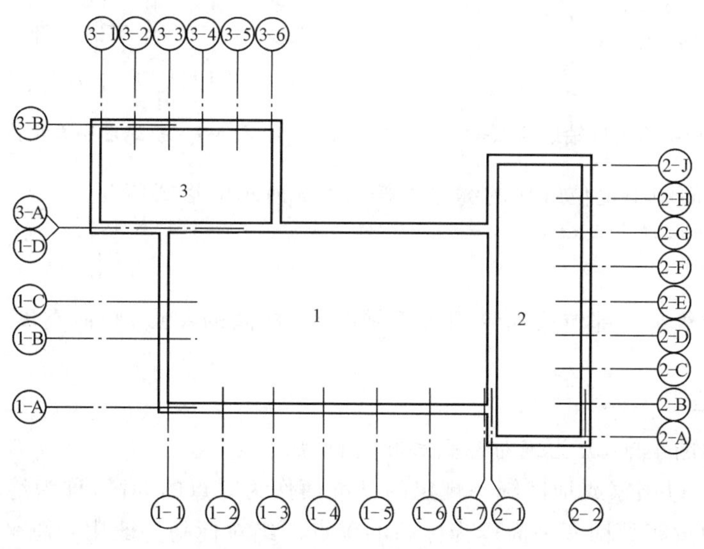

图 8-3　定位轴线的分区编号

附加定位轴线的编号，应以分数形式表示，并应按下列规定编写。

(1) 两根轴线间的附加轴线，应以分母表示前一根轴线的编号，分子表示附加轴线的编号，编号宜用阿拉伯数字按顺序编写；1 号轴线或 A 号轴线之前的附加轴线的分母应以 01 或 0A 表示，如图 8-4 所示。

表示2号轴线之后附加的第一根轴线

表示1号轴线之前附加的第一根轴线

表示C号轴线之后附加的第三根轴线

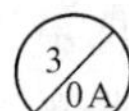

表示A号轴线之前附加的第三根轴线

图 8-4　附加轴线的标注

（2）一个详图适用于几根轴线时，应同时注明各有关轴线的编号，如图 8-5 所示。其中，通用详图中的定位轴线，应只画圆，不注写轴线编号。

图 8-5　详图的轴线编号

（3）圆形平面图中定位轴线的编号，其径向轴线宜用阿拉伯数字表示，从左下角开始，按逆时针顺序编写；其圆周轴线宜用大写拉丁字母表示，从外向内顺序编写，如图 8-6 所示。

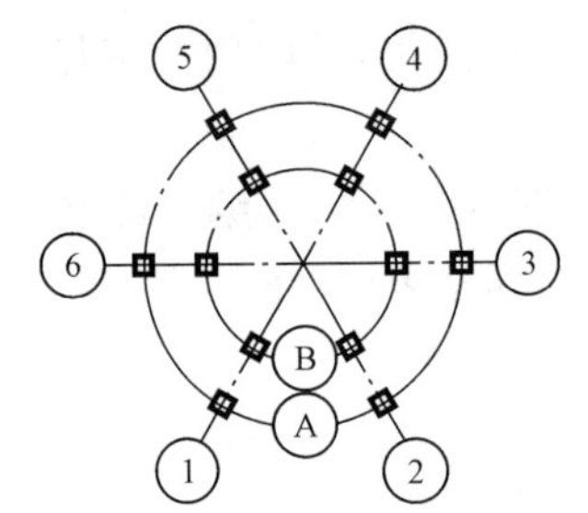

图 8-6　圆形平面定位轴线的编号

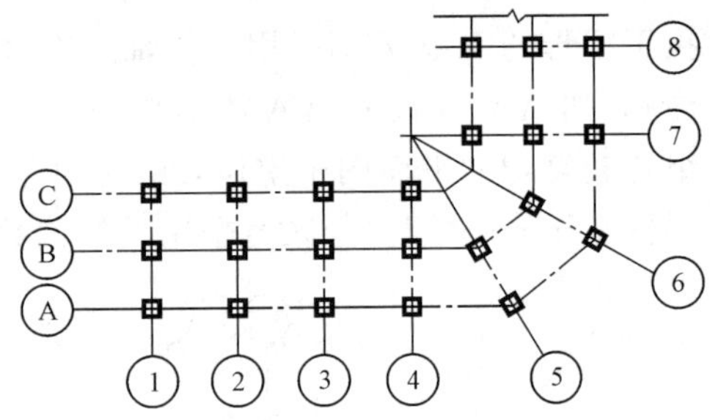

图 8-7　折线形平面定位轴线的编号

（4）折线形平面图中定位轴线的编号可按图 8-7 所示的形式编写。

2. 标高

标高是表示建筑某一部位或地势相对于基准面（标高的零点）竖向高度的符号。是竖向定位的依据。

1）标高的分类

标高按基准面的不同，分为绝对标高和相对标高。

（1）绝对标高，以国家或地区统一规定的基准面作为零点的标高，称为绝对标高。我国规定以山东省青岛市的黄海平均海平面作为标高的零点。绝对标高一般用于总平面图中。

（2）相对标高，标高的基准面可以根据工程需要自由选定。建筑工程施工图中一般以建筑物底层室内主要地面作为相对标高的零点（±0.000）。相对标高一般用于除总平面图以外的其他图中。

在施工图中，标高按标注的位置不同，分为建筑标高和结构标高。

（1）建筑标高，指建筑楼地面面层施工完毕后的标高，一般用于建筑施工图中。

（2）结构标高，指结构构件表面的标高，一般用于结构施工图中。

2）标高符号

标高符号应以高度为 3 mm 的等腰直角三角形表示，尖端指至被注高度的位置，尖端一般向下、也可向上，标高数字应注写在标高符号的左侧或右侧，应用细实线绘制。

总平面图中室外地坪标高符号，宜用涂黑的三角形表示。

标高数字应以米为单位，注写到小数点以后第三位。在总平面图中，可注写到小数点以后第二位。

零点标高应注写成±0.000，正数标高不注“+”，负数标高应注“-”，标高符号的具体画法如图 8-8 所示。

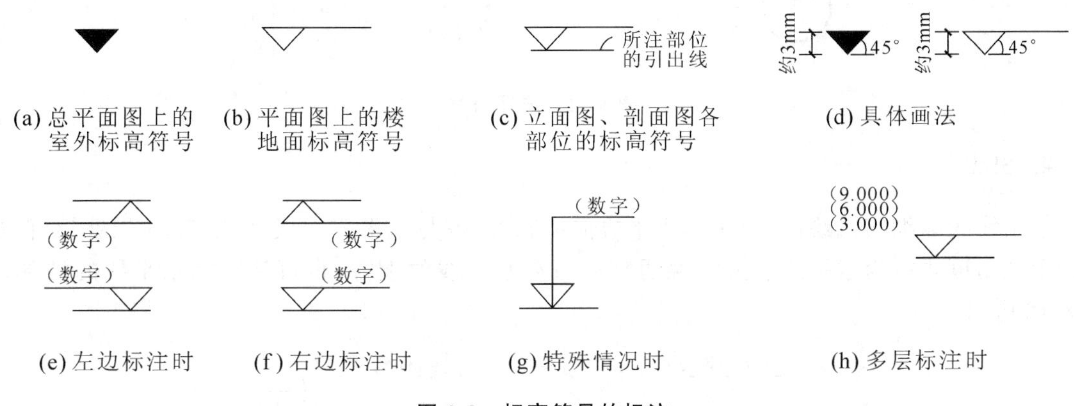

图 8-8　标高符号的标注

3. 索引符号与详图符号

1）索引符号

图样中的某一局部或构件，如需另见详图，应以索引符号索引。索引符号是由直径为 10 mm 的圆和水平直径组成，圆及水平直径均应以细实线绘制。

索引出的详图，如与被索引的详图同在一张图纸内，应在索引符号的上半圆中用阿拉伯数字注明该详图的编号，并在下半圆中间画一段水平细实线。

索引出的详图，如与被索引的详图不在同一张图纸内，应在索引符号的上半圆中用阿拉伯数字注明该详图的编号，在索引符号的下半圆中用阿拉伯数字注明该详图所在图纸的编号，数字较多时，可加文字标注。

索引出的详图，如采用标准图，应在索引符号水平直径的延长线上加注该标准图册的编号，如图 8-9 所示。

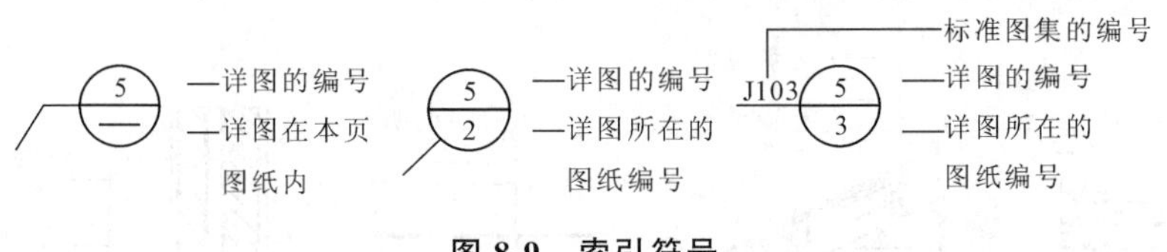

图 8-9　索引符号

索引符号如用于索引剖视详图，应在被剖切的部位绘制剖切位置线，并以引出线引出索引符号，引出线所在的一侧应为投射方向，如图 8-10 所示。

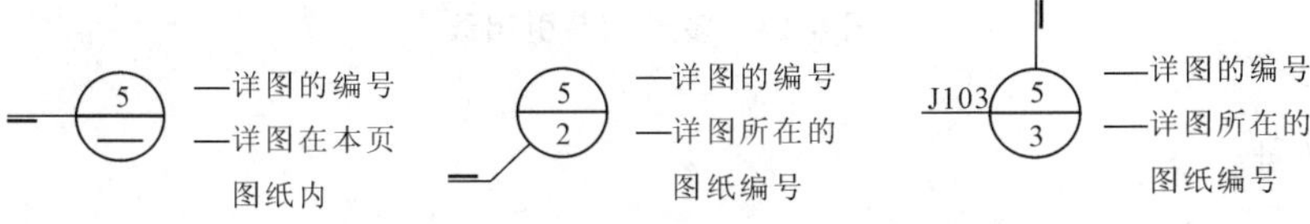

图 8-10　用于索引剖视详图的索引符号

2）详图符号

详图的位置和编号，应以详图符号表示。详图符号的圆应以直径为 14 mm 粗实线绘制。详图符号编写规定如图 8-11 所示。

图 8-11　详图符号

4. 引出线

引出线应以细实线绘制，宜采用水平方向的直线、或与水平方向成 30°、45°、60°、90°的直线，或经上述角度再折为水平线。文字说明宜注写在水平线的上方，也可注写在水平线的端部，如图 8-12 所示。

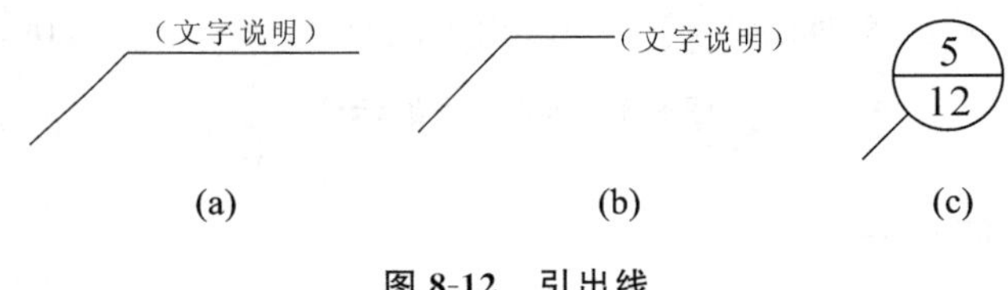

图 8-12　引出线

同时引出几个相同部分的引出线，宜互相平行，也可画成集中于一点的放射线，如图 8-13 所示。

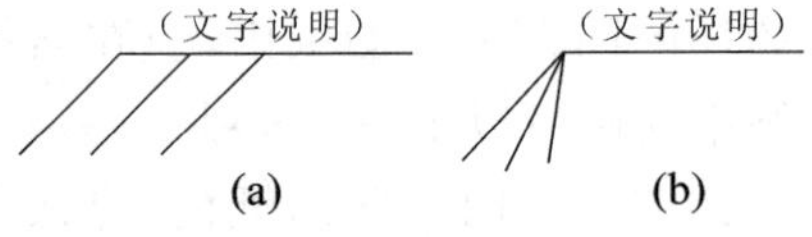

图 8-13　共用引出线

多层构造共用引出线，应通过被引出的各层。文字说明宜注写在水平线的上方，或注写在水平线的端部，说明的顺序应由上至下，并应与被说明的层次相互一致；如层次为横向排序，则由上至下的说明顺序应与左至右的层次相互一致，如图 8-14 所示。

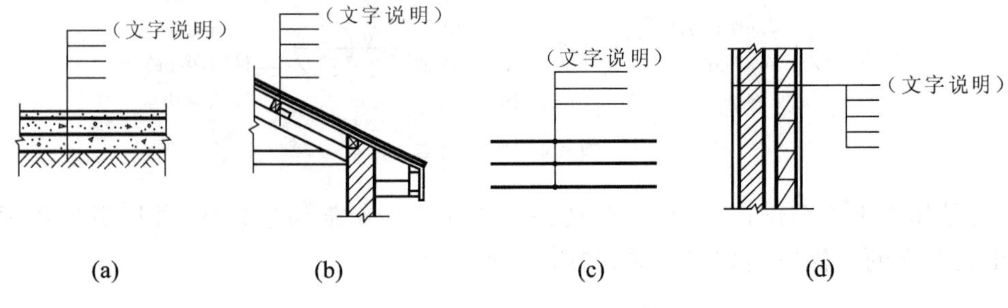

图 8-14　多层构造引出线

5. 对称符号

对称符号由对称线和两端的两对平行线组成。对称线用细点画线绘制；平行线用细实线绘制，其长度宜为 6～10 mm，每对的间距宜为 2～3 mm；对称线垂直平分于两对平行线，两端超出平行线宜为 2～3 mm，如图 8-15 所示。

6. 连接符号

连接符号应以折断线表示需连接的部位。两部位相距过远时，折断线两端靠图样一侧应标注大写拉丁字母表示连接编号。两个被连接的图样必须用相同的字母编号，如图 8-16 所示。

7. 指北针与风向玫瑰图

1）指北针

指北针的形状宜如图 8-17 所示，其圆的直径宜为 24 mm，用细实线绘制；指针尾部的宽度宜为 3 mm，指针头部应标注“北”或“N”。需用较大直径绘制指北针时，指针尾部宽度宜为直径的 1/8。

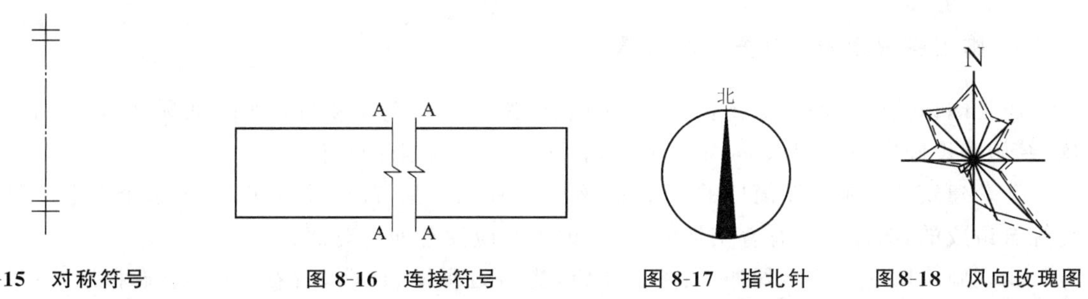

图 8-15　对称符号　　图 8-16　连接符号　　图 8-17　指北针　　图8-18　风向玫瑰图

2）风向玫瑰图

风向玫瑰图是根据某一地区多年平均统计的各个方向吹风次数的百分比值，按一定比例绘制的，描在用 8 个或 16 个方位所表示的图上，然后将各相邻方向的端点用细实线绘制连接起来，绘成一个形成一个宛如玫瑰的闭合折线，简称“风玫瑰”。如图 8-18 所示，风向是指从外面吹向地区中心，图中线段最长者即为当地主导风向，实线表示的是全年风向，细虚线表示的是 6 月、7 月、8 月三个月统计的风向。风向玫瑰图可直观地表示年、季、月等的风向，为城市规划、建筑设计和气候研究提供依据。有风向玫瑰图，可以不必绘制指北针。

8. 坐标

建筑总平面图中坐标的主要作用是标定平面图内各建筑物之间的相对位置及与平面图外其他建筑物或参照物的相对位置关系。有建筑坐标系和测量坐标系两种，都属于平面坐标系，以细实线绘制。建筑坐标系一般是由设计者自行制定的坐标系，它的原点自定，两轴分别以 A、B 表示；测量坐标系是与国家或地方的测量坐标系相关联的，两轴分别以 X、Y 表示（X 轴方向指向北，Y 轴指向东），如图 8-19 所示。坐标值为负数时，应注“－”号，为正数时，“＋”号可省略。如果总平面图中有两种坐标系，一般要给出两者之间的换算公式。

图 8-19　坐标

三、施工图识读方法

建筑工程施工图是用投影原理的各种图示方法和要求综合应用绘制出来的，所以识读建筑工程施工图，必须具备相关的知识，按照正确的方法进行识读。

1. 施工图识读的一般要求

(1) 具备基本的投影知识。
(2) 了解房屋组成与构造。
(3) 掌握形体的各种图示方法及国家制图标准规定。
(4) 牢记常用比例、线型、符号、图例等。
(5) 认真识读设计说明或附注，全面准确地理解图纸内容。

2. 施工图识读的一般方法与步骤

施工图识读的一般方法是：先看首页图（图纸目录和设计说明），按图纸顺序通读一遍；按建施、结施和设施次序仔细识读；先基本图，后详图，分专业对照识读。

一套建筑工程施工图简单的有几张，复杂的有几十张，甚至几百张，是由多个专业工种的图样综合组成的，图样之间有着密切的联系，识读时应注意前后对照检查。

识读施工图的一般步骤如下：整套图纸，先看首页图、说明，后看建施、结施和设施；识读建筑施工图时，先看总平面图和平面图，然后看立面图和剖面图，最后看详图；识读结构施工图时，先看基础施工图、结构平面布置图，然后看构件图，最后看构件详图或断面图；对于每一张图样来说，先看图标、文字，后看图样。

3. 建筑专业施工图的识读

1) 建筑专业施工图在工程中的作用

建筑专业施工图是整个建筑工程施工图中最重要的组成部分，处于主导地位，主要表达建筑物的总体布局、外部造型、内部布置、人流物流、细部构造以及室内外装饰做法和效果等。在设计阶段，建筑专业施工图是首先被绘制的设计文件，它控制着建筑的功能和艺术，包含了工程项目的大部分信息，是其他专业进行工程设计的基础和依据；在施工阶段，建筑专业施工图是首先被识读的设计文件，是施工单位进行施工放线、高程控制、主体施工、门窗安装、室内外装修和编制施工预算及施工组织计划的主要依据。

2) 建筑专业施工图的组成和识读

建筑专业施工图主要包括：首页图、建筑总平面图、建筑平面图、建筑立面图、建筑剖面图以及建筑详图等，由一系列图样及必要的表格和说明文字组成，分别被绘制在若干图纸上，图幅尽量统一，并按建筑规模取用。

图样的编排顺序一般按图纸内容的主次关系、逻辑关系有序排列。建筑专业施工图的排序与识读一般为首页图、建筑总平面图、建筑平面图、建筑立面图、建筑剖面图以及建筑详图。

任务 2 首页图与建筑总平面图

一、首页图

建筑工程施工图中除各专业图样外，还包括目录、说明等表格和说明文字。这部分内容通常集中编写，放在全套施工图的前部。当内容较少时，可以全部绘制在施工图的第一张图纸上，即首页图。

首页图服务于全套图纸，为整套图纸提供索引和说明，但习惯上多由建筑设计人员编写，所以可认为是建筑专业施工图的一部分。首页图主要包括图纸目录、设计说明、工程做法表、门窗表等。

(1) 图纸目录用来组织和索引图纸，说明各专业图纸的名称、张数和顺序，通常要置于全套施工图的首页。看图前首先要检查整套施工图与图纸目录是否相符，防止由于缺页给识图和施工造成不必要的麻烦。表 8-1 所示为某建筑图纸目录示例(部分)。

表 8-1 图纸目录(部分)

序号	图 号	图样名称	图 幅	张数	备 注
1	建施-1	图纸目录、设计说明、建筑做法表、门窗表	A1	1	
2	建施-2	建筑总平面图	A1	1	
3	建施-3	底层平面图、标准层平面图	A1	1	
4	建施-4	顶层平面图、屋顶平面图	A1	1	
5	建施-5	1-11 轴立面图、11-1 轴立面图	A1	1	
6	建施-8	A-E 轴立面图、1-1 剖面图	A1	1	
7	建施-9	E-A 轴立面图、2-2 剖面图	A1	1	
8	建施-10	楼梯详图、节点详图	A1	1	
9	建施-11	屋面排水图、墙身大样	A2	1	
10	结施-1	基础平面图	A1	1	
11	结施-2	二层结构布置图	A1	1	
		……			

(2) 设计说明是对施工图的必要补充，对图中未能详细表达或不易用图形表达的内容做进一步的详细说明，包括该工程设计依据、工程概况、施工要求以及注意事项等。设计说明不仅包括建筑设计的内容，还可以包括其他专业设计的内容。

(3) 工程做法表是对建筑各部位构造做法用表格的形式加以详细说明，内容一般包括构造的部位、名称、做法及备注说明等，因为多数属于基本土建装修，因此又称为建筑装修表。如采用标准图集中的做法，则应注明采用标准图集的代号，以便查找。表 8-2 所示为某建筑工程做法表(部分)。

表 8-2　工程做法表(部分)

类　型	编　号	名　称	构 造 做 法	使用范围	备　注
一、地面做法	1.1 ……	水泥砂浆地面	20 厚 1∶2水泥砂浆抹面压光 素水泥浆结合层一道 80 厚 C15 混凝土 素土夯实	仓库	
二、楼面做法	…… 2.2 ……	陶瓷锦砖地面	8～10 厚地砖铺实拍平，水泥浆擦缝 25 厚 1∶4干硬性水泥砂浆，面上撒素水泥 素水泥浆结合层一道 钢筋混凝土楼板	所有	600×600 防滑砖(楼梯、卫生间采用 300×300)
三、内墙面做法	…… 3.3 ……	混合砂浆墙面	15 厚 1∶1∶6水泥石灰砂浆 5 厚 1∶0.5∶3水泥石灰砂浆 腻子满刮，砂纸磨平 刷内墙涂料两遍	卫生间除外的所有内墙面	

(4) 门窗表是对建筑物上所有不同类型门窗的统计表格，作为施工及预算依据。门窗表应反映门窗的编号、类型、尺寸、数量、选用的标准图集编号等。表 8-3 所示为某建筑门窗表(部分)。

表 8-3　门窗表(部分)

类　别	编　号	名　称	洞口尺寸/mm		数量	备　注
			洞宽	洞高		
门	M1	玻璃门	2 400	2 700	2	
	M2	木门	1 000	2 400	25	
	TLM1	推拉门	1 500	2 700	2	合金
	FM1	防火门	1 500	2 400	6	乙级
	……					
窗	C1	塑钢窗	1 800	2 100	25	由甲方认可的专业单位提供
	C2	塑钢窗	1 200	2 100	10	
	C3	塑钢窗	900	2 100	6	
	TPC	通排塑钢窗	5 400	2 100	2	
	……					

二、建筑总平面图

1. 总平面图的形成

将房屋建筑工程四周一定范围内的新建、拟建、原有和拆除的建筑物、构筑物连同其周围的地形、地物状况用正投影的方法并采用《总图制图标准》(GB/T 50103—2010)中的相应图例(见表8-4)绘制而成的工程图样,即为建筑总平面图。

表8-4 总平面图常用图例

名称	图例	说明
新建建筑物	 8	建筑物外形用粗实线表示,可以不画出入口。需要时,可用▲表示出入口。 可在图形内右上角用点数或数字表示层数。
原有建筑物	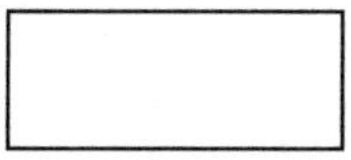	用细实线表示
计划扩建的预留地或建筑物		用中虚线表示
拆除的建筑物	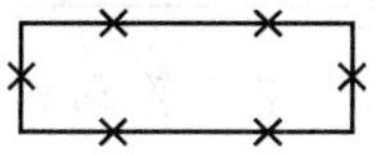	用细实线表示
敞棚或敞廊	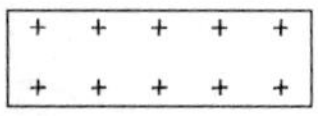	
围墙及大门	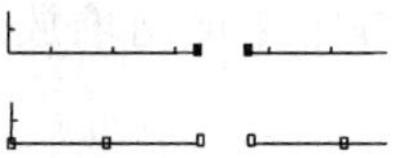	上图为实体性质的围墙(砖石、混凝土等) 下图为通透性质的围墙(篱笆、栏杆等) 仅表示围墙时不画大门
坐标	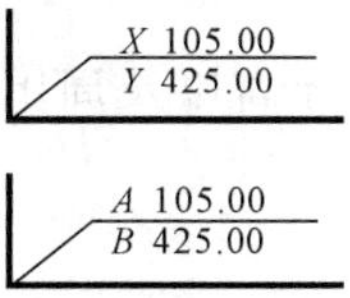 X 105.00 Y 425.00 A 105.00 B 425.00	上图表示测量坐标 下图表示建筑坐标
护坡	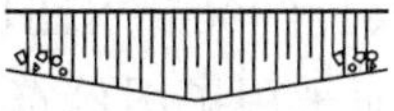	边坡较长时,可在一端或两端局部表示
原有道路	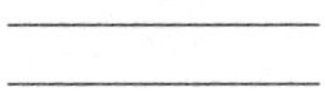	

续表

名　称	图　例	说　明
计划扩建的道路		
新建的道路	0.6 101.00 R9 150.00	“$R9$”表示道路转弯半径为 9 m “150.00”为路面中心控制点标高 “0.6”表示 0.6%的纵向坡度 “101.00”表示边坡点间距离
铺砌场地		
草坪		
绿篱		
植草砖铺地		

总平面图反映出建筑基地范围内总体布置情况，如工程平面轮廓和层数、与原有建筑物的相对位置、地形地物、周围环境、道路和绿化等。

2. 总平面图的作用

总平面图是新建房屋建筑定位、施工放线、土方施工及现场布置的依据，也是水、暖、电等专业设备管线敷设的依据，同时也是施工时安排材料进场、构配件预制堆放，以及运输道路等施工总平面布置的依据。

3. 识读内容和方法

建筑总平面图主要表示新建建筑的形状、位置、朝向、标高以及周围原有建筑、地形、道路、绿化等内容。下面以图 8-20 为例说明识读内容和方法。

1）图名、比例、图例

新建建筑的工程名称可见图纸标题栏，本图为某厂工人宿舍楼建筑总平面图。总平面绘制的面积范围较大，所以采用较小的比例，如 1∶500、1∶1000、1∶2000。本图比例为 1∶500。由于总平面图的绘制比例较小，许多物体不可能按原状绘出，因而采用了图例符号来表示。读图时，必须熟悉《总图制图标准》中规定的图例符号及其意义。若图中有附注图例，则按附注图例识读。

2）新建建筑的位置和朝向

新建建筑平面位置在总平面图上的标定方法有两种：对于小型项目，可以根据相邻原有

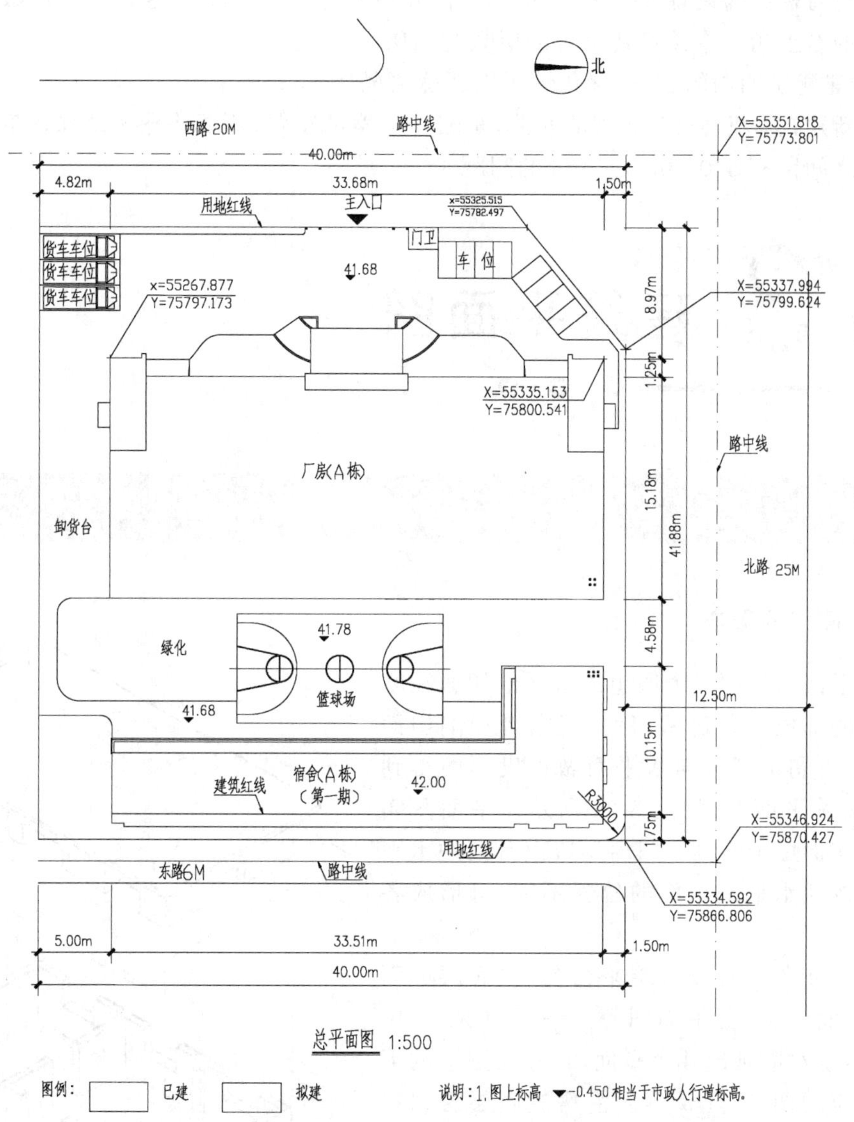

图 8-20　某厂工人宿舍楼建筑总平面图

永久性建筑物的位置为依据,引出相对位置;对于大型建筑或附近没有相邻建筑物时,往往用城市规划网的测量坐标及平面尺寸来确定建筑物角点的位置。本图新建宿舍的位置可由图中测量坐标点按平面尺寸定位。首先由东北角的坐标点(X=55334.592、Y=75868.806)向西 1.75 m、向南 1.50 m 定出新建宿舍的东北角点,再由图中尺寸定出其他角点,从而确定建筑的位置。新建建筑的朝向可由指北针或风向玫瑰频率图确定。本图新建宿舍的朝向是坐东朝西。

3）新建建筑的标高和层数

从图中看出,由室内地面和室外地坪设计标高可知室内外高差及±0.000 与绝对标高的关系。本图新建建筑的标高为 42.00 m,即底层室内地面标高±0.000 相当于绝对标高 42.00 m。

室外地坪绝对标高为设计 41.68 m，可知室内外高差为 0.32 m。新建建筑的层数通常用圆点标注在建筑的右上角。本图新建宿舍的层数为六层。

4）新建建筑四周的道路、绿化等周围环境情况

本图新建宿舍北临 25 m 宽的北路，东临 6 m 宽的东路，西邻篮球场及绿化带。建筑红线与用地红线之间留有 3.00 m、3.50 m 的间距。

任务 3 建筑平面图

一、图示方法

1. 平面图的形成

建筑平面图是用一个假想的水平剖切面在略高于窗台的部位剖切房屋，移去观察者和剖切面之间部分，将剩余部分向水平面做正投影而得到的图样，简称平面图，如图 8-21 所示。平面图实际上是剖切面位于略高于门窗洞口窗台处的水平剖面图。按照水平剖切面的位置不同，可形成各层平面图。

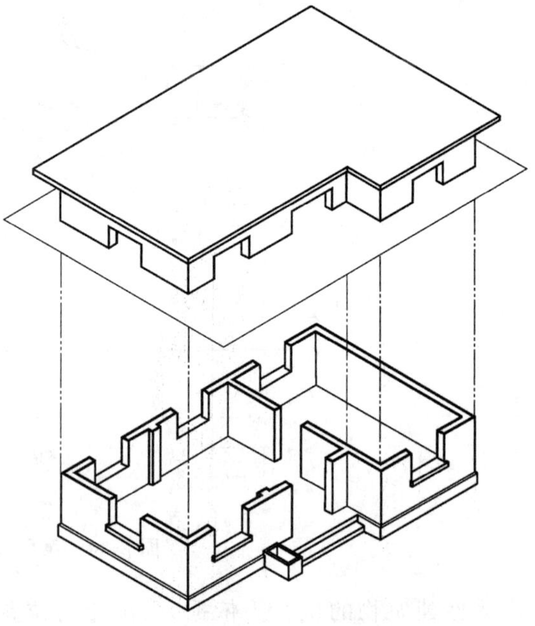

图 8-21　建筑平面图的形成

建筑平面图通常以楼层来命名，如底层平面图、二层平面图、三层平面图等。一般情况下，房屋有几层，就对应画出几个平面图，并在图形的下方注出相应的图名、比例等。沿房屋底层窗洞口剖切所得到的平面图称为底层平面图，最上面一层的平面图称为顶层平面图，除底层平面图、顶层平面图外，其余各中间层若平面布置完全相同，可只用一个平面图表示，即标准层平面图。在屋顶上方俯视形成的水平正投影图称为屋顶平面图。

2. 平面图的表示

当房屋左右对称时，可将两层平面图画在同一个图上，中间用对称符号表示，在左右图样下方分别注明图名。

建筑平面图常用的比例为 1:50、1∶100 、1∶150、1∶200、1∶300 等。平面图比例小于 1∶100 时，材料图例可简化(如砌体墙涂红、钢筋混凝土涂黑)。

平面图的长边宜与横式幅面图纸的长边一致。在同一张图纸上绘制多于一层的平面图时，各层平面图宜按层数由低向高的顺序从左至右或从下至上布置。

平面图内应包括剖切面及投影方向可见的建筑构造以及必要的尺寸、标高等，如需表示高窗、洞口、通气孔、槽、地沟及起重机等不可见部分，则应以虚线绘制。

建筑平面图应注写房间的名称或编号。编号注写在直径为6mm细实线绘制的圆圈内，并在同一张图纸上列出房间名称表。平面较大的建筑物，可分区绘制平面图，但每张平面图均应绘制组合示意图。各区应分别用大写拉丁字母编号。平面较大的建筑物，可分区绘制平面图，但每张平面图均应绘制组合示意图。各区应分别用大写拉丁字母编号。

在平面图中常采用图例表示房屋的构造及配件，《建筑制图标准》(GB/T 50104—2010)规定的各种构造及配件图例见表8-5。

表8-5　建筑构造及配件常用图例

名　称	图　例	说　明
墙体	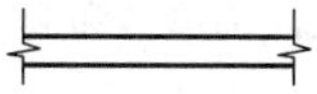	应加注文字或填充图例表示墙体材料，在项目设计图纸说明中列材料图例表给予说明
隔断		包括板条抹灰、木质、石膏板、金属材料等隔断
栏杆		
楼梯	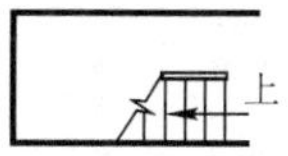 上	上图为底层楼梯平面 中图中间层楼梯平面 下图为顶层楼梯平面 楼梯及栏杆扶手的形式和梯段踏步数应按实际情况绘制
	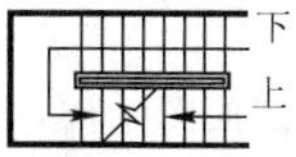 下 上	
	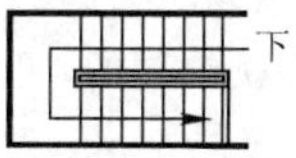 下	
坡道		长坡道
	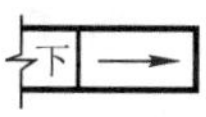 下	
	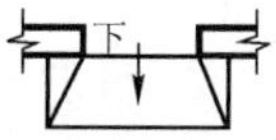 下	门口坡道
	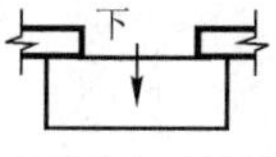 下	

续表

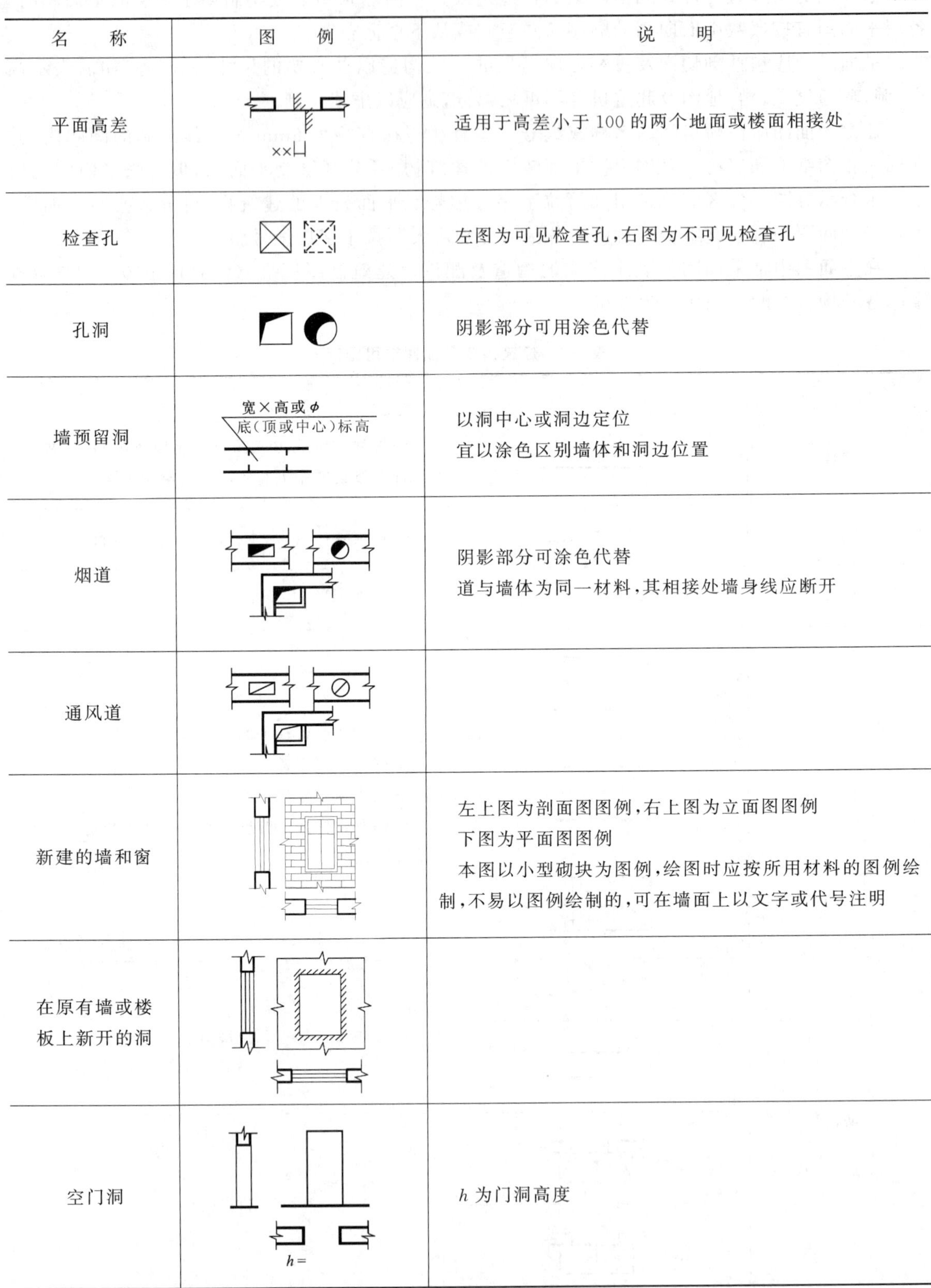

名　称	图　例	说　明
平面高差	××凵	适用于高差小于100的两个地面或楼面相接处
检查孔		左图为可见检查孔，右图为不可见检查孔
孔洞		阴影部分可用涂色代替
墙预留洞	宽×高或φ 底（顶或中心）标高	以洞中心或洞边定位 宜以涂色区别墙体和洞边位置
烟道		阴影部分可涂色代替 道与墙体为同一材料，其相接处墙身线应断开
通风道		
新建的墙和窗		左上图为剖面图图例，右上图为立面图图例 下图为平面图图例 本图以小型砌块为图例，绘图时应按所用材料的图例绘制，不易以图例绘制的，可在墙面上以文字或代号注明
在原有墙或楼板上新开的洞		
空门洞	$h=$	h 为门洞高度

续表

名　　称	图　　例	说　　明
单扇门(包括平开或单面弹簧)	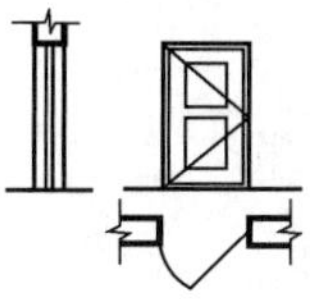	门的名称代号用 M 图例中剖面图左为外、右为内,平面图下为外,上为内 立面图上开启方向线交角的一侧为安装合页的一侧,实线为外开,虚线为内开 平面图上门线应 90°或 45°开启,门线宜绘出 立面图上的开启线在一般设计图中可不表示,在详图及室内设计图上应表示 立面形式应按实际情况绘制
双扇门(包括平开或单面弹簧)	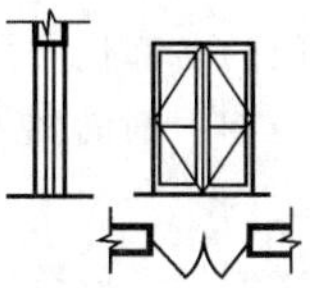	
对开折叠门	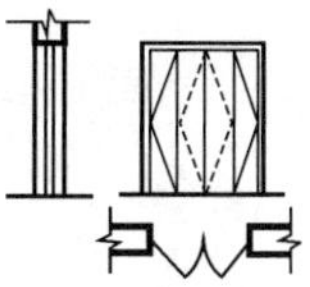	
推拉门	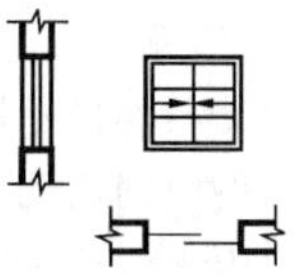	门的名称代号用 M 图例中剖面图左为外、右为内,平面图下为外,上为内 立面形式应按实际情况绘制
墙外单扇推拉门	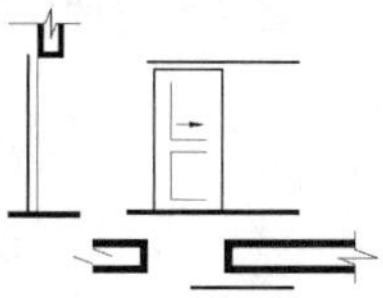	
墙外双扇推拉门	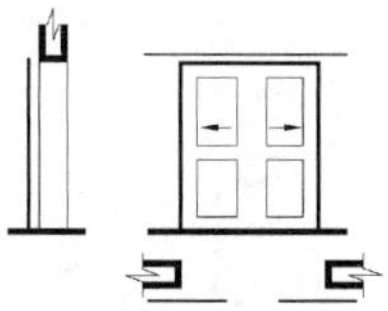	
单扇双面弹簧门	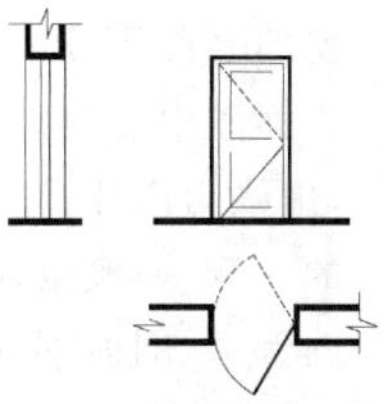	
双扇双面弹簧门	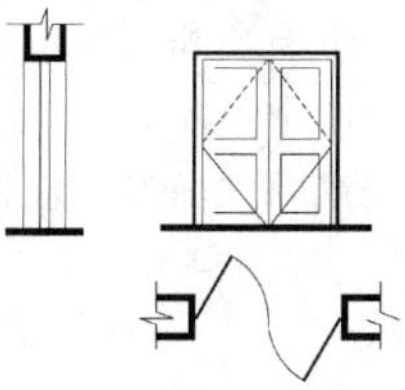	

续表

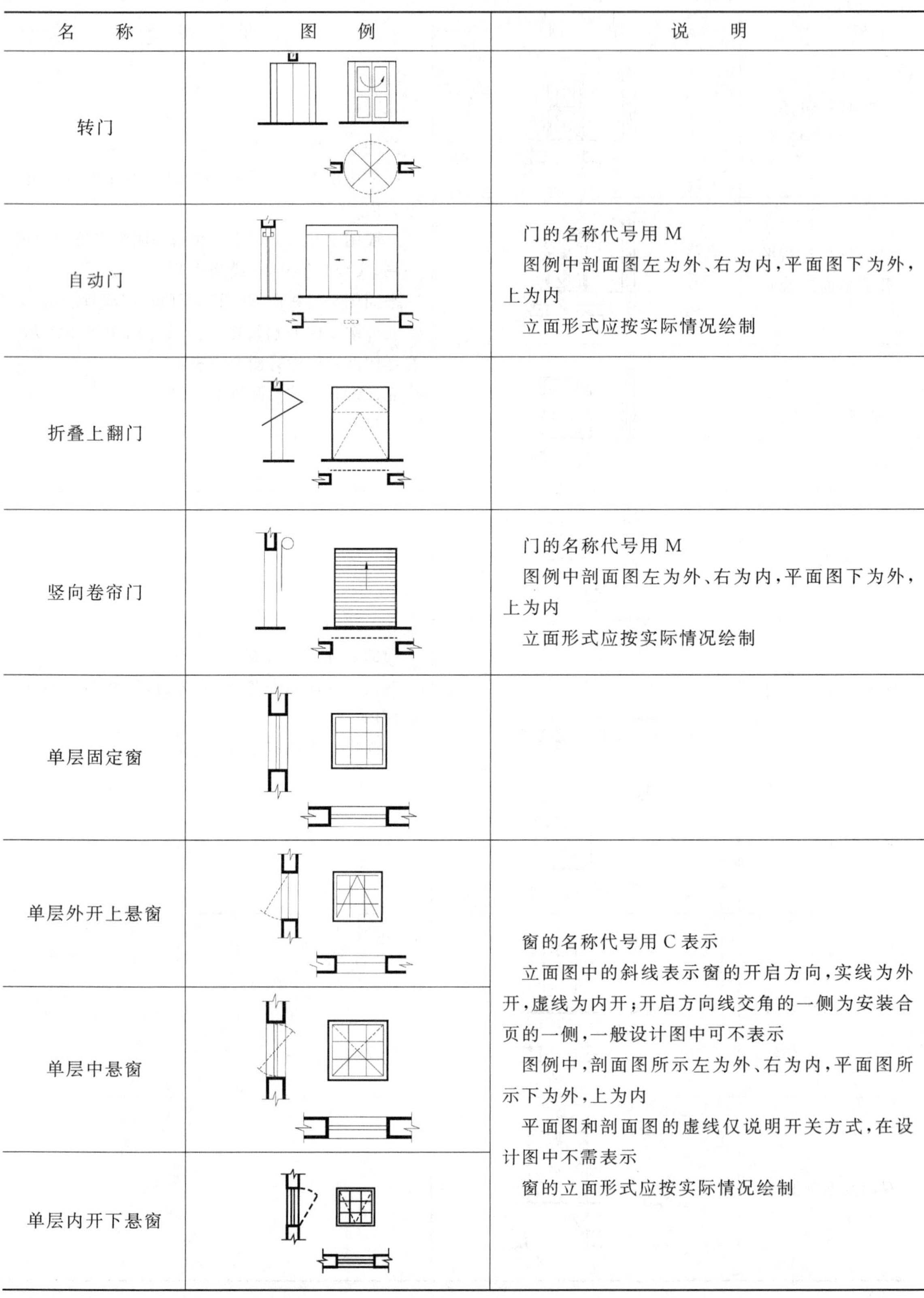

名　称	图　例	说　明
转门		
自动门		门的名称代号用 M 图例中剖面图左为外、右为内，平面图下为外，上为内 立面形式应按实际情况绘制
折叠上翻门		
竖向卷帘门		门的名称代号用 M 图例中剖面图左为外、右为内，平面图下为外，上为内 立面形式应按实际情况绘制
单层固定窗		
单层外开上悬窗		窗的名称代号用 C 表示 立面图中的斜线表示窗的开启方向，实线为外开，虚线为内开；开启方向线交角的一侧为安装合页的一侧，一般设计图中可不表示 图例中，剖面图所示左为外、右为内，平面图所示下为外，上为内 平面图和剖面图的虚线仅说明开关方式，在设计图中不需表示 窗的立面形式应按实际情况绘制
单层中悬窗		
单层内开下悬窗		

续表

名　　称	图　　例	说　　明
单层外开平开窗		窗的立面形式应按实际情况绘制
单层内开平开窗		
双层内外开平开窗		
推拉窗		窗的名称代号用C表示 图例中，剖面图所示左为外、右为内，平面图所示下为外，上为内 窗的立面形式应按实际情况绘制
	h	h 为窗底距本层楼地面的高度

3. 图线表示方法

图线的宽度 b，应根据图样的复杂程度和比例，按《房屋建筑制图统一标准》(GB/T50001—2010)中图线的规定选用。绘制较简单的图样时，可采用两种线宽的线宽组，其线宽比宜为 b∶0.25b。图线宽度选用示例如图 8-22 所示。

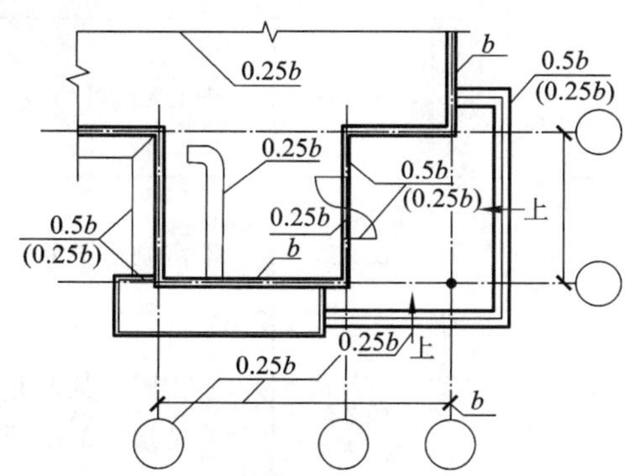

图 8-22　平面图图线宽度选用示例

在建筑平、立、剖面图及详图中，建筑专业、室内设计专业制图采用的各种图线，应符合表8-6的规定。

表8-6 图线宽度选用示例

名称	线型	线宽	用途
粗实线	————	b	1. 平、侧面图中被剖切的主要建筑构造(包括构配件)的轮廓线 2. 建筑立面图或室内立面图的外轮廓线 3. 建筑构造详图中被剖切的主要部分的轮廓线 4. 建筑构配件详图中的外轮廓线 5. 平、立、剖面图的剖切符号
中实线	————	$0.5b$	1. 平、剖面图中被剖切的次要建筑构造(包括构配件)的轮廓线 2. 建筑平、立、剖面图中的建筑构配件的轮廓线 3. 建筑构造详图及建筑构配件详图中的一般轮廓线
细实线	————	$0.25b$	小于$0.5b$的图形线、尺寸线、图例线、索引符号、标高符号、详图材料做法引出线等
中虚线	— — — — —	$0.5b$	1. 建筑构造详图及建筑构配件不可见的轮廓线 2. 平面图中的起重机(吊车)轮廓线 3. 拟扩建的建筑物轮廓线
细虚线	- - - - - - - -	$0.25b$	图例线、小于$0.5b$的不可见轮廓线
粗单点长划线	—·—·—·—	b	起重机(吊车)轨道线
细单点长划线	—·—·—·—	$0.25b$	中心线、对称线、定位轴线
折断线	—\/\—	$0.25b$	不需画全的断开界线
波浪线	～～～	$0.25b$	不需画全的断开界线 构造层次的断开界线

注：地平线的线宽可用$1.4b$。

二、识读内容和方法

1. 底层平面图

底层平面图是所有平面图中最重要、信息量最多的图样。底层平面图主要反映房屋的平面形状和空间布局、固定设备布置情况，以及室外可见台阶、散水、花池等，还应标注剖切符号及指北针。下面以图8-23为例说明底层平面图的识读内容和方法。

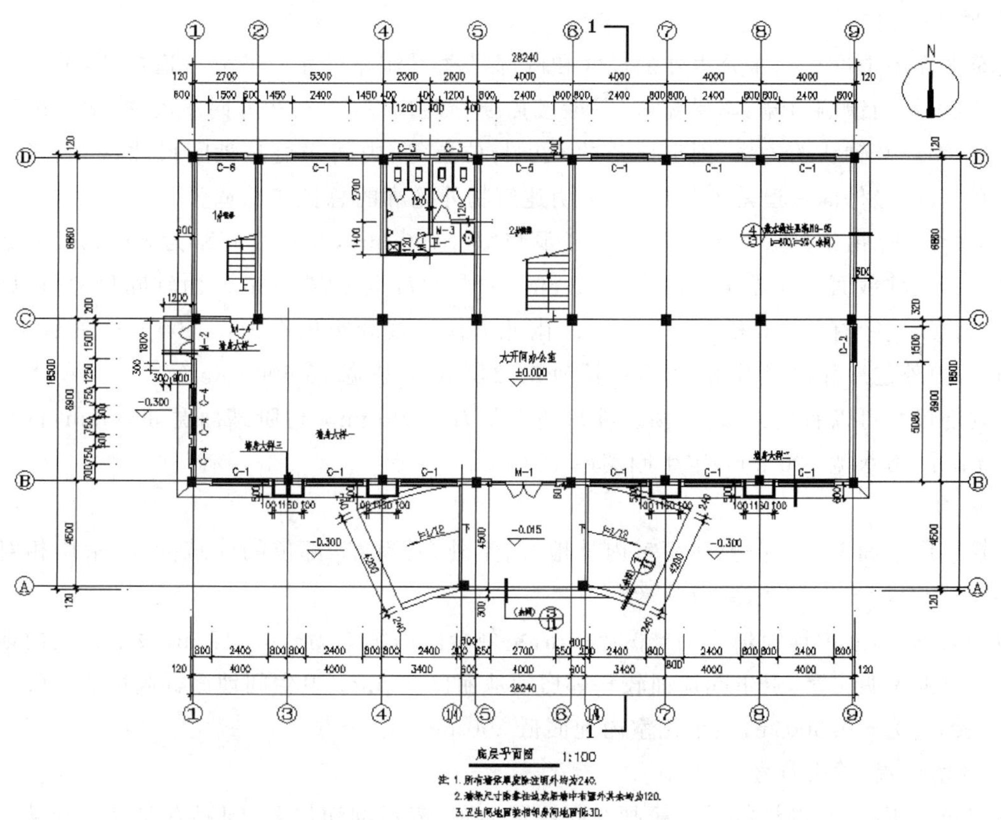

图8-23 某办公楼底层平面图

1）图名、比例、形状、朝向

本图为底层平面图，绘制比例为1∶100。建筑的平面形状为长方形。由指北针可看出建筑为坐北朝南。入口在南侧，楼梯、卫生间在北侧。

2）结构形式与定位轴线

本建筑为框架结构。以框架柱中心确定定位轴线位置。图中横向定位轴线有①～⑨轴，竖向定位轴线有Ⓐ～Ⓓ轴。主要入口在在南向⑤～⑥轴之间，室外设有二步台阶和行车坡道，楼梯间正对入口，内外墙厚度均为240 mm。

3）平面布置

建筑底层设有两个入口、大开间办公室，可以可自由分隔。在建筑北侧有两部楼梯，卫生间紧邻主楼梯。

4）门窗布置、数量及型号

在建筑平面图中门用 M 表示，窗用 C 表示。不同类型的门窗用编号加以区分并在门窗表中汇总。本平面图中，有六种不同类型的窗：南外墙窗类型有 C-1；北外墙窗类型有 C-1、C-3、C-5、C-6；东外墙窗类型有 C-2；西外墙窗类型为 C-4，均为推拉窗。有两种不同类型的门：主入口门厅大门 M-1 为双扇平开门，次入口侧门 M-2 也为双扇平开门，M-3、M-4 均为单扇平开门。

5）尺寸标注

建筑平面图中尺寸标注分为外部尺寸和内部尺寸。外部尺寸一般分三道标注：最里一道是细部尺寸，表示门窗洞口宽、墙垛宽等，一般按需要标注出室内长、宽方向净尺寸、房屋内部门窗洞口尺寸、墙厚及轴线的关系、固定设备的大小与位置等；中间一道是轴间尺寸，一般表示房间的开间和进深；最外面一道是外包尺寸，表明建筑物外轮廓的总长和总宽。

本平面图中，由细部尺寸可以看出：C-1 洞口宽 2 400 mm，与轴线间距为 800 mm，C-2 洞口宽 1 500 mm、柱截面尺寸为 400 mm×450 mm，M-1 洞口宽 2 700 mm。由轴间尺寸可以看出：东西方向轴线间距有 2 700 mm、4 000 mm，南北方向轴线间距依次为：4 500 mm、6 900 mm、6 860 mm。由外包尺寸可以看出：建筑总长为 28 240 mm，总宽 18 500 mm。

由内部尺寸可以看出：主入口雨篷柱东西间距为 5 200 mm，台阶踏面宽 300 mm，行车坡道宽 4 200 mm，散水宽 600 mm，卫生间墙厚 120 mm。

6）标高

建筑底层平面图中一般要注写室内外地坪、室外台阶面等部位的建筑标高，采用相对标高（保留到小数点后三位数字，单位为米）。

本平面图中，室内地面标高为±0.000 m，室外台阶面标高为－0.015 m，表示比室内地面低 15 mm。根据说明文字，卫生间地面较相邻房间地面低 30 mm，卫生间地面标高应为－0.030 m。室外地面标高为－0.300 m，表示比室内地面低 300 mm。

7）剖切位置、索引符号

在建筑施工图中，剖切符号一般画在底层平面图，表示剖切位置、剖视方向等。若某一局部需另见详图时，应用索引符号注明。

本平面图中，剖切位置在 6、7 轴线之间，剖视方向向西。外墙上有索引符号。

8）设备布置情况

底层平面图中应表示出建筑物内固定设备的位置、形式及尺寸。

本平面图中有洗手池、拖布池，蹲便器、小便器等。具体尺寸可见详图。

2. 其他各层平面图

从底层平面图入手，建立一个比较清晰的轮廓概念，进一步观察其他各层平面图与底层平面图的相同之处和不同点，必要时可以在图纸上作出相应的标记。

其他层平面图包括中间层(标准层)平面图及顶层平面图。已在底层平面图中表示过的内容(如室外台阶、坡道、散水、指北针、剖切符号、索引符号等)不必在中间层平面图及顶层平面图中重复绘制。二层平面图需绘制雨篷及排水坡度。需要注意的是中间层平面图、顶层平面图与底层平面图中楼梯图例也不完全相同。

某办公楼二层平面图如图 8-24 所示。平面布置与底层不完全相同,门窗位置及型号也有差别,楼面标高为 4.200 m,根据说明文字,卫生间地面较相邻房间地面低 30 mm,卫生间地面标高应为 4.170 m。主次入口处雨篷的尺寸分别为 7 240 mm×5 400 mm、2 340 mm×1200 mm,排水坡度均为 1%。

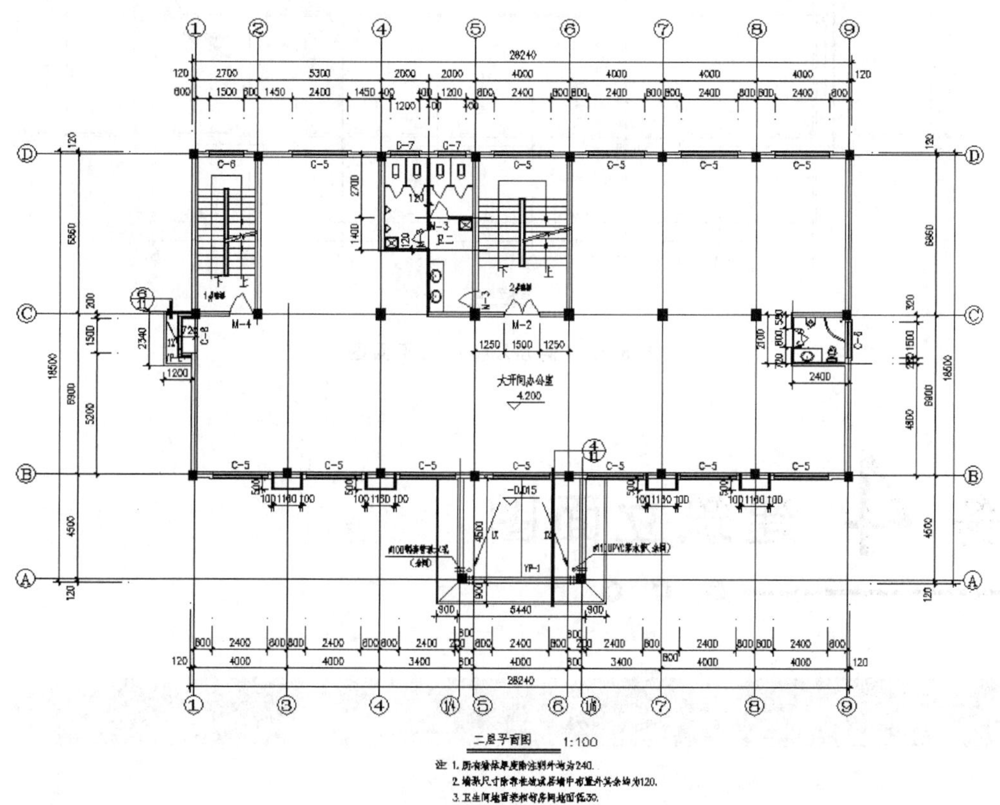

图 8-24　某办公楼二层平面图

3. 屋顶平面图

屋顶平面图主要表示屋顶的形状尺寸、天窗、水箱、屋面出入口、女儿墙、通风道及屋面变形缝等设施和屋面排水方向、坡度、檐沟、泛水、雨水口等位置、尺寸及构造等情况。某办公楼屋顶平面图如图 8-25 所示。

由本平面图可了解到:该办公楼为四坡屋顶,排水方式为有组织外排水,屋顶坡度为 1∶2、1∶1.58;设 ϕ110UPVC 落水管 4 根,ϕ100 钢套管泄水孔 2 根,间距约 20 m;檐沟宽度为 800 mm,排水坡度为 1%。

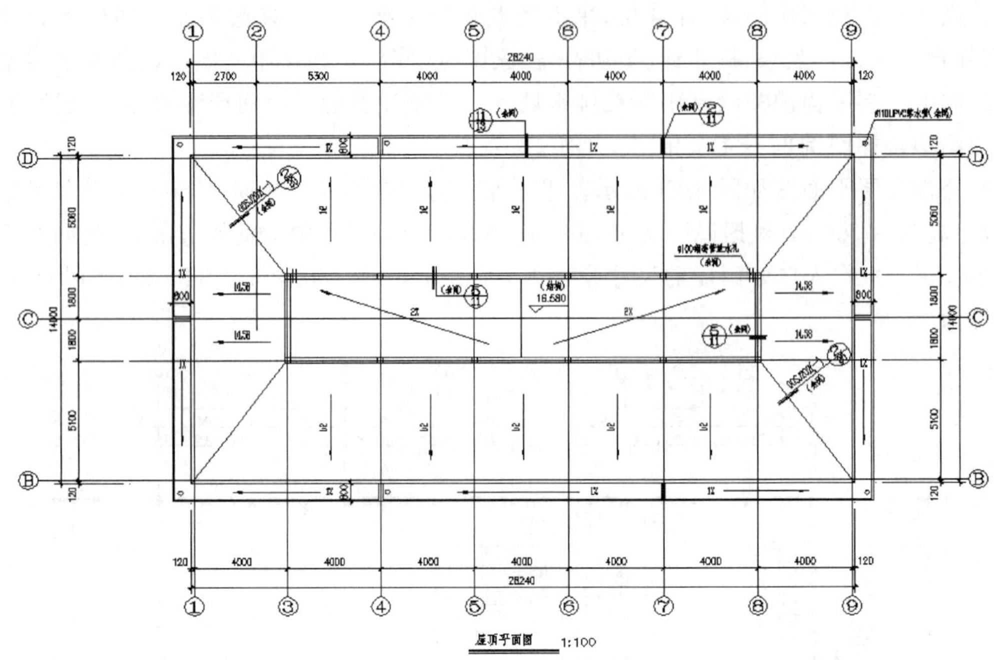

图 8-25　某办公楼顶层平面图

任务 4　建筑立面图

一、图示方法

1. 立面图的形成

建筑立面图是将各立面向与之平行的投影面做正投影而得到的图样，简称立面图，如图8-26所示，是建筑装饰施工的重要图样。

立面图主要用来表示建筑物的体形和外貌，檐口、窗台、阳台、雨篷、勒脚、台阶等各部位构配件的相互关系；表示建筑的高度、层数，屋顶形式，立面装饰的色彩、材料要求和构造做法；表示门窗的形式、尺寸和位置等。

立面图的数量由房屋各立面的复杂程度而定，一般为四个立面图。国家标准中规定，对于有定位轴线的建筑物，其立面图的命名宜根据两端定位轴线号命名，如①～⑨立面图、Ⓐ～Ⓓ立面图；此外可以按照各立面的朝向命名，如南立面图、北立面图、东立面图等；还有按照立面的主次来命名，将房屋主出入口所在的外墙面做为正面，如正立面图、背立面图、左立面图、右立面图等。

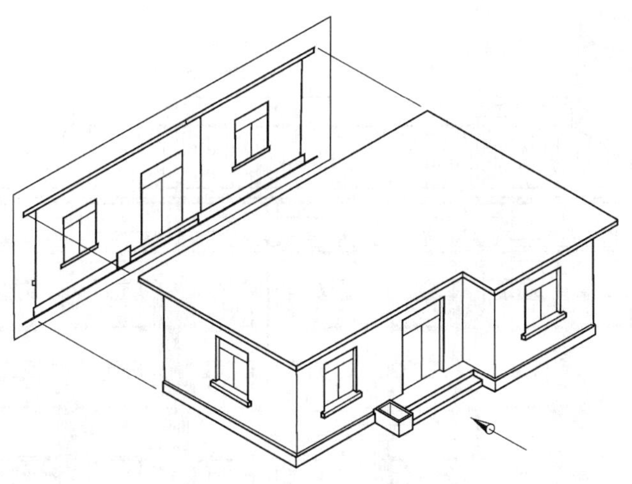

图 8-26　建筑立面图的形成

2. 立面图的表示

建筑立面图常用的比例为 1∶50、1∶100、1∶150、1∶200、1∶300 等。建筑立面图所用的比例应与建筑平面图保持一致。

建筑立面图应将立面上所有投影可见的轮廓线全部绘出，包括室外地坪、勒脚、台阶、花池、门、窗、雨篷、阳台、檐口、女儿墙、雨水管、屋顶可见排烟口、水箱间、电梯间和外楼梯等，并标注各处的标高及尺寸，用文字说明各部位所用材料及色彩。

建筑为较简单的对称式时，在不影响构造处理和施工的情况下，立面图可绘制一半，并在对称轴线处画对称符号。建筑物上相同的门窗、阳台、外檐装修、构造做法等可在局部重点表示，绘出其完整图形，其余部分只画轮廓线。相邻的立面图宜绘制在同一水平线上，图内相互有关的尺寸及标高，宜标注在同一竖线上。

图线宽度选用方法参见表 8-6。

二、识读内容和方法

下面以图 8-27 某办公楼立面图为例来说明立面图的识读内容和方法。

1. 图名、比例

从图名和轴线的编号可知，本立面图为 1～9 立面图，是按两端定位轴线号命名的，即建筑的南立面图。由于主入口也在该立面，也可以称为正立面图。绘制比例为 1∶100。

2. 外观

本立面图反映出立面造型为对称布置，以及建筑主入口、室外台阶、行车坡道、雨篷、门窗、柱、檐口、屋顶，窗台等部位的造型特征。

3. 装饰装修做法

从图中文字说明内容可知：外墙面主要喷涂咖啡色真石漆；雨棚、雨篷柱、门窗套、檐口及墙

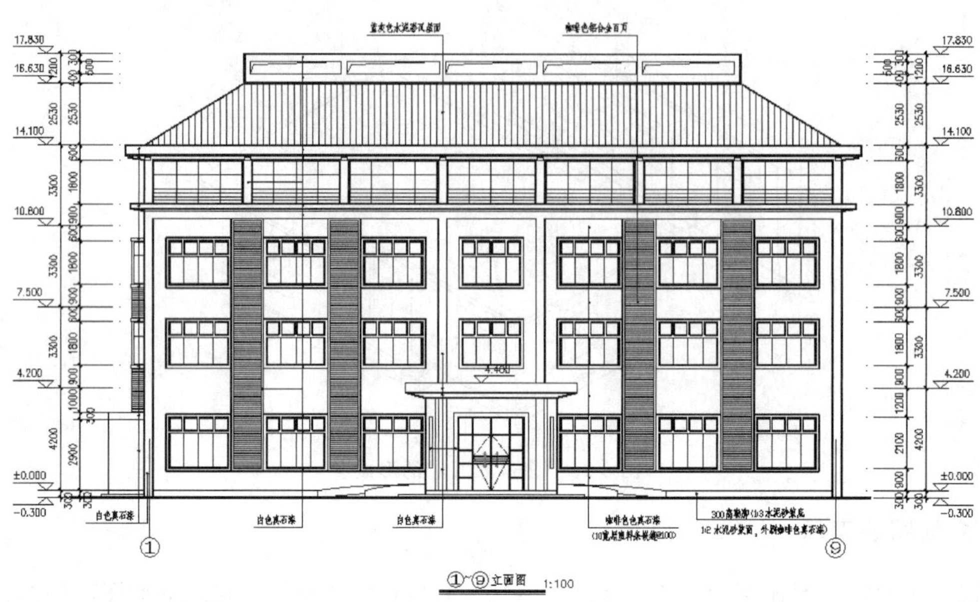

图 8-27　某办公楼立面图

面线条喷涂白色真石漆;屋顶为蓝灰色水泥彩瓦屋面;部分窗间墙空调位采用咖啡色铝合金百页装饰;勒脚部分外刷咖啡色真石漆。

4. 高度

从左右两侧的尺寸标注和标高可知:该办公楼为四层,建筑总高度为 18.13 m,首层层高 4.2 m,其他层高 3.3 m,室内外高差 0.3 m,首层窗高 2.1 m,其他层窗高 1.8 m,窗台高 0.9 m,雨棚顶部相对标高 4.4 m。

任务 5 建筑剖面图

一、图示方法

1. 剖面图的形成

建筑剖面图是用一个或一个以上垂直于外墙的假想铅垂剖切面剖切建筑,移去观察者与剖切面之间部分,将剩余部分做正投影形成的图样,简称剖面图,如图 8-28 所示。剖面图一般沿建筑的横向进行剖切(横剖面图),必要的时候也可以沿着建筑纵向剖切(纵剖面图)。剖面图的剖切部位,应根据图样的用途或设计深度,在底层平面图上选择能反映全貌、构造特征以及有代表性的部位,如楼梯间等,并应尽量通过门窗洞口。在规模不大的一般工程中,剖面图通常只有一个;当工程规模较大或平面形状较复杂时,则要根据实际情况确定剖面图的数量。剖面图图名要与对应的底层平面图中标注的剖切符号的编号一致,如 1—1 剖面图。

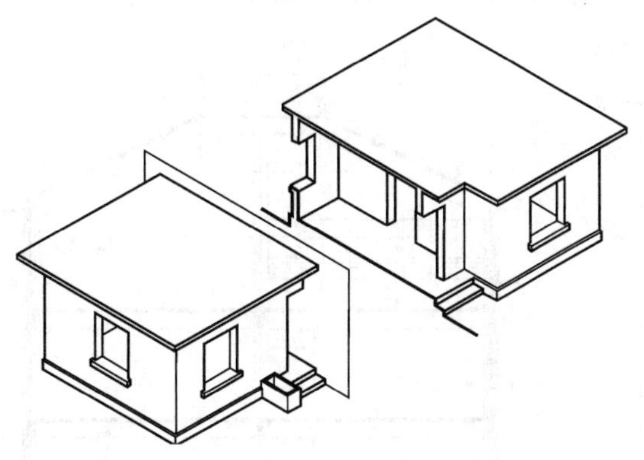

图 8-28 建筑剖面图的形成

2. 剖面图的表示

建筑剖面图常用的比例为 1∶50、1∶100、1∶150、1∶200、1∶300。不同比例的剖面图,其抹灰层、楼地面、材料图例可使用省略画法:比例大于 1∶50 的剖面图,应画出抹灰层与楼地面、屋面的面层线,并宜画出材料图例;比例为 1∶50 的剖面图,宜画出楼地面、屋面的面层线,抹灰层的面层线应根据需要而定;比例小于 1∶50 的剖面图,可不画出抹灰层,但宜画出楼地面、屋面的面层线;比例为 1∶100～1∶200 的剖面图,可画简化的材料图例(如砌体墙涂红、钢筋混凝土涂黑等),但宜画出楼地面、屋面的面层线;比例小于 1∶200 的剖面图,可不画材料图例,楼地面、屋面的面层线可不画出。

建筑剖面图主要用来表示建筑内部构配件垂直关系、结构形式、楼层分层、楼地面构造及必要的尺寸、标高等。剖面图与建筑平面图、立面图相配合,是建筑施工图中不可缺少的重要图样之一。在施工中,可做为控制高程、砌筑墙体、铺设楼板、屋面板和内装修等工作的依据。

建筑剖面图,宜标注室内外地坪、楼地面、地下层地面、阳台、平台、檐口、屋脊、女儿墙、雨篷、门、窗、台阶等处的标高。平屋面等不易标明建筑标高的部位可标注结构标高,并予以说明。结构找坡的平屋面,屋面标高可标注在结构板面最低点,并注明找坡坡度。有屋架的屋面,应标注屋架下弦搁置点或柱顶标高。有起重机的厂房剖面图应标注轨顶标高、屋架下弦杆件下边缘或屋面梁底、板底标高。梁式悬挂起重机宜标出轨距尺寸(以米计)。

图线宽度选用方法参见表 8-6。图线宽度示例如图 8-29 所示。

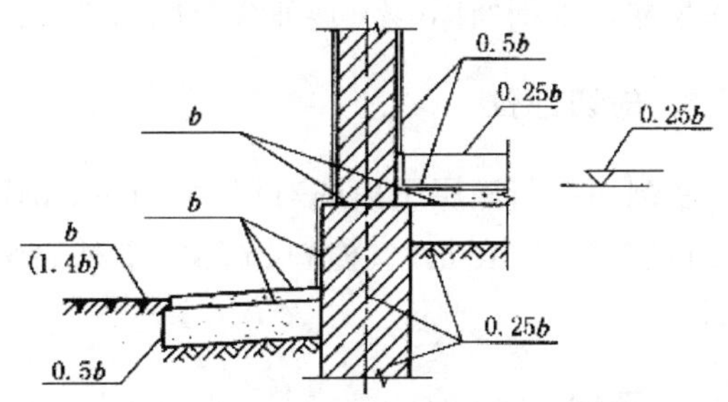

图 8-29 剖面图图线宽度选用示例

二、识读内容和方法

下面以图 8-30 为例说明剖面图的识读内容和方法。

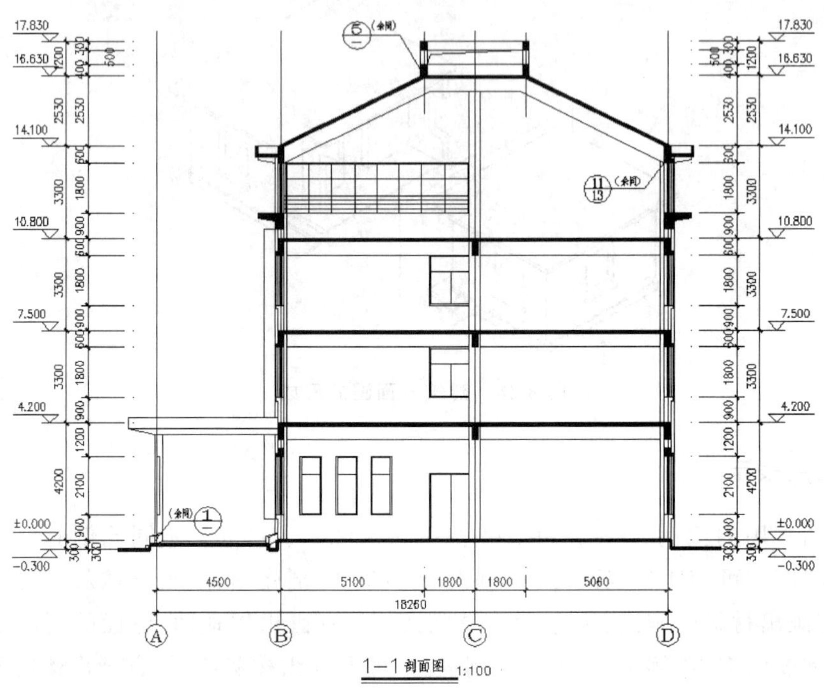

图 8-30　某办公楼剖面图

1. 图名、比例

本剖面图为 1—1 剖面图，绘制比例为 1∶100。由底层平面图（图 8-23）可知，剖切位置在 6、7 轴线之间，剖视方向向西。

2. 定位轴线

在剖面图中，被剖切到的墙、柱均应绘制与平面图相一致的定位轴线，并标注轴线编号及轴线间尺寸。本剖面图Ⓐ～Ⓓ轴线与底层平面图（图 8-23）是一致的。

3. 剖切部位

将剖面图与底层平面图对照，可知 1-1 剖面剖切到散水、Ⓓ轴线墙体、Ⓑ轴线墙体、Ⓓ～Ⓑ轴线楼地层、屋顶、女儿墙、檐口、窗洞、室外台阶及行车坡道，但楼梯、正门、雨篷等构造未被剖切到。

4. 图例

若剖面图采用的绘制比例大于 1∶50，应画出抹灰层与楼地面、屋面的面层线，并宜画出材料图例，即可了解各部位选用的材料及构造做法，具体详细做法见设计说明或标准图集。国家标准中规定的常见材料图例见表8-7。

表8-7　常用建筑材料图例

名　称	图　例	说　明
自然土壤		包括各种自然土壤
夯实土壤		
砂、灰土	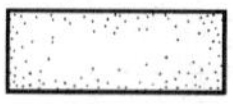	靠近轮廓线绘较密的点
砂砾土、碎砖三合土	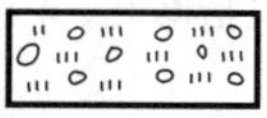	
石材	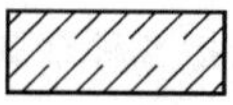	
毛石	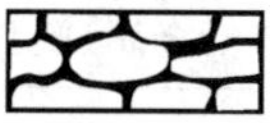	
普通砖	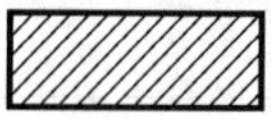	包括实心砖、多孔砖、砌块等砌体
耐火砖		包括耐酸砖等砌体
空心砖		指非承重砖砌体
饰面砖		包括铺地砖、马赛克、陶瓷锦砖、人造大理石等
矿渣、焦渣	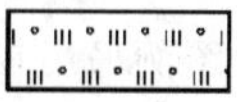	包括与水泥、石灰等混合而成的材料
纤维材料	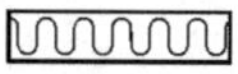	包括矿棉、岩棉、玻璃棉、麻丝、木丝板、纤维板等
混凝土	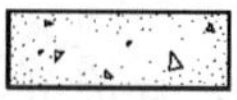	本图例只能承重的混凝土及钢筋混凝土 包括各种强度等级、骨料、添加剂的混凝土 在剖面图上画出钢筋时，不画图例线 断面图形小，不易画出图例线时，可涂黑
钢筋混凝土	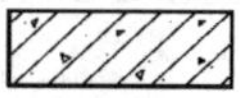	
多孔材料	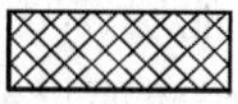	包括水泥珍珠岩、沥青珍珠岩、泡沫混凝土、非承重加气混凝土、软木、蛭石制品等

续表

名　称	图　例	说　明
泡沫塑料板料	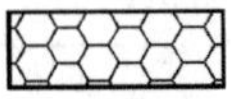	包括聚苯乙烯、聚乙烯、聚氨酯等多孔聚合物类材料
木材		上图为横断面，上左图为垫木、木砖或木龙骨 下图为纵断面
胶合板	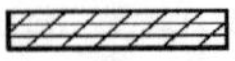	应注明为×层胶合板
石膏板	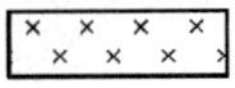	包括圆孔、方孔石膏板、防水石膏板等
金属	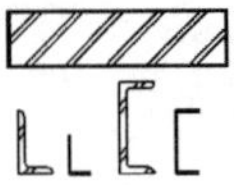	包括各种金属，图形小时可涂黑
网状材料		包括金属、塑料网状材料，应注明名称
液体	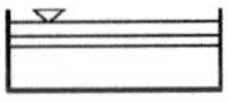	应注明具体液体名称
玻璃		包括平板玻璃、磨砂玻璃、夹丝玻璃、钢化玻璃、中空玻璃、加层玻璃、镀膜玻璃等
橡胶		
塑料		包括各种软、硬塑料和有机玻璃等
防水材料		构造层次多或比例大时，采用上面的图例
粉刷		本图例采用较稀的点

注：图例中斜线、短斜线、交叉线等一律为45°。

5. 尺寸标注和标高

剖面图一般在竖向标注细部高度（门窗洞口、窗下墙、室内外地坪高差等）、层间高度及建筑总高三道尺寸；在水平方向一般应标注轴线间距、建筑总宽度以及室内楼梯、门窗以及内部设施的定位尺寸。各部位的标高应与尺寸标注保持一致。

从图中左右两侧的尺寸标注可知：该办公楼为四层，建筑总高度为18.13 m，首层层高4.2 m，其他层高3.3 m，室内外高差0.3 m，首层窗高2.1 m，其他层窗高1.8 m，窗台高0.9 m。室内底层地面标高为±0.000 m，二楼楼面标高为4.200 m，三楼楼面标高为7.500 m，四楼楼面标高为10.800 m，檐口标高为14.100 m，女儿墙顶部标高为17.830 m。

6. 文字说明与索引标注

剖面图中的构造做法可用文字说明，也可用索引标注。从本剖面图索引标注可知：各部位详图见本页或本套建筑施工图第13页。

任务6 建筑详图

一、图示方法

1. 详图的形成

建筑平面图、立面图、剖面图是建筑施工图的基本图样，由于反映的内容多、范围大、比例小，对建筑的细部构造难以表达清楚。为了满足施工要求，需要把这些细部构造、构配件做法用较大的比例、正投影方法详细地表达出来，这种图样称为建筑详图，简称详图或大样图。建筑详图是对建筑平面图、立面图、剖面图的完善和补充，是建筑构配件制作和编制预算的依据。

2. 详图的表示

建筑详图可以是平面图、立面图、剖面图中某一局部的放大图或放大剖面图。比例视细部构造的复杂程度而定，以表达清楚、尺寸齐全为目的。常用比例有1:1、1:2、1:5、1:10、1:20、1:50等。详图的数量与建筑的复杂程度，平面图、立面图、剖面图的内容及比例有关。对于某些通用做法，一般在图中通过索引符号注明采用标准图集的代号、页码，不必另画详图。

详图可分为节点构造详图和构配件详图两类，包括墙身大样图和楼梯、阳台、雨篷、台阶、门窗、厨房、卫生间等。

二、楼梯详图

楼梯是由楼梯段、休息平台、栏杆与扶手等组成的，构造比较复杂，在施工图中常用楼梯详图来表达其平面形式、结构类型以及踏步、栏杆、扶手等细部构造的尺寸和做法。楼梯详图一般由楼梯平面图、楼梯剖面图和踏步、栏杆、扶手等细部构造详图组成。平面图、剖面图比例通常应一致，以便对照阅读。楼梯详图是楼梯施工放样的依据。

1. 楼梯平面图

1）图示方法

楼梯平面图是用一个假想的水平剖切面通过每层向上的第一个梯段的中部（休息平台下）剖切后，向下作正投影所得到的水平投影图。实际是建筑平面图中楼梯间的放大图样，通常采用 1:50 的比例绘制。

如果各层楼梯的位置、梯段数、踏步数和尺寸均不相同，则每层都要画楼梯平面图。但一般三层以上的建筑，中间各层楼梯都完全相同，这时只需画出底层、中间层（标准）和顶层三个平面图，并互相对齐画在同一张图纸内，以便阅读。

每层楼梯被水平剖切面剖切到的梯段，均在平面图相应位置中用 45°折断线表示，在每个梯段上画长箭头，并在箭尾注写“上”或“下”字样，也可在其后注明级数，表明从该层楼（地）面上行或下行多少级可到上（或下）一层的楼（地）面。

2）识读内容和方法

下面以图 8-31 所示某办公楼楼梯平面图为例说明楼梯平面图识读内容和方法。

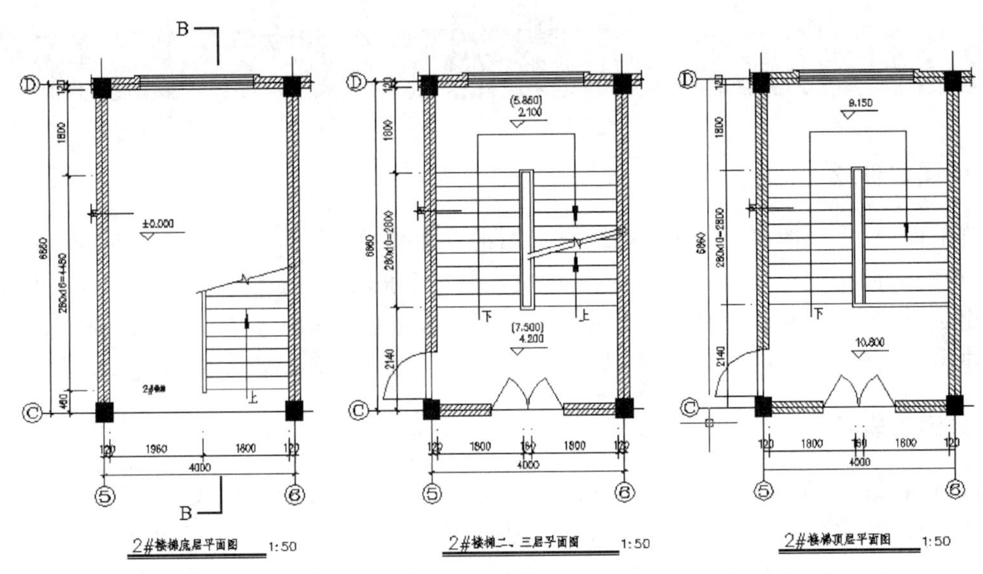

图 8-31　某办公楼楼梯平面图

(1) 楼梯间的位置。

从图中楼梯间位置对应的定位轴线编号可以看出：该楼梯位于⑤～⑥与Ⓒ～Ⓓ轴线之间。

(2) 楼梯的尺寸。

楼梯的尺寸一般包括楼梯间的开间、进深、休息平台宽度、梯段尺寸、梯井宽度以及栏杆扶手的位置等。

从楼梯平面图可知：楼梯间开间为 4 000 mm，进深为 6 860 mm，梯段宽为 1 800 mm，休息平台宽为 1 800 mm，梯井宽为 160 mm。图中注有“上”、“下”字箭头表示上行、下行的方向。图中二三层平面图尺寸标注“280×10＝2800”表示该梯段有 10 个踏面（11 个踏步），每个踏面宽 280 mm，梯段长 2 800 mm。图中注明了楼梯剖面图的剖切符号“B—B”，右边为被剖切的梯段，剖视方向向西。

(3) 楼梯间的标高。

楼梯平面图应标注楼层地面和休息平台标高。

从顶层楼梯平面图可知：四层楼面标高为 10. 800 m，三层与四层之间休息平台标高为 9. 150 m。

(4) 楼梯间的门窗。

通过与二层平面图结合识读可知:休息平台处开窗宽度为 2 400 mm,楼梯间门宽为 1 500 mm。

2. 楼梯剖面图

1) 图示方法

楼梯剖面图是用假想的铅垂剖切面,通过各层的同一位置梯段和门窗洞将楼梯剖开,向另一未剖到的梯段方向作正投影得到投影图。通常采用 1∶50 的比例绘制。在多层房屋中,若中间各层的楼梯构造相同时,则剖面图可只画出底层、中间层和顶层,中间用折断线分开;当中间各层的楼梯构造不同时,应画出各层剖面。

2) 识读内容和方法

下面以图 8-32 所示某办公楼楼梯剖面图为例说明楼梯剖面图识读内容和方法。

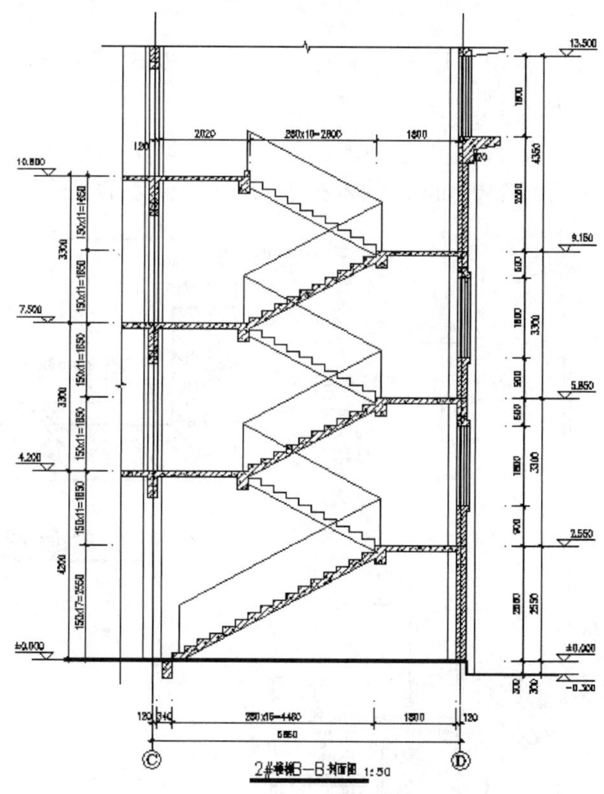

图 8-32　某办公楼楼梯剖面图

(1) 楼梯的结构形式。

从楼梯剖面图可知:该楼梯为双跑、板式楼梯。

(2) 楼梯的标高及尺寸。

楼梯剖面图中应注明楼地面、休息平台的标高和梯段的尺寸,且应与楼梯平面图保持一致。需要注意的是,梯段在高度尺寸中标注的是级数,而不是平面图中的踏面数(两者相差为 1)。从楼梯剖面图可知:每个踏步高为 150 mm,宽为 280 mm。梯段长与高因踏步数不同而不等,如底层至二层第一梯段的高度标注为“150×17=2550”，表示该梯段为17级，高2 550 mm；第二梯段的高度标注为“150×11=1650”，表示该梯段为11级，高1 650 mm。

(3) 材料图例。

楼梯剖面图中应表达梯段、平台、梁等被剖切断面的材料图例。

从楼梯剖面图可知：该楼梯的梯段、平台、梁材料均为现浇钢筋混凝土。

3. 楼梯节点详图

1) 图示方法

楼梯节点详图如参考标准图集，一般在图中通过索引符号注明采用标准图集的代号、页码。如其形式特殊，则需要用比例较大的详图来表达材料及具体做法。

2) 识读内容和方法

楼梯节点详图主要表达楼梯踏步、栏杆、扶手的做法。下面以图8-33为例说明楼梯节点详图的识读内容和方法。

从踏步详图可知：踏步结构层采用现浇钢筋混凝土，踏步高165 mm，宽280 mm；踏步面层采用水泥砂浆，在阳角处做成外挑30 mm的突缘。

从详图⑥可知：防滑条材料为金刚砂，距踏步阳角突缘30 mm。

从扶手详图可知：扶手为高110 mm的硬木扶手，其下用ϕ20的钢管支撑，具体参数见图8-33。

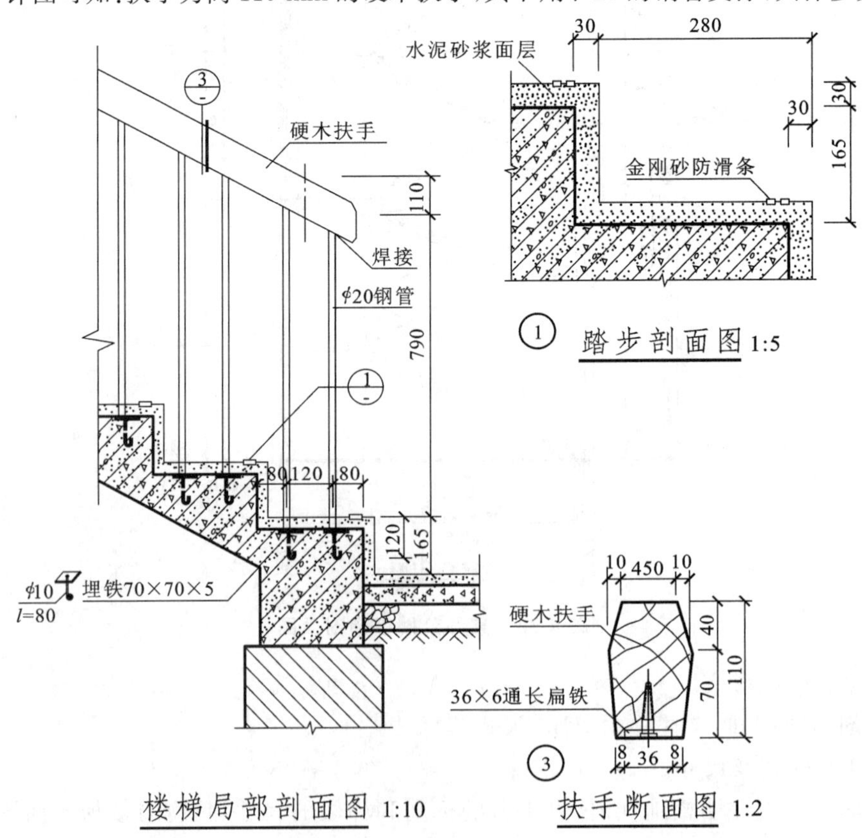

图8-33 楼梯节点详图

项目小结

1. 建筑工程施工图的首页图为整套图纸提供索引和说明，主要包括图纸目录、设计说明、工程做法表、门窗表等。

2. 总平面图反映出建筑基地范围内总体布置情况，是新建房屋建筑定位、施工放线、土方施工及现场布置的依据，也是水、暖、电等专业设备管线敷设的依据。

3. 建筑平面图主要反映建筑的平面形状、房间位置、构造以及必要的尺寸、标高等。分为底层平面图、标准层平面图、顶层平面图、屋顶平面图等。

4. 建筑立面图主要反映建筑物的体形和外貌、投影方向可见的建筑外轮廓线、构配件、做法及必要的尺寸和标高等。建筑剖面图主要用来表示建筑内部构配件垂直关系、结构形式、楼层分层、楼地面构造及必要的尺寸、标高等。

5. 建筑详图是将细部构造、构配件做法用较大的比例、正投影方法详细地表达出来，是对建筑平面图、立面图、剖面图的深化和补充，是建筑构配件制作和编制预算的依据。

6. 识读施工图的一般步骤如下：

(1) 整套图纸，先看首页图、说明，后看建筑施工图、结构施工图和设备施工图；

(2) 识读建筑施工图时，先看总平面图和平面图，然后看立面图和剖面图，最后看详图；

(3) 识读结构施工图时，先看基础施工图、结构平面布置图，然后看构件图，最后看构件详图或断面图；

(4) 对于每一张图样来说，先看图标、文字，后看图样。

学习情境9 结构施工图

学习目标

1. 知识目标

(1) 了解结构施工图的组成。
(2) 熟悉结构施工图的常用符号和图例。
(3) 掌握结构施工图的相关标准。

2. 能力目标

(1) 能够识读整套的结构施工图。
(2) 掌握图纸所表达的建筑结构信息。

◈ 引例导入

任何一幢建筑物，都是由基础、墙体、柱、梁、楼板或屋面板等构件所组成的。这些构件承受着建筑物的各种荷载，并按一定的构造和连接方式组成空间结构体系，这种结构体系称为建筑结构。建筑结构由上部结构和下部结构组成。上部结构有墙体、板、梁、柱及屋架等构件，下部结构有基础和地下室。建筑结构按照主要承重构件所采用的材料不同，一般可分为钢筋混凝土结构、钢结构、砖混结构（由钢筋混凝土与砖石混合使用的结构）、木结构及砖石结构等 5 大类。目前，我国最常用的是钢筋混凝土结构和砖混结构，而钢结构以其优良的承载能力正逐步得以普及。图 9-1 所示为内框架结构示意图，图中说明了基础、柱、梁楼板等构件在房屋中的位置和相互关系。

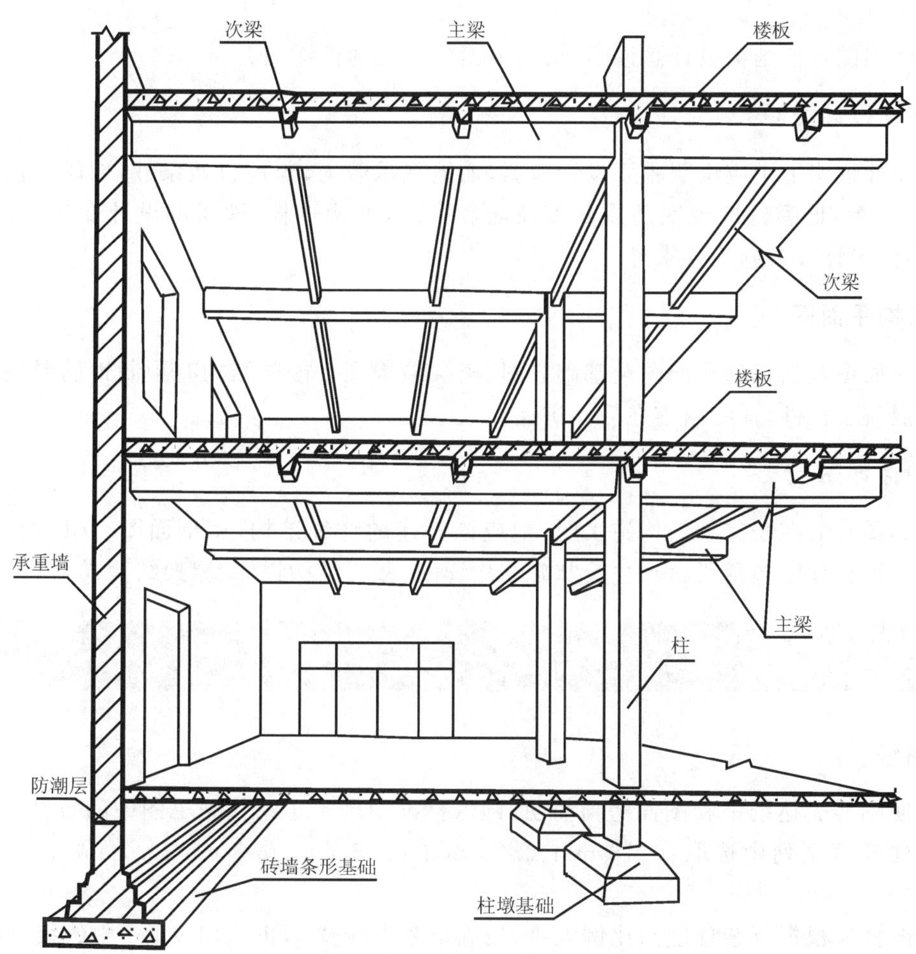

图 9-1　内框架结构示意图

任务 1 概述

结构施工图是关于承重构件的布置，使用的材料、形状、大小及内部构造的工程图样，是承重构件以及其他受力构件施工的依据。结构设计时根据建筑要求选择结构类型，并进行合理布置，再通过力学计算确定构件的断面形状、大小、材料及构造等，并将设计结果绘成图样，以指导施工。结构施工图与建筑施工图一样，是施工的依据，主要用于放线、挖基槽、基础施工、支承模板、绑扎钢筋、设置预埋件、浇灌混凝土等施工过程，也用于计算工程量、编制预算和施工进度计划的依据。

结构施工图包括结构设计总说明、结构平面图以及构件详图。

1. 结构设计说明

结构设计说明书中应说明主要设计依据，如地基承载力，当地自然条件，如风、雪载荷，地下水位、冰冻线等，地震区应说明防震烈度及防震措施，如构造柱、圈梁的设计变化等，材料的标号，预制构件统计表及施工要求等。

2. 结构平面图

结构平面图包括基础平面图及基础详图、楼层结构图。楼层结构有预制钢筋混凝土构件和现浇钢筋混凝土构件，详细内容在后而讲述。

3. 构件详图

构件详图目的在于完善结构施工图，把应该表述的详细结构，用剖面图、立面图、节点图等表达清楚。构件详图包括梁、板、柱及基础结构详图、楼梯结构详图、屋架结构详图等。

一、结构施工图的一般规定

1. 图线

为了使图样表达统一和图面清晰简明，国家标准中规定了结构施工图中的各种图线的宽度 b，应从下列线宽系列中选取：0.18 mm、0.25 mm、0.35 mm、0.5 mm、0.7 mm、1.0 mm、1.4 mm、2.0 mm。

每个图样应根据复杂程度与比例大小，先确定基本线宽 b，再选用表 9-1 中的线宽组。

表 9-1 常用构件代号

线宽比							
	b	2.0	1.4	1.0	0.7	0.5	0.35
	$0.5b$	1.0	0.7	0.5	0.35	0.25	0.18
	$0.35b$	0.7	0.5	0.35	0.25	0.18	—

注：需要缩微的图纸，不宜采用 0.18 mm 线宽；在同一纸张内，各不同线宽组中的细线，可统一采用较细的线宽组的细线。

结构图中采用的各种线型应符合表 9-2 的规定。

表 9-2 结构施工图的线型

名称	线型	宽度	一般用途
粗实线	———	b	螺栓、钢筋线、结构布置平面图中单线结构构件线及钢、木支撑线
中实线	———	$0.5b$	结构平面图中及详图中剖到或可见墙身轮廓线、钢木构件轮廓线
细实线	———	$0.35b$	钢筋混凝土构件轮廓线、尺寸线、基础平面中的基础轮廓线
粗虚线	— — — — —	b	不可见的钢筋、螺栓线、结构平面布置图中不可见的钢、木支撑线及单线结构构件线
中虚线	— — — — — — — — —	$0.5b$	结构平面图中不可见的墙身轮廓线及钢、木构件轮廓线
细虚线	- - - - - - - - - -	$0.35b$	基础平面图中管沟轮廓线，不可见的钢筋混凝土构件轮廓线
粗点划线	—·—·—	b	垂直支撑、柱间支撑
细点划线	—·—·—	$0.35b$	中心线、对称线、定位轴线
粗双点划线	—··—··—	b	预应力钢筋线

2. 图纸比例

绘图时根据图样的用途和被绘制物体的复杂程度选用表 9-3 中的常用比例，特殊情况下也可选用可用比例。

表 9-3 比例

图名	常用比例	可用比例
结构平面布置图及基础平面图	1:50、1:100、1:200	1:150
圈梁平面图、管沟平面图等	1:200、1:500	1:300
详图	1:10、1:20、1:50	1:5、1:25、1:30、1:40

3. 常用构件代号

结构施工图中，基本构件如板、梁、柱等，为了图样表达简明扼要，便于清楚区分构件，便于施工，制表、查阅，有必要以代号或符号去表示各类构件，目前《建筑结构制图标准》给出的常用构件代号，均以构件名称的汉语拼音的第一个字母来表示的，见表 9-4。

表 9-4　常用构件代号

名　　称	代号	名　　称	代号	名　　称	代号
板	B	梁	L	基础	J
屋面板	WB	屋面梁	WL	设备基础	SJ
空心板	KB	吊车梁	DL	桩	ZH
槽型板	CB	圈梁	QL	柱间支撑	ZC
折板	ZB	过梁	GL	垂直支撑	CC
密肋板	MB	连系梁	LL	水平支撑	SC
楼梯板	TB	基础梁	JL	雨蓬	YP
盖板或沟盖板	GB	楼梯梁	TL	阳台	YT
挡雨板	YB	檩条	LT	预埋件	M
吊车安全走道板	DB	屋架	WJ	钢筋网	V
墙板	QB	托架	TJ	钢筋骨架	G
天沟板	TGB	天窗架	CJ	梁垫	LD

在实际工程中,使用构件代号时,往往在代号后加上阿拉伯数字编号,用以表示构件的材料类型、尺寸大小、所处位置等情况的型号和序号。

二、结构施工图的识读方法与步骤

从上往下、从左往右的看图顺序是施工图识读的一般顺序,比较符合看图的习惯,同时也是施工图绘制的先后顺序。从基础、墙柱、楼面到屋面依次看,此顺序基本也是结构施工图编排的先后顺序。看图时要注意从粗到细,从大到小。先粗看一遍,了解工程的概况、结构方案等。然后看总说明及每一张图纸,熟悉结构平面布置,检查构件布置是否合理正确,有无遗漏,柱网尺寸、构件定位尺寸、楼面标高等是否正确。最后根据结构平面布置图,详细看每一个构件的编号、跨数、截面尺寸、配筋、标高及其节点详图。纸中的文字说明是施工图的重要组成部分,应认真仔细逐条阅读,并与图样对照看,便于完整理解图纸。

结构施工图应与建筑施工图结合起来看图。一般先看建筑施工图,通过阅读设计说明、总平面图、建筑平立剖面图,了解建筑体型、使用功能,内部房间的布置、层数与层高、柱墙布置、门窗尺寸、楼梯位置、内外装修、材料构造及施工要求等基本情况,然后再看结构施工图。在阅读结构施工图时应同时对照相应的建筑施工图,只有把两者结合起来看,才能全面理解结构施工图,并发现存在的矛盾和问题。

结构施工图的阅读顺序可按下列步骤进行。

(1) 阅读结构设计说明。准备好结构施工图所套用的标准图集及地质勘察资料备用。

(2) 阅读基础平面图、详图与地质勘察资料。基础平面图应与建筑底层平面图结合起来看图。

(3) 阅读柱平面布置图。根据对应的建筑平面图校对柱的布置是否合理,柱网尺寸、柱断面尺寸与轴线的关系尺寸有无错误。

(4) 阅读楼层及屋面结构平面布置图。对照建筑施工图平面图中的房间分隔、墙体的布置、检查各构件的平面定位尺寸是否正确,布置是否合理,有无遗漏,楼板的形式、布置、板面标高是否正确等。

(5) 按前述的施工图识读方法,详细阅读各平面图中的每一个构件的编号、断面尺寸、标高、配筋及其构造详图,并与建筑施工图结合,检查有无错误与矛盾。看图中发现的问题要一一记下,最后按结构施工图的先后顺序将存在的问题全部整理出来,以便在图纸会审时加以解决。

(6) 在前述阅读结构施工图中,涉及采用标准图集时,应详细阅读规定的标准图集。

三、钢筋混凝土结构的读图常识

钢筋混凝土结构是由钢筋和混凝土两种材料组成的。混凝土抗压能力较强而抗拉能力很弱,钢材的抗拉与抗压能力都很强。为了充分利用材料的性能,把混凝土和钢筋这两种材料结合在一起共同工作,使混凝土主要承受压力,钢筋主要承受拉力,以满足工程结构的使用要求。钢筋混凝土结构是目前土木工程领域中最常见的结构形式。用钢筋混凝土制成的梁、板、柱及基础等构件,称为钢筋混凝土构件。此外,制作时对混凝土预加一定的压力以提高构件的强度和抗裂性能,称为预应力钢筋混凝土构件。

1. 混凝土的强度等级

混凝土按其抗压强度的不同可分为不同的强度等级。常见的混凝土强度等级有 C20、C30、C40、C50 及 C60 等。在结构施工图上,以文字标注。

2. 钢筋的表示方法

1) 钢筋的分类

配置在钢筋混凝土结构中的钢筋,按其作用可分为下列几种,如图 9-2 所示。

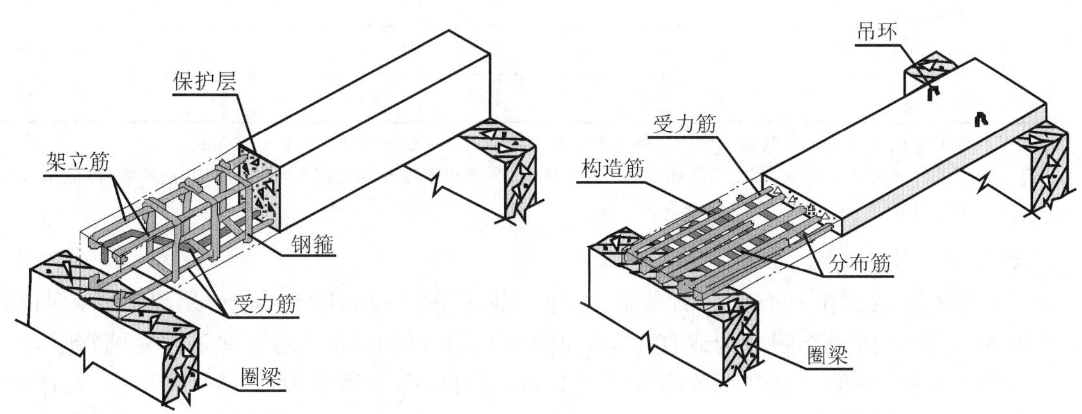

图 9-2　钢筋混凝土梁、板

(1) 受力筋——承受拉、压应力的钢筋。用于梁、板、柱等各种钢筋混凝土构件。梁、板的受力筋还分为直筋和弯筋两种。

(2) 箍筋——承受一部分拉应力,并固定定受力筋的位置,多用于梁和柱内。

(3) 架立钢筋——用于固定梁内的箍筋位置,构成梁内的钢筋骨架。

(4) 分布钢筋——用于板内,与板的受力筋垂直分置,将承受的重量均匀地传给受力筋,并固定受力筋的位置,以及抵抗热胀冷缩引起的温度变形。

(5) 其他构造钢筋——因构件构造要求或施工安装需要而配置的构造筋,如腰筋、预埋锚固筋、吊环等。

2) 钢筋的等级与代号

在钢筋混凝土结构设计规范中,国产建筑用钢筋,按其产品种类等级不同,分别基于不同代号,以便标注及识别。表 9-5 所列是普通制筋混凝土结构中常用的几种制筋的情况。

表 9-5 常用钢筋代号

种类(热轧钢筋)	代　　号	直径/mm	强度标准值/MPa
HPB225	Φ	8～20	235
HRB335	Φ	6～50	335
HRB400	Φ	6～50	400
RRB400	$Φ^R$	8～40	400

3) 钢筋的保护层厚度

为了保护钢筋、防腐蚀、防火以及加强钢筋与混凝土的黏结力,在构什中钢筋外边缘至构件表面之间应留有一定厚度的保护层。根据《混凝土结构没计规范》(GB 50010—2002)中的规定:纵向受力的普通钢筋及预应力钢筋,其混凝土保护层厚度不应小于钢筋的公称直径,且应符合表 9-6。

表 9-6 纵向受力钢筋混凝土保护层最小厚度 单位:mm

环境类别		板、墙、壳			梁			柱		
		≤C20	C25～C45	≥C50	≤C20	C25～C45	≥C50	≤C20	C25～C45	≥C50
一		20	15	15	30	25	25	30	30	30
二	1.	—	20	20	—	30	30	—	30	30
	2.	—	25	20	—	35	30	—	35	30
三		—	30	25	—	40	35	—	40	35

注:① 基础中的纵向受力钢筋的混凝土保护层厚度不应小于 40 mm;当无垫层时不应小于 70 mm。

② 室内正常环境为一类环境,室内潮湿环境为二 a 类环境,严寒和寒冷地区的露天环境为二 b 类环境,海滨室外环境为三类环境。

4) 钢筋的弯钩

为了使钢筋和混凝土具有良好的黏结力,避免钢筋在受拉时滑动,应对光圆钢筋的两端进行弯钩处理,弯钩常做成半圆弯钩或直弯钩,如图 9-3(a)、(b)所示。钢箍常采用光圆钢筋,故两端处也要做出弯钩,一般分别在两端各伸长 50 mm 左右,将弯钩常做成 135°或 90°。钢筋弯钩简化画法如图 9-3(c)所示。

3. 钢筋混凝土结构图的图示特点

为了突出钢筋的配置状况,在构件的立面图和断面图上,轮廓线用中实线或细实线画出,图

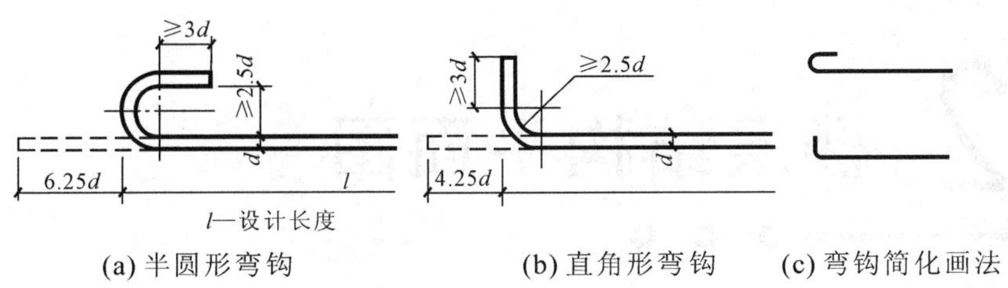

图 9-3　钢筋的弯钩

内不画材料图例，而用粗实线（在立面图）和黑圆点（在断面图）表示钢筋；并要对钢筋加以说明标注。

1）钢筋的一般表示法

表 9-7 所示是钢筋的一般表示方法。

表 9-7　钢筋的一般表示法

名　　称	图　　例	说　　明
钢筋横断面	●	
无弯钩的钢筋横断面		下图表示长短钢筋重叠时，可在短钢筋端部用 45°画线来表示
预应力钢筋横断面		
预应力钢筋或钢绞线		用粗双点画线
无弯钩的钢筋搭接		
带半圆形弯钩的钢筋端部		
带半圆形钢构的钢筋搭接		
带直弯钩的钢筋端部		
带直弯钩的钢筋搭接		
带丝扣的钢筋端部		

2）钢筋的标注方法

钢筋（或钢丝束）的标注应包括钢筋的编号、数量或间距、代号、直径及所在位置，通常应沿钢筋的长度标注或标注在有关钢筋的引出线上。梁、柱的箍筋和板的分布筋，一般应注出间距，不注明数量。对于简单的构件，钢筋可不编号。具体标注方法如图 9-4 所示。

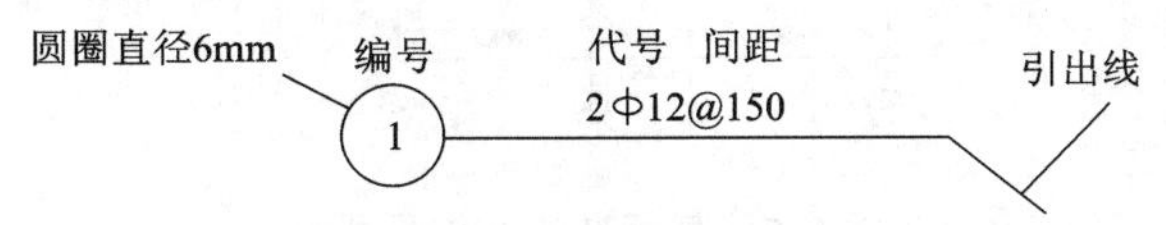

图 9-4　钢筋的标注

任务 2 楼层结构平面图

楼层结构平面图也称楼层结构平面布置图，是假想将建筑物沿楼板面水平剖开后所得的水平剖面图，是施工时布置或安放各层承重构件的依据。

楼层结构平面图用于表示楼板以及其下面的墙、梁、柱等承重构件的平面布置，或现浇楼板的构造和配筋。

如图 9-5 所示，在楼层结构平面图中，板中的钢筋用粗实线表示，板下的墙用细线表示，梁、圈梁、过梁等用粗点划线表示。柱、构造柱用断面(涂黑)表示。对于现浇楼板应表示出楼板的厚度、配筋情况，标注出各轴线间尺寸和轴线总尺寸，承重构件的平面尺寸、各种梁、板的底面标高(其标高可注写在构件代号后的括号内或用文字作统一说明)。

在楼层结构平面图中，未能完全表示清楚之处，需绘出结构剖面图。

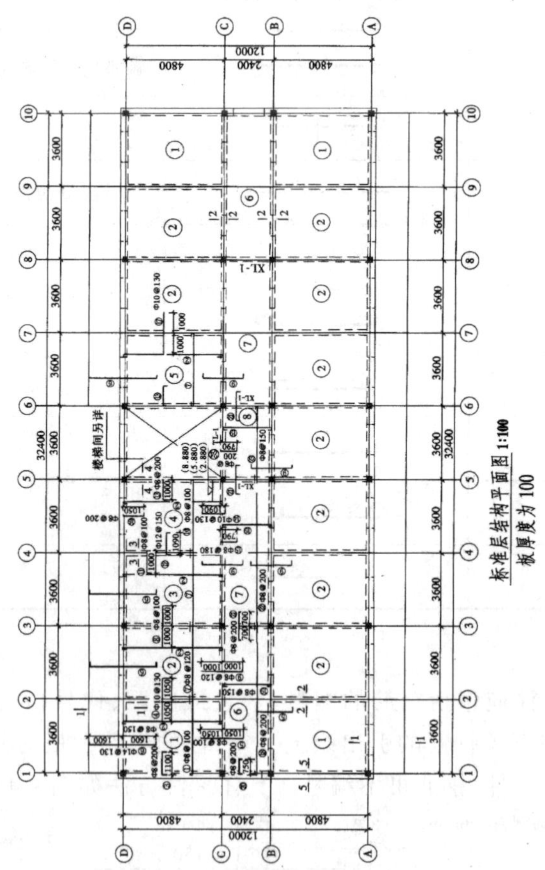

图 9-5　某标准层结构平面图

任务3 钢筋混凝土构件详图

结构平面图只能表示建筑物各承重构件的平面布置，许多承重构件的形状、大小、材料、构造和连接情况并未清楚地表示出来，因此，需要单独画出各承重构件的结构详图。

钢筋混凝土构件有定型构件和非定型构件两种。定型的预制或现浇构件可直接引用标准图或通用图，只要在图纸上写明选用构件所在标准图集或通用图集的名称、代号。自行设计的非定型预制或现浇构件，则必须绘制构件详图。对于外形比较复杂或设有预埋件的构件，还要画出表示构件外形和预埋件位置的模板图。

钢筋混凝土构件详图的主要内容有以下几项。

（1）构件名称或代号、比例。

（2）构件定位轴线及其编号。

（3）构件的形状、尺寸和预埋件代号及布置（模板图），构件的配筋（配筋图）。当构件外形简单、又无预埋件时，一般用配筋图来表示构件的形状和配筋。

（4）钢筋尺寸和构造尺寸，构件底面的结构标高。

（5）施工说明等。

一、钢筋混凝土柱

柱是房屋的主要承重构件，其结构详图包括立面图和断面图，如果柱的外形变化复杂或有预埋件，则还应增画模板图。

一般民用建筑钢筋混凝土柱的结构详图的内容、特点与梁的基本相同。本节以某压铸车间边柱为例说明较为复杂的工业厂房预制钢筋混凝土柱的图示内容及特点。

柱是房屋的主要承重构件，其结构详图包括立面图和断面图，如果柱的外形变化复杂或有预埋件，则还应增画模板图。

一般民用建筑钢筋混凝土柱的结构详图的内容、特点与梁的基本相同。本节以某压铸车间边柱为例说明较为复杂的工业厂房预制钢筋混凝土柱的图示内容及特点。

图9-6是一根带有牛腿的钢筋混凝土柱的配筋图、断面图和模板图。柱的总长为10.5 m，柱顶标高为9.4 m，牛腿标高为6.22 m。牛腿之上的上柱，主要用来支撑屋架，断面较小，为400 mm×400 mm。柱顶处M3表示编号为3的螺杆预埋件，用来与屋架焊接。M2与吊车梁焊接，M1、M4与墙板焊接（预埋间的具体做法另有详图表示）。牛腿之下的下柱，因受力较大，其断面为400 mm×600 mm。

上柱受力筋采用4⌽18，分布在四角；下柱受力筋采用3⌽18和3⌽14，均匀分布在柱的两边。上、下层柱的受力筋都伸入牛腿，使上下层连成一体。当长短钢筋投影重叠时，在钢筋的端部用45°粗短画线表示；在两条无弯钩的钢筋搭接处，则在搭接两端各画45°粗短画线。下层柱的钢箍编号分别为9和7，均为ϕ 8@200。在牛腿部分要承受吊车梁荷载，该部分配筋比较复杂，所以这一段有两种弯筋，编号为8的钢箍需加密，ϕ 8@100，形状随牛腿断面逐步变化。另外用编号为 3 和 4 的弯筋加强牛腿。因投影重叠，在立面图中不宜分清它们的弯曲形状和各段长度，在配筋附近画出它们的具体形状并注上其相应编号、根数、直径和各段长度，以便与立面图和断面图对照阅读。

在配筋图的尺寸附近有箍筋的布置线，在箍筋的布置线上分段表示了箍筋的布置。

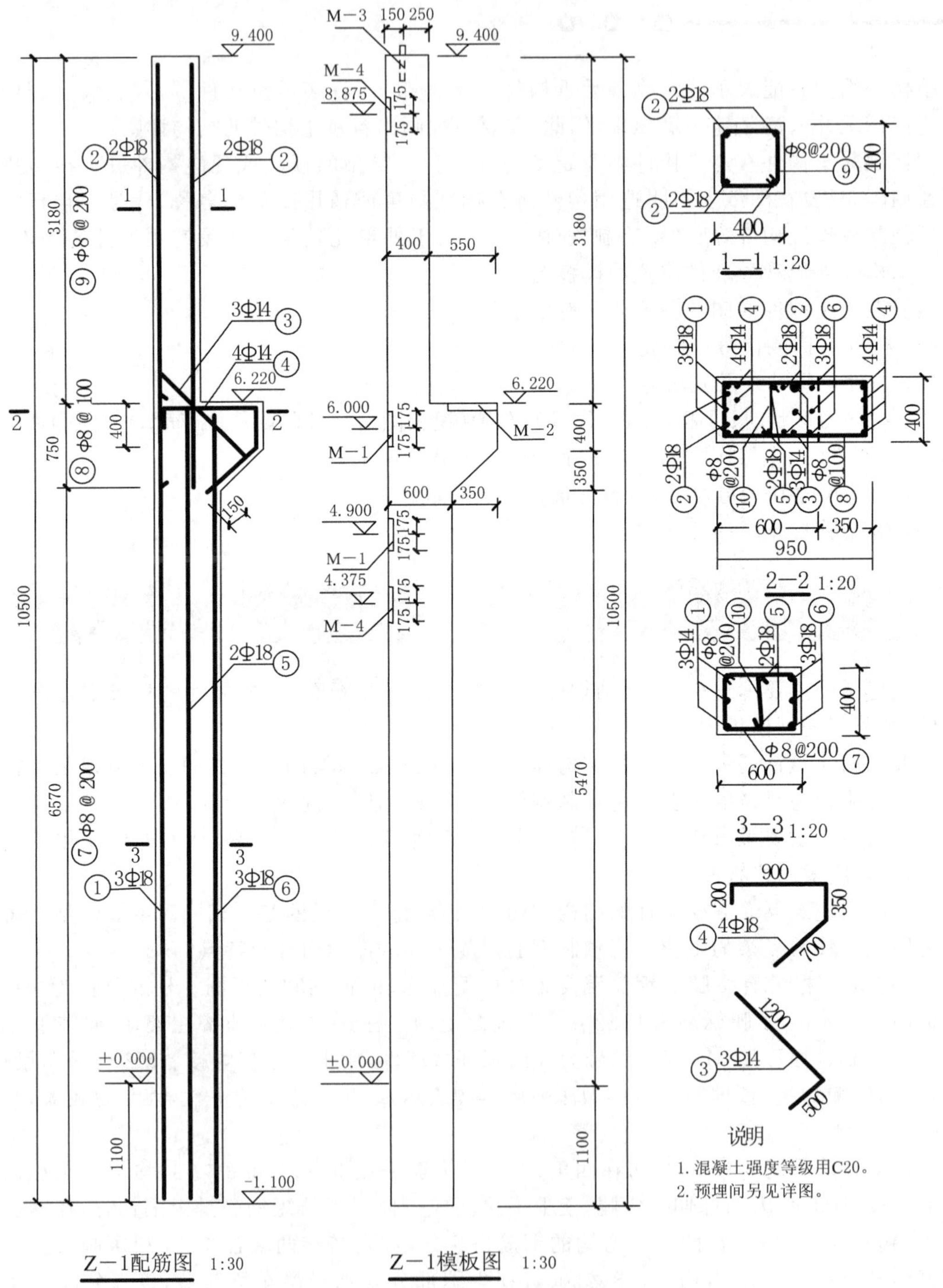

图 9-6 钢筋混凝土柱结构详图

二、钢筋混凝土梁

钢筋混凝土梁的结构详图以配筋图为主,包括钢筋混凝土梁的立面图和断面图。

图 9-7 所示是钢筋混凝土简支梁的结构详图。钢筋的形状在配筋图中一般已表达清楚。如果配筋比较复杂、钢筋重叠无法看清时,应在配筋图外另增加钢筋详图(又称钢筋大样图)。钢筋详图应按照钢筋在立面图中的位置由上而下,用同一比例排列在梁的下方,并与相应的钢筋对齐。

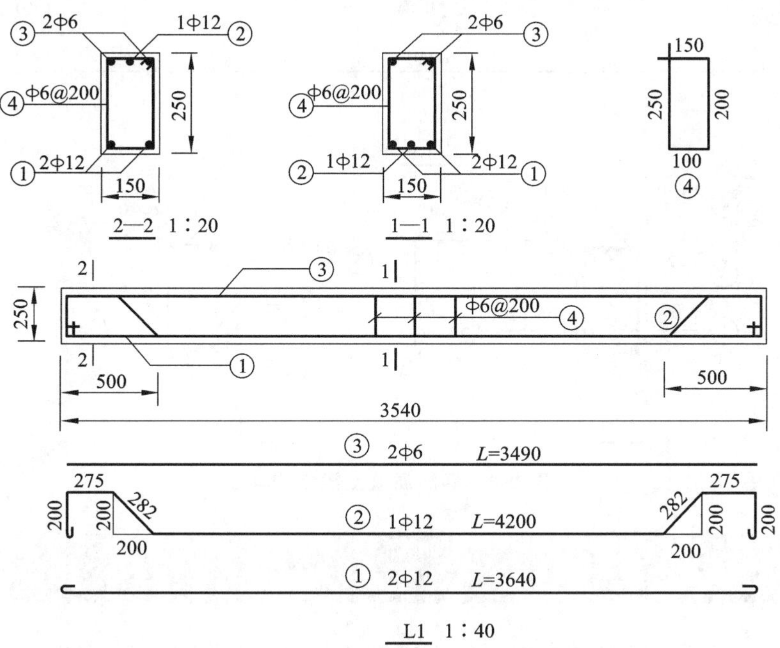

图 9-7 钢筋混凝土梁结构详图

为了便于编制施工预算、统计用料,对复杂的梁还要列出钢筋表。图 9-8 所示的钢筋混凝土梁的钢筋表的内容见表 9-8。

表 9-8 钢筋表

项次	构件名称	钢筋编号	简图	直径/mm	钢号	下料长度/mm	单位根数	合计根数	重量/kg
1	L_1 梁 共 10 根	①		20	Φ	6440	2	20	317.62
2		②		10	Φ	6315	2	20	77.93
3		③		20	Φ	6772	1	10	167
4		④		20	Φ	6772	1	10	167
5		⑤		6	Φ	1298	32	320	92.21
	合计:Φ6 92.2 kg(922.1 N);Φ10 77.94 kg(799.3 N);Φ20 651.62 kg(6516.2 N)								

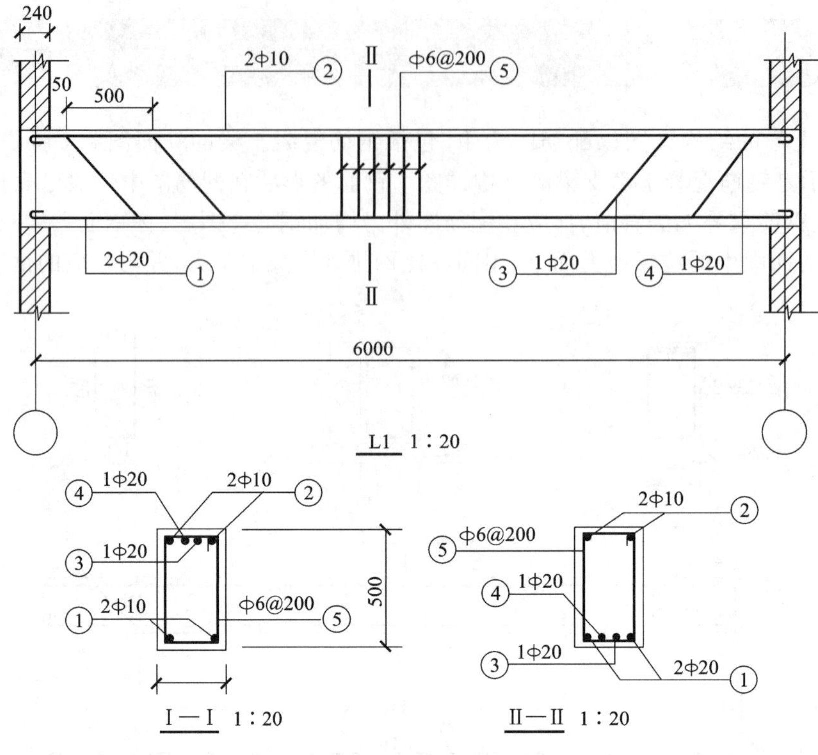

图 9-8 钢筋混凝土梁结构详图

三、钢筋混凝土板

钢筋混凝土板结构详图通常采用结构平面图或结构剖视图表示。在钢筋混凝土板结构平面图中能表示出轴线、承重墙或承重梁的布置情况，表示出板支承在墙、梁上的长度及板内配筋情况。当板的断面变化大或板内配筋较复杂时，常采用板的结构剖视图表示。在结构剖视图中，除能反映板内配筋情况外，板的厚度变化，板底标高也能反映清楚。

图 9-9 所示是现浇板 B 的结构平面图。从图中可以看出，板支承在①～②、Ⓐ～Ⓑ轴线墙上。从板的重合断面形状可以看出板 B 与墙身上的圈梁一起现浇。板底纵向布筋Φ 8@170，横向布筋Φ 6@180，板四周沿墙配置构造筋Φ 6@200，长度为 750 mm。在(1/1)～②轴线间，板跨压在(1/A)轴线墙上，因此增设构造筋Φ 8@120，长度为 2 800 mm。

四、楼梯结构详图

楼梯结构详图主要包括楼梯结构平面图、楼梯剖面图和配筋图三部分。

1. 楼梯结构平面图

楼梯结构平面图是假想用一水平剖切平面在每一层的楼梯梁顶面处剖切楼梯，向下做水平投影绘制而成的。楼梯结构平面图中的轴线编号应与建筑施工图一致。

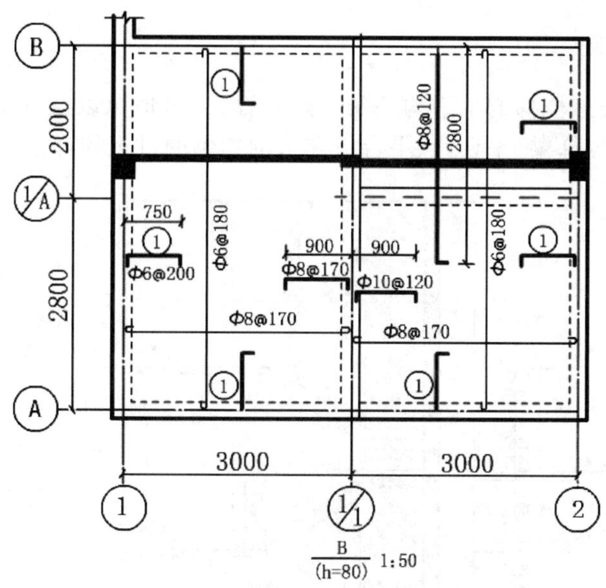

图 9-9 钢筋混凝土板结构详图

楼梯结构平面图需要用较大比例绘制，一般为 1∶50。底层和顶层楼梯必须画出结构布置图，中间楼梯结构布置相同的楼层只画一个结构布置图即可，如果每层的楼梯结构布置不同，则需画出所有楼层的楼梯结构平面布置图。

图 9-10 所示是二层楼梯平面图，从中可以看出，楼梯结构平面图与楼层结构平面图一样，表示楼梯板和楼梯梁的平面布置、代号、编号、尺寸及结构标高等。楼梯位于Ⓒ轴到Ⓓ轴之间，从 1.166 m 标高处平台梁顶对楼梯间进行剖切，看到的梯板有 TB3 和 TB2，其中 TB3 为本层梯板，TB2 为下一层梯板。

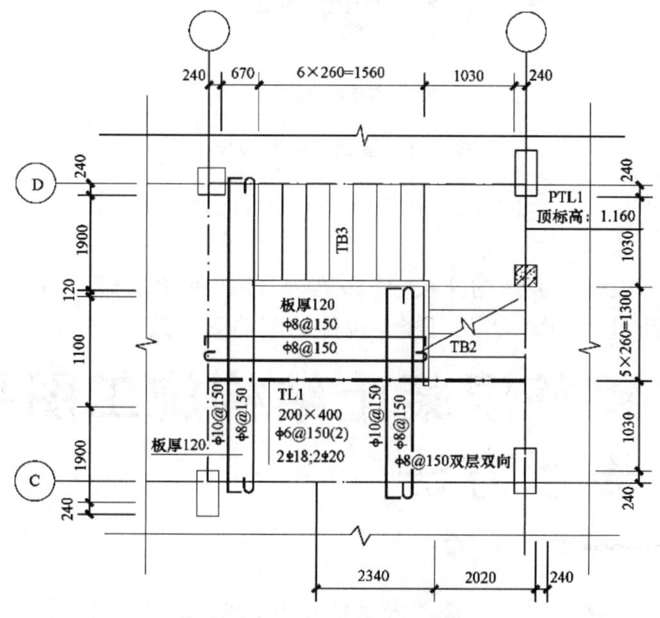

图 9-10 二层楼梯平面图

2. 楼梯结构剖面图

楼梯剖面图主要表达楼梯的承重构件的竖向布置、连接情况以及各部分的标高。剖面图中表达了剖切到的梯板、楼梯梁、平台梁、平台板和未剖切到的可见的梯段板等，如图 9-11 所示。

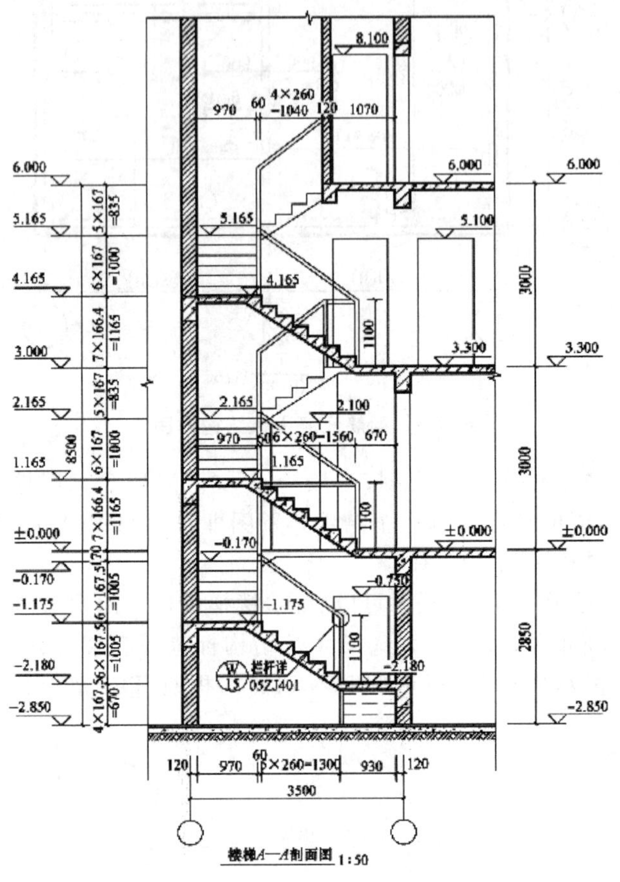

图 9-11　楼梯结构剖面图

3. 楼梯配筋图

在楼梯剖面图中不能详细表达的梯板、楼梯梁、梯柱等的配筋时，应用较大的比例（一般为 1:20、1:30）绘制出配筋图，图示方法及内容与构件的配筋图一致。

任务 4　钢筋混凝土结构施工图平面整体表示方法

钢筋混凝土结构目前常采用平面整体表示法即平法绘制，平法制图的表达方式，是把结构构件的尺寸和配筋等，以整体的形式直接表达在该构件的结构平面布置图上，再与标准构造详图配合，即构成一套完整的结构施工图。下面分别对柱、墙、梁和板的平法施工图识读方法进行介绍。

一、柱平法施工图

柱平法施工图是指在柱平面布置图上采用截面注写方式或列表注写方式表达柱子的配筋。截面注写方式和列表注写方式均需要按照柱子的类型进行编号，编号由类型代号和序号组成，比如 KZ3 代表第三种框架柱，见表 9-9。

表 9-9　柱编号

柱类型	代　号	序　号	柱类型	代　号	序　号
框架柱	KZ	××	梁上柱	LZ	××
框支柱	KZZ	××	剪力墙上柱	QZ	××

注：编号时，当柱的总高、分段截面尺寸和配筋均相同，仅分段截面与轴线关系不同时，可将其列为同一编号。

1. 截面注写法

截面注写法指在柱平面布置图上，在同一编号的柱中选择一个截面，直接在截面上注写截面尺寸和配筋的具体数值。当纵筋采用不同直径的钢筋时，需注写截面各边中部钢筋的具体配筋。柱子的截面注写方式适用于柱距比较大、柱子编号不多的情况。图 9-12 所示是截面注写法的图例。该图是该建筑物从±0.00—6.00m 的柱配筋图，图中画出了柱相对于定位轴线的位置关系、柱截面注写方式。配筋图是采用双比例绘制的，首先按 1∶100 对结构中的柱进行编号，将具有相同截面、配筋形式的柱编为一个号，从合适的位置挑选出任意一个柱，在其所在的平面位置上按 1∶20 原位放大绘制柱截面配筋图，并标注截面尺寸、角筋或全部纵筋、箍筋的直径和间距。放大的比例一般为 1∶20、1∶25、1∶30、1∶50。所标注的文字中，主要有以下内容。

1）柱截面尺寸

如 KZ1 截面形状为 L 形，截面尺寸为 240 mm×500 mm，说明在标高±0.00—6.00 m 范围内，①轴截面为 240 mm×500 mm，⑰轴截面为 500 mm×240 mm，①轴与⑰轴相对称。

2）柱的定位尺寸

柱相对定位轴线的位置关系即柱定位尺寸。在截面注写方式中，对每个柱与定位轴线的相对关系，不论柱的中心是否经过定位轴线，都要给予明确的尺寸标注，相同编号的柱如果只有一种放置方式，可只标注一个。无标注者一般认为柱中心线与轴线重合。

3）柱的配筋

柱的配筋包括纵筋和箍筋，纵筋的标注有两种情况：第一种如 KZ1，其纵筋有两种规格，在集中标注中标明角筋的数量和直径（8 根直径为 16 mm 的二级钢筋），在图中相应钢筋位置引出另外一种钢筋的数量和直径（4 根直径为 12 mm 的二级钢筋）；第二种如 KZ2，其纵筋只有一种规格，直接在集中标注中写出所有纵筋的数量和直径（10 根直径为 16 mm 的二级钢筋）。箍筋的直径、间距和形式可通过截面图直观表达（如 KZ1 箍筋的配置情况为直径为 6 mm 的一级钢筋；箍筋在加密区每隔 100 mm 配置一道，在非加密区为间距 200 mm 配置一道；箍筋形式为一个双肢箍和两个单肢箍）。

2. 列表注写法

列表注写法是指在柱的平面布置图上，分别在同一编号的柱中选择一个或几个截面形状画在表格中，并在表格中注写柱的编号、柱段起止标高，几何尺寸和配筋的具体数值，通过表格来查找柱子配筋。图 9-13 所示是图 9-12 用列表注写法表达柱子施工图的例子。从图中总结出柱列表注写法的主要内容如下。

1）柱编号

柱编号由类型代号和序号组成，例如，图 9-13 中的 KZ4 代表第 4 种框架柱。

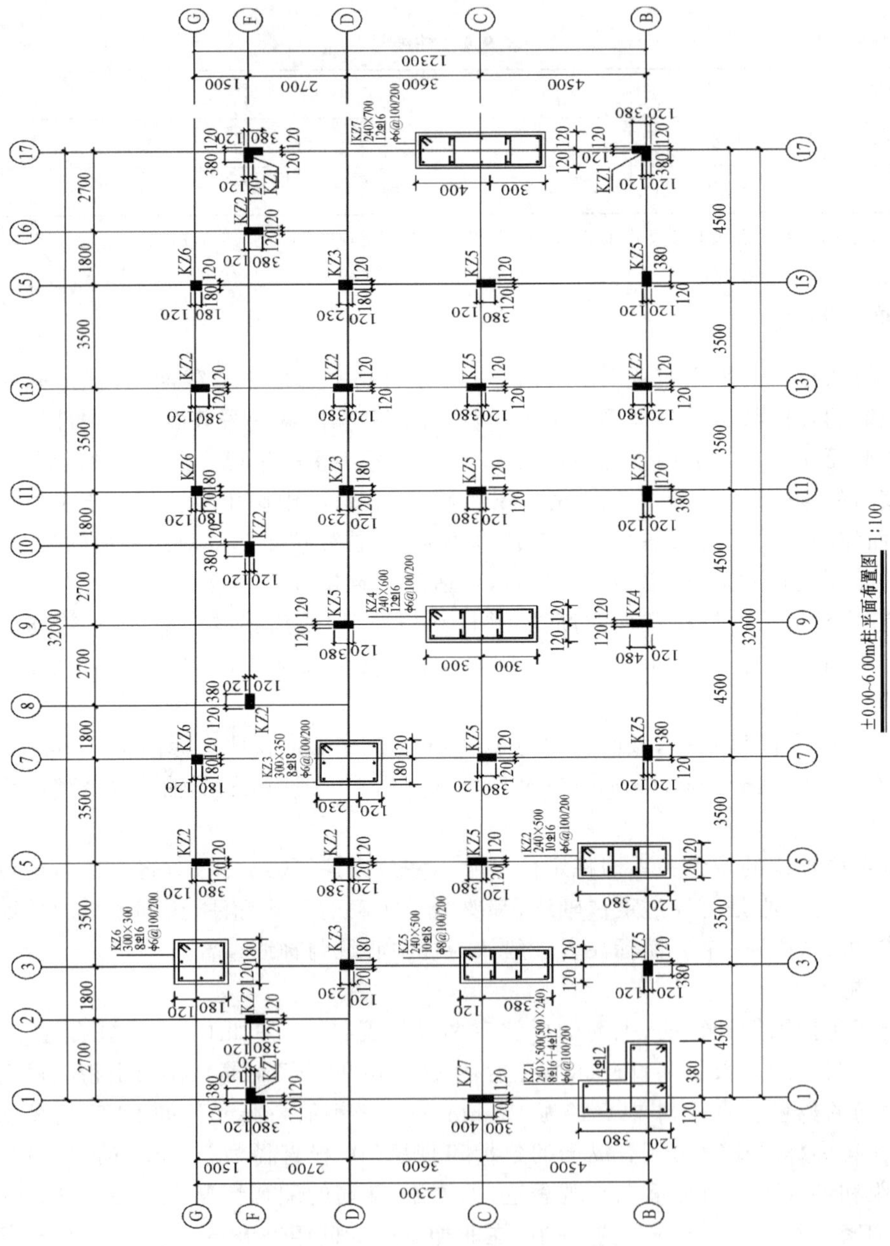

图 9-12　柱平法施工图截面注写法

2）各段柱子的起止标高

图 9-13 所示为±0.00－6.00 m 柱平面布置图，因此各柱的起止标高均为±0.00－6.00 m，在图中不再另外标注。一层柱的起始标高从基础顶算起；梁上柱的起始标高从梁顶算起；剪力墙上柱的纵筋锚固在墙顶面时，柱子的起始标高为墙顶面。

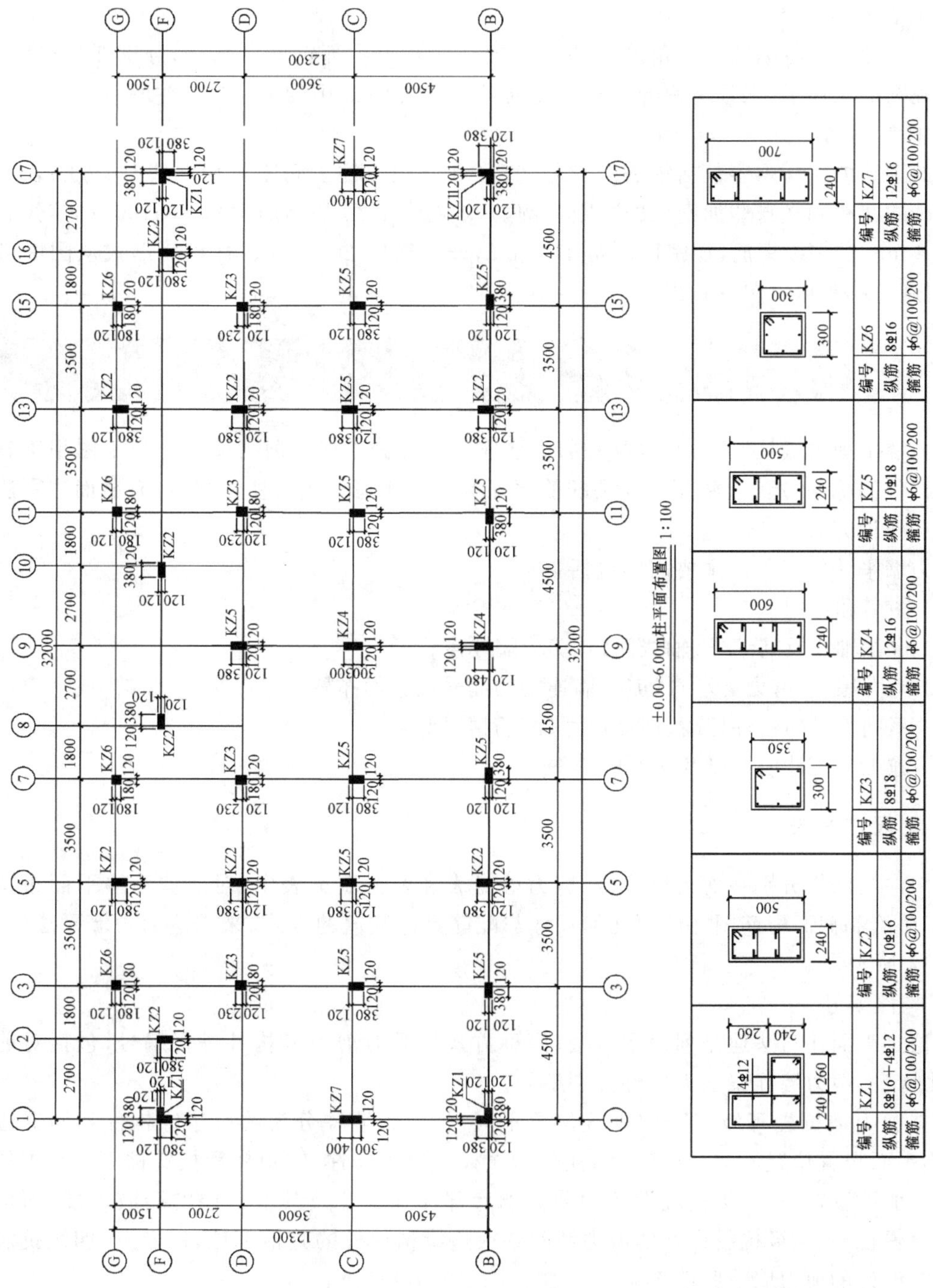

编号	KZ1	KZ2	KZ3	KZ4	KZ5	KZ6	KZ7
纵筋	8Φ16+4Φ12	10Φ16	8Φ18	12Φ16	10Φ18	8Φ16	12Φ16
箍筋	Φ6@100/200	Φ6@100/200	Φ6@100/200	Φ6@100/200	Φ6@100/200	Φ6@100/200	Φ6@100/200

图 9-13　柱平法施工图列表注写法

3）柱子截面尺寸

本例图中柱子截面尺寸直接在表格中给出；当柱子截面类型相同但尺寸不同时用 $b \times h$ 表示柱子的截面尺寸，用 $b_1 + b_2$、$h_1 + h_2$ 表示截面某一边距轴线的位置关系；对于圆柱直接用 d 来表示柱子直径。

4）柱的纵筋

对于矩形柱可将纵筋分为角筋、b 边中部钢筋和 h 边中部钢筋三部分，分别在表格中列出。对于不规则形状柱子（工程上称异形柱），配筋可参照图 9-13 中的方法进行注写。

5）柱的箍筋

柱的箍筋的注写内容包括钢筋的牌号、直径和间距。柱子间距将用斜线“/”分隔表示出柱端加密区的间距和柱身非加密区的间距。例如，本例中 KZ1 的箍筋为“ϕ 6@100/200”代表采用直径为 6 mm 的一级钢筋，加密区间距 100 mm，非加密区 200 mm。柱箍筋形式从图中可以看出，有时施工图也可以单独画出。

二、剪力墙平法施工图

剪力墙由剪力墙柱、剪力墙墙身和剪力墙连梁三部分组成。剪力墙平法施工图用于表达这三部分构件的标高、定位、截面尺寸及配筋情况等。其注写方式与柱相同，也有截面注写法和列表注写法两种方式。

剪力墙平法施工图的主要内容包括：

（1）图名和比例；

（2）定位轴线及其编号、轴线间距、剪力墙厚度；

（3）剪力墙柱、剪力墙墙身、剪力墙连梁的编号及平面布置；

（4）不同编号的构件标高、截面尺寸、配筋情况等；

（5）施工和设计说明以及必要的详图。

1. 列表注写法

列表注写法指分别在剪力墙柱表、剪力墙身表和剪力墙梁表中，对应剪力墙平面布置图上的编号，用绘制截面配筋图并注写几何尺寸与配筋具体数值的方式，来表达剪力墙平法施工图，如图 9-14 所示。

1）构件编号

无论是截面注写法还是列表注写法，两种方式均需对剪力墙构件进行编号，包括对剪力墙柱、剪力墙身、剪力墙连梁三类构件分别编号。

根据剪力墙抗震等级和竖向设置位置不同，将剪力墙柱分为约束边缘构件和构造边缘构件；根据平面设置位置不同，将剪力墙柱分为端柱、暗柱、翼柱、转角柱和扶壁柱等。其中约束边缘构件一般设置在一、二级抗震设计的剪力墙底部加强部位及其上一层的墙肢端部；而构造边缘构件设置在一、二级抗震设计的剪力墙除约束边缘构件外的其他部位，以及三、四级抗震设计和非抗震设计的剪力墙墙肢端部。

（1）剪力墙柱编号，由其类型代号和序号两部分组成，表达形式参见表 9-10。

剪力墙身表

编号	标高	墙厚	水平分布筋	垂直分布筋	拉筋
Q1	3.850以下	300	Φ12@150	Φ14@200	φ8@600
	4.150~8.650	300	φ10@150	φ10@150	φ8@600
	8.650~23.550	300	φ10@150	φ10@150	φ8@600
Q2	4.150以下	300	Φ12@150	Φ14@200	φ8@600
	4.150~8.650	300	φ12@150	φ10@150	φ8@600
	8.650~23.550	300	φ10@150	φ10@150	φ8@600

剪力墙梁表

编号	所在楼层号	截面/$b\times h$	上部钢筋	下部钢筋	侧面纵筋	箍筋
LL1	2	300×500	3Φ22	3Φ22	同墙水平分布筋	φ10@100(3)
	3~5	300×500	3Φ25	3Φ25		φ10@100(3)
	屋面	300×500	4Φ20	4Φ20		φ10@100(3)
LL2	2	300×500	4Φ20	4Φ20	同墙水平分布筋	φ10@100(3)
	3~5	300×500	4Φ25	4Φ25		φ12@100(3)
	屋面	300×500	4Φ25	4Φ25		φ12@100(3)
LL3	2	300×500	3Φ25	3Φ25	同墙水平分布筋	φ10@100(3)
	3~5	300×500	5Φ25(3/2)	5Φ25(2/3)		φ10@100(3)
	屋面	300×500	3Φ25/2Φ20	4Φ25		φ10@100(3)

标高11.050~22.150墙、柱平法施工图

局部屋面2	26.050	
局部屋面1	22.150	3900
屋面	18.250	3900
5	14.650	3600
4	11.050	3600
3	7.450	3600
2	3.850	3600
1	-0.050	3900
层号	楼层标高/m	层高/mm
结构层、楼层标高、结构层高		

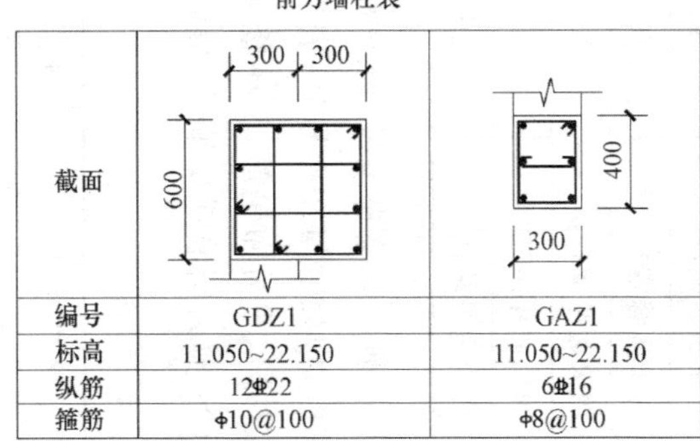

剪力墙柱表

截面	300 300 / 600	300 / 400
编号	GDZ1	GAZ1
标高	11.050~22.150	11.050~22.150
纵筋	12Φ22	6Φ16
箍筋	φ10@100	φ8@100

图9-14　剪力墙平法施工图列表注写法

表 9-10 剪力墙柱编号

墙柱类型	代号	序号	墙柱类型	代号	序号
约束边缘暗柱	YAZ	××	构造边缘暗柱	GAZ	××
约束边缘端柱	YDZ	××	构造边缘翼柱	GYZ	××
约束边缘翼柱	YYZ	××	构造边缘转角柱	GJZ	××
约束边缘角柱	YJZ	××	非边缘暗柱	AZ	××
构造边缘端柱	GDZ	××	扶壁柱	FBZ	××

(2) 剪力墙墙身编号，由墙身代号、序号以及墙身所配置的水平与竖向分布钢筋的排数组成，其中，排数注写在括号里，表达形式为：Q××(×排)。例如，Q2(3 排)代表编号为 2 的墙内设置三排水平分布钢筋、三排竖向分布钢筋。

(3) 剪力墙墙连梁编号，由墙梁类型代号和序号组成，表达形式参见表 9-11。

表 9-11 剪力墙连梁编号

墙梁类型	代号	序号	墙梁类型	代号	序号
连梁	LL	××	连梁(集中对角斜筋配筋)	LL(DX)	××
连梁(对角暗撑配筋)	LL(JC)	××	暗梁	AL	××
连梁(交叉斜筋配筋)	LL(JX)	××	边框梁	BKL	××

注：在具体工程中，当某些墙身需设置暗梁或边框梁时，宜在剪力墙平法施工图中绘制暗梁或边框梁的平面布置图并编号，以明确其具体位置。

2) 剪力墙柱表中表达的内容

(1) 注写墙柱编号(见表 9-10)，绘制该墙柱的截面配筋图，标注墙柱几何尺寸。约束边缘构件、构造边缘构件需标明阴影部分尺寸，扶壁柱及非边缘暗柱需标注几何尺寸。

(2) 注写各段柱的起止标高，自墙柱根部往上以变截面位置或截面未变但配筋改变处为界分段注写。墙柱根部标高一般指基础顶面标高。

(3) 注写各段墙柱的纵向钢筋和箍筋，注写值应与表中绘制的截面配筋图对应一致。纵向钢筋注总配筋值；墙柱箍筋的注写方式与柱箍筋的相同。

约束边缘构件除注写阴影部位的箍筋外，尚应在剪力墙平面布置图中注写非阴影区内布置的拉筋(或箍筋)。

3) 剪力墙身表中表达的内容

(1) 注写墙身编号(含水平与竖向分布筋的排数)。

(2) 注写各段墙身起止标高。

(3) 注写水平分布筋、竖向分布筋和拉筋的具体数值。

4) 剪力墙梁表中表达的内容

(1) 注写墙梁编号(见表 9-11)。

(2) 注写墙梁所在楼层号。

(3) 注写墙梁顶面标高高差。

(4) 注写墙梁截面尺寸，上部纵筋、下部纵筋和箍筋的具体数值。

2. 截面注写法

截面注写法指在分标准层绘制的剪力墙平面布置图上，以直接在墙柱、墙身、墙梁上注写截面尺寸和配筋具体数值的方式来表达剪力墙平法施工图。图9-15所示即为截面注写法表达剪力墙配筋的例子。

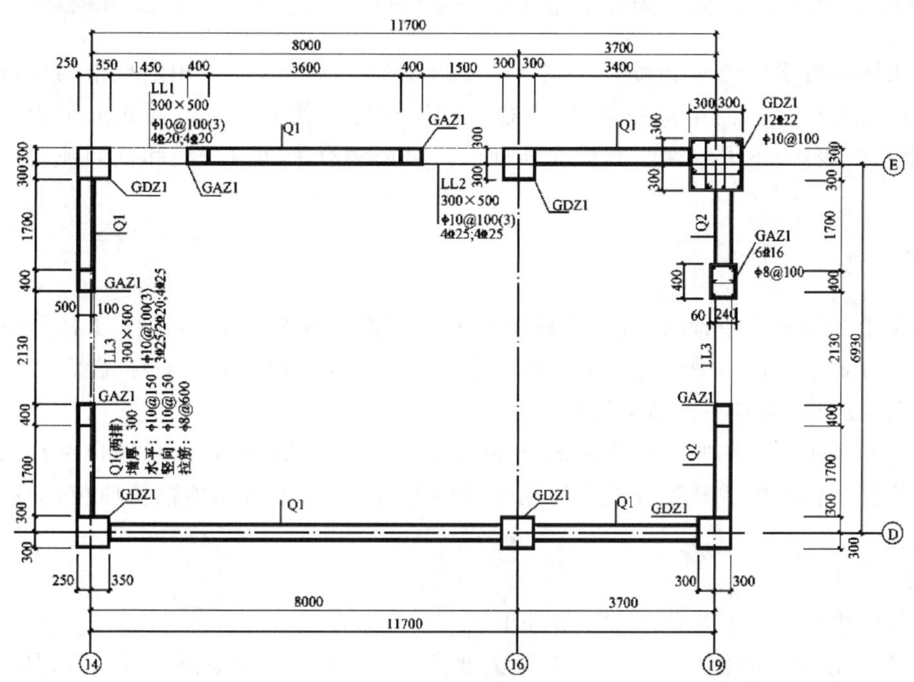

标高11.050~22.150墙、柱平法施工图

局部屋面2	26.050	
局部屋面1	22.150	3900
屋面	18.250	3900
5	14.650	3600
4	11.050	3600
3	7.450	3600
2	3.850	3600
1	-0.050	3900
层号	楼层标高/m	层高/mm
结构层、楼层标高、结构层高		

图9-15 剪力墙平法施工图截面注写法

3. 剪力墙洞口表示方法

无论采用列表注写法还是截面注写法，剪力墙上洞口均可用剪力墙平面布置图来表达，洞口的具体表示方法如下。

(1) 在剪力墙平面布置图上绘制洞口示意，并标注洞口中心的平面定位尺寸。

(2) 在洞口中心位置引注以下内容。

① 洞口编号，矩形洞口为JD××，圆形洞口为YD××，××为序号。

② 洞口几何尺寸。

③ 洞口中心相对标高。

④ 洞口每边补强钢筋。

例如，JD2400×300+3.100 4φ10，表示2号矩形洞口，洞宽2400 mm，洞高300 mm，洞口中心距本结构层楼面3100 mm，洞口每边补强钢筋为4根直径为10 mm的一级钢筋。

三、梁平法施工图

梁平法施工图是将梁按照从上到下、从左到右的顺序进行编号（其中相同规格的梁可归为一种编号），然后将各种编号的梁钢筋牌号、直径、数量、位置和代号一起注写在梁平面布置图上，直接在平面图中表达，不再单独绘制梁配筋剖面。梁平法有平面注写法和截面注写法两种表达方式。

1. 平面注写法

平面注写法指在梁平面布置图上，分别在不同编号的梁中各选一根梁，在其上注写截面尺寸和配筋情况的方式来表达梁平法施工图。如图9-16所示，该结构平面为对称布置，为了节省图纸和看图时间，在对称符号左边画梁配筋图，右边画板配筋图。

平面注写包括集中标注和原位标注两部分，集中标注表达梁的通用数值，原位标注表达梁的特殊数值。当集中标注中的某项数值不适用于梁的某部位时，则将该项数值原位标注，以原位标注取值优先。

1）集中标注

梁的集中标注中有五项必注值和一项选注值。

(1) 梁的编号，该项为必注值。梁编号有梁类型代号、序号、跨数及悬挑代号组成，具体表达方式见表9-12。

例如，KL2(4A)代表编号为2的框架梁，一共四跨，边跨一端悬挑。

表9-12　梁编号

梁类型	代号	序号	跨数及是否带有悬挑
楼层框架梁	KL	××	(××)，(××A)或(××B)
屋面框架梁	WKL	××	(××)，(××A)或(××B)
框支梁	KZL	××	(××)，(××A)或(××B)
非框架梁	L	××	(××)，(××A)或(××B)
悬挑梁	XL	××	
井字梁	JZL	××	(××)，(××A)或(××B)

注：(××A)为一端悬挑、(××B)为两端悬挑，悬挑不计入跨数

(2) 梁截面尺寸，该项为必注值。当梁为等截面时，截面尺寸用$b\times h$来代表梁的宽度和高度；当梁为竖向加腋梁时，用$b\times h$ GY $c_1\times c_2$表示，其中c_1表示腋长，c_2表示腋高；当梁为水平加腋梁时，用$b\times h$ PY $c_1\times c_2$表示，其中c_1为腋长，c_2为腋宽；当有悬挑梁且根部和端部高度不同时，用斜线分隔根部与端部的高度值，即表示为$b\times h_1/h_2$。

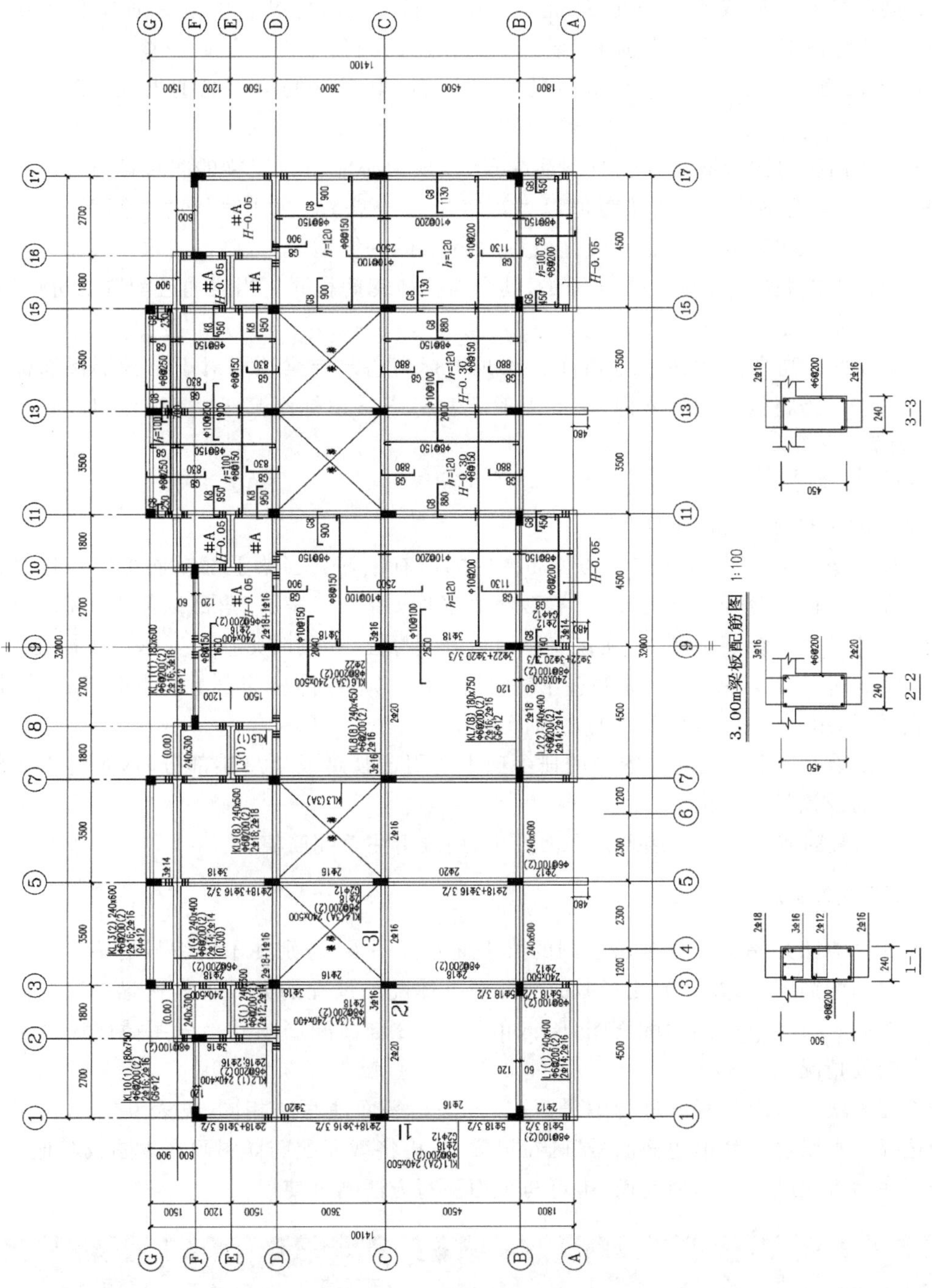

图 9-16　梁平法施工图

（3）梁箍筋，包括钢筋牌号、直径、加密区与非加密区间距及肢数，该项为必注值。箍筋加密区与非加密区的不同间距及肢数需用“/”分隔，加密区范围见相应抗震等级的标准构造详图。例如，φ10@100/200(2)代表箍筋选用直径为10 mm一级钢筋，加密区间距为100 mm，非加密区间距为200 mm，均为两肢箍。

(4) 梁上部通长筋或架立筋配置,此项为必注值。当同排纵筋中既有通长筋又有架立筋时,应用"+"将角部通长筋写在前面,架立筋写在后面的括号内。例如,2⏀22+(2ф12)表示梁的上部通长筋为 2 根直径为 22 mm 的三级钢筋,架立钢筋为 2 根直径为 12 mm 的一级钢筋。

(5) 梁侧面纵向构造钢筋或受扭钢筋配置,该项为必注值。当梁的腹板高度 $h_w \geqslant 450$ mm 时,需配置纵向构造钢筋。此项注写值以大写字母 G 开头,后面注写梁两个侧面的总配筋值。例如,G4ф12 代表梁两侧共配置 4 根直径为 12 mm 的一级钢筋,每侧各两根。当梁侧需配置受扭纵筋时,此项注写值以大写字母 N 开头,其余与构造钢筋相同。当梁内已配置受扭钢筋时,不再设置构造钢筋。

(6) 梁顶面标高高差,该项为选注值。梁顶面标高高差指梁顶相对于结构层楼面标高的高差值,有高差时,需将其写入括号内,无高差时不注。当梁顶标高高于楼面标高时,此高差记为正,反之为负。

2) 原位标注

梁原位标注的内容有以下四项。

(1) 梁支座上部纵筋,该部位含通长筋在内的所有纵筋。当梁上部纵筋多于一排时,用"/"将各排纵筋自上而下分开;当同排纵筋有两种直径时,用"+"表示,角部纵筋在前面注写;当梁中间支座两边的上部纵筋不同时,须在支座两边分别标注,相同时则仅在支座一边标注即可。

(2) 梁下部钢筋。当梁下部纵筋多于一排时,用"/"将各排纵筋自上而下分开;当同排纵筋有两种直径时,用"+"表示,角部纵筋在前面注写。

(3) 当在梁上集中标注的内容中的任一项不适用于某跨或某悬挑部分时,则将不同数值原位标注在该跨或该悬挑部位。

(4) 附加箍筋或吊筋。直接画在平面图中,用线引注总配筋值。

2. 截面注写方法

截面注写方法是指在分标准层绘制的梁平面布置图上,分别在不同编号的梁中各选一根梁用剖面号引出配筋图,并在其上注写截面尺寸和具体配筋情况的方式来表达梁平法施工图。例如,图 9-16 中 KL1 的 1-1 剖面配筋图,KL8 的 2-2、3-3 剖面配筋图就是采用截面注写法表达梁的截面及配筋情况。

截面注写法要求对所有梁进行编号(编号方法与平面注写法相同,见表 9-12),从相同编号的梁中选择一根梁,先将"单边截面号"画在该梁上,再将截面配筋详图画在本图或其他图纸中。

截面注写方法既可以单独使用,也可与平面注写方法结合使用。

四、板平面施工图

楼板按照施工方法分为现浇板和预制板,在高抗震区预制板基本不再使用。板的施工图也可采用平法表示方法,但目前绝大多数仍采用传统表达方法。

通过图 9-16 所示右半部分的梁板配筋图可以总结出现浇板施工图的主要内容包括:

(1) 图名和比例;

(2) 定位轴线及其编号、间距和尺寸;

(3) 现浇板的厚度、标高及钢筋配置情况；

(4) 设计说明和必要的详图。

以图 9-16 中⑮～⑰轴与Ⓑ～Ⓒ轴之间的这块板为例，来说明板的施工图所表达的配筋情况。

首先可以看到，板内钢筋呈双层双向布置，板中间文字“$h=120$”代表这块板的厚度为 120 mm，板内钢筋均为一级钢。板底筋直径均为 10 mm，间距 200 mm 布置一道，长度同板长和板宽；板面筋沿Ⓒ轴水平布置，长度为 2 500 mm，这排钢筋以Ⓒ轴上梁为支座，两边各伸入一段长度；沿⑮轴水平布置的 G8 筋，结合结构设计说明找到楼屋面部分，可知 G8 代表此处配置钢筋为Φ 8@200，钢筋长度为 1 130 mm，此处钢筋之所以不伸入相邻板块是因为相邻板块降板 0.30；沿 B 轴水平布置的Φ 8@200 钢筋长度为 1 130 mm，不深入相邻板块是因为相邻板块板厚为 100 mm，与此板块不平；⑰轴上的板面筋Φ 8@200 长度为 1 130 mm。

任务 5 基础平面图和基础详图

基础是房屋底部与地基接触的承重构件，它承受房屋的全部荷载，并传给基础下面的地基。

根据上部结构的形式和地基承载能力的不同，基础可分为独立基础、条形基础、筏板基础和箱形基础等，如图 9-17 所示。最常见的基础形式是条形基础和独立基础，条形基础一般作为承重砖墙的基础，独立基础通常为柱子的基础。

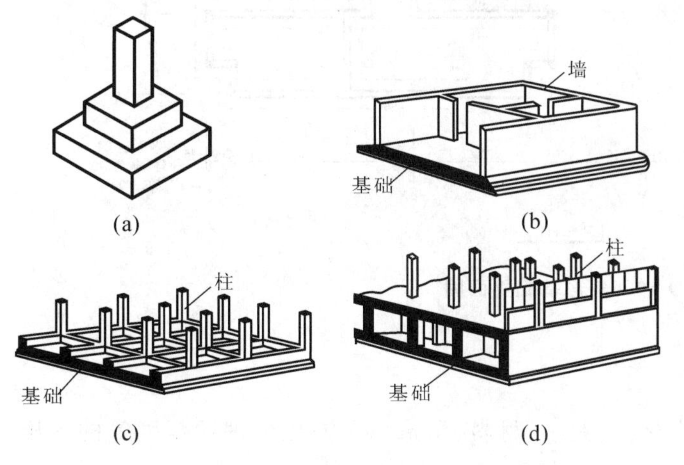

图 9-17 常见的基础形式

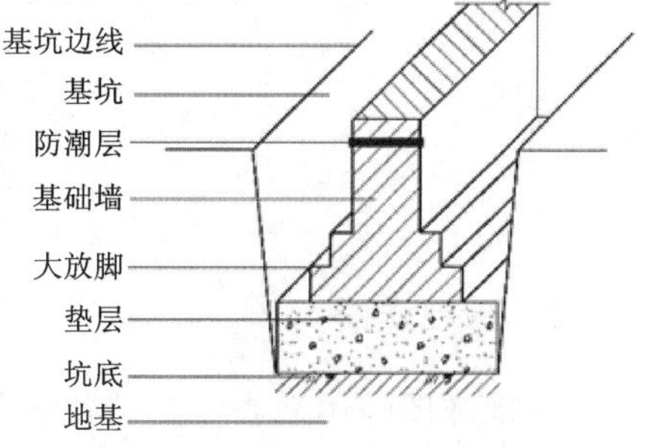

图 9-18 基础的有关知识

图 9-18 所示是以条形基础为例，介绍与基础有关的一些知识。基础下面的土壤称为地基；为基础施工而开挖的土坑称为基坑；基坑边线就是施工放线的灰线；从室内地面到基础顶面的墙称为基础墙；从室外设计地面到基础底面的垂直距离称为埋置深度；基础墙下部做成阶梯形的砌体称为大放脚；防潮层是为了防止地下水对墙体侵蚀的一层防潮材料。

建筑结构基础施工图表示建筑物室内地面以下基础部分的平面布置和详细构造的图样，包括基础平面图和基础详图，是施工时在基地上放线、开挖基坑和砌筑基础的依据。

一、条形基础

1. 基础平面图

基础平面图是表示基槽未回填土时基础平面布置的图样，一般采用房屋室内地面下方的一个水平剖面图来表示。

如图 9-19 所示，基础平面图通常只需画出基础墙、柱以及基础底面的轮廓线，基础细部轮廓线可省略不画。注明基础的定形尺寸和定位尺寸。

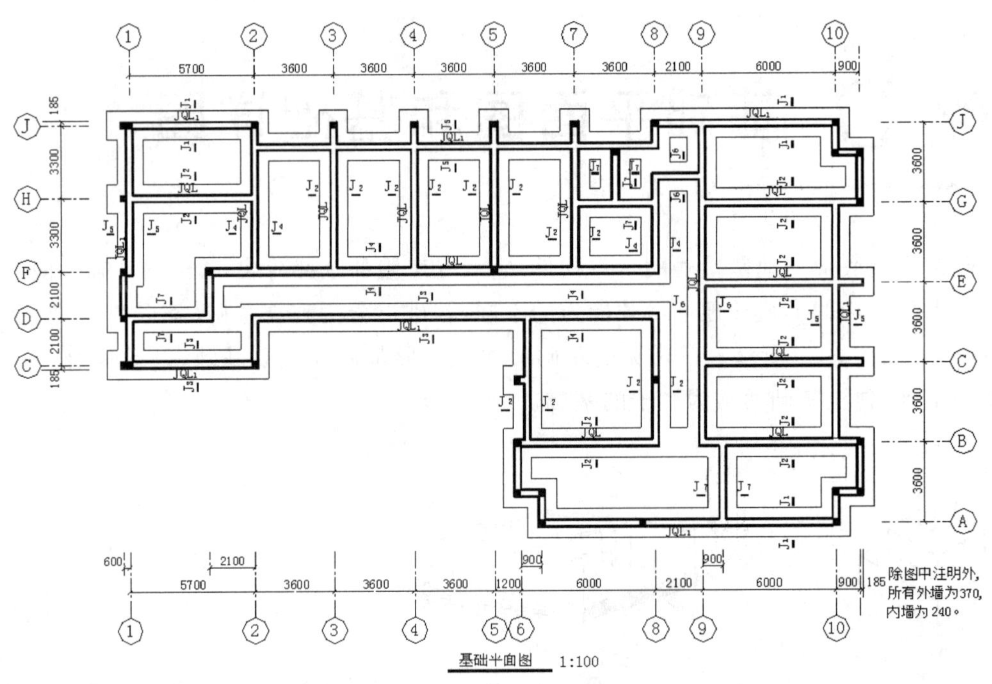

图 9-19 条形基础平面图

2. 基础详图

基础详图是用来表示基础各部分的形状、大小、材料、构造以及基础的埋置深度等的图样。一般采用垂直断面图来表示。

如图 9-20 所示，图示内容主要有基础墙、大放脚、基础垫层、防潮层（或基础圈梁）、室内外地坪线等位置。

基础详图中凡剖到的基础墙、大放脚、基础垫层等的轮廓线画成粗实线，断面内画材料图例。防潮层、室内外地坪线等位置一般用粗实线表示。在图形中还应标注出基础各部分（如基础墙、大放脚、基础垫层等）的详细尺寸以及室内外地面标高和基础底面（基础埋置深度）的标高。

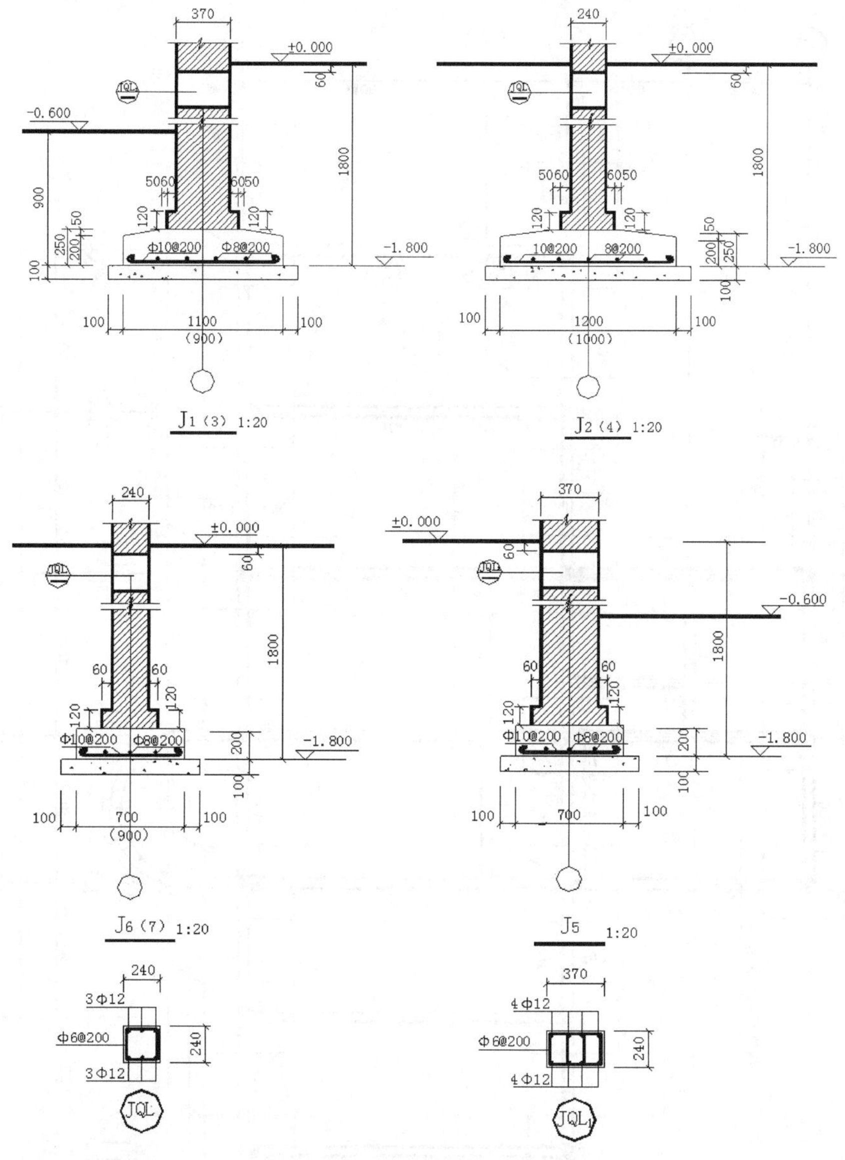

图 9-20 条形基础详图

二、独立基础

1. 基础平面图

如图 9-21 所示为框架结构房屋的基础平面图，为柱下独立基础。基础平面图中可见的投影轮廓线用中实线表示，应注出基础地面宽度、基础梁宽、轴线间尺寸及轴线间总尺寸，同时应注明轴线编号，以备施工时定位放线之用。图中涂黑的小方块表示钢筋混凝土柱断面。

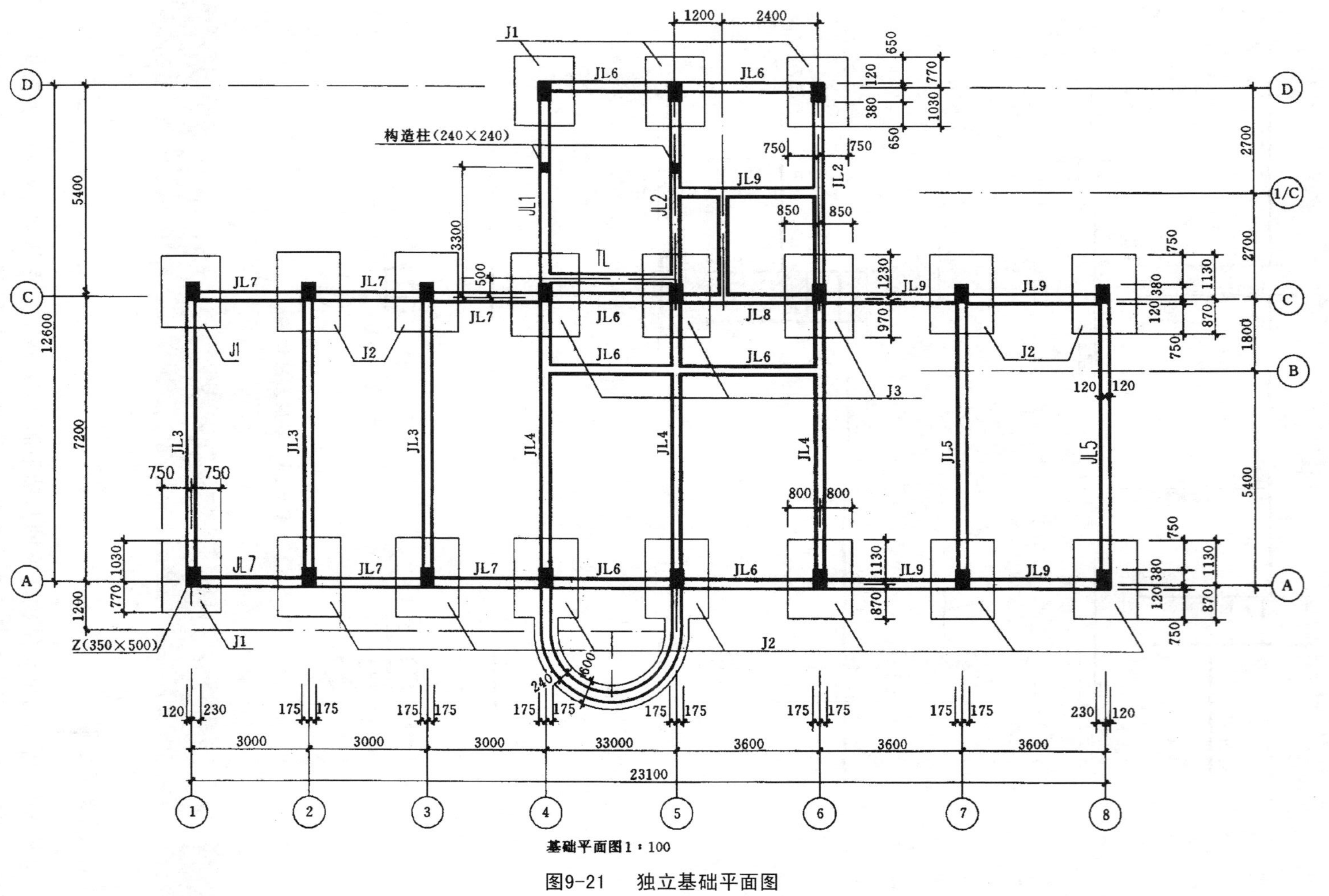

基础平面图 1∶100

图9-21　独立基础平面图

2. 基础详图

独立基础详图通常由断面详图和平面详图组成，图名用代号与编号表示。阅读时应将图名对照基础平面图，了解其平面位置及所适用的轴线。图 9-22 中的 J2 是图 9-21 基础平面图中的独立基础 J2 的详图，基础 J2 共有 11 个，其详图是通用的，详图中的轴线编号可以不一一注出。图中用细实线绘制基础的轮廓，用粗实线表示钢筋基础是由高均为 300mm 的两层台阶组成，混凝土基础的地面配置了纵横两层钢筋①φ 10@150 和②φ 8@200，为了与上部柱子的钢筋搭接，在这个柱基础中还预留了 8 根φ 18 带有直弯钩的插筋，并用两个 φ8 钢筋固定。基础最下面是 100 mm 厚素混凝土垫层，因此用图例表示。立面图和平面图上分别画出定位轴线及基础细部尺寸。为了使柱的一面与纵墙的一面重合，采取了“偏心”处理，即柱的一面距纵向定位轴线为半墙的厚度 120 mm。为了满足于柱子的钢筋的搭接长度要求，插筋露出基础顶面 800 mm。基础底面标注标高为－1.700 m。

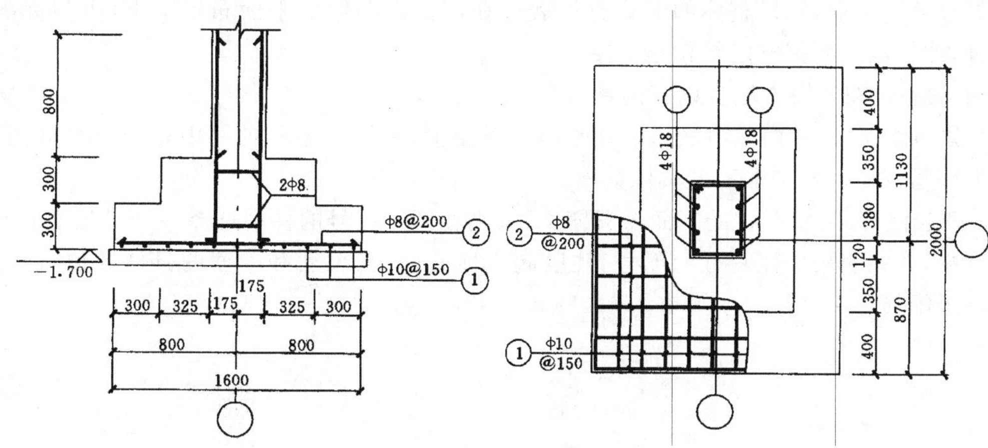

图 9-22　J2 基础的详图

项目小结

1. 结构施工图是关于承重构件的布置，使用的材料、形状、大小及内部构造的工程图样，是承重构件以及其他受力构件施工的依据。

2. 结构施工图包括结构设计总说明、结构平面图以及构件详图。

3. 结构施工图的阅读顺序可按下列步骤进行。

（1）阅读结构设计说明。

（2）阅读基础平面图、详图与地质勘察资料。

（3）阅读柱平面布置图。根据对应的建筑平面图校对柱的布置是否合理，柱网尺寸、柱断面尺寸与轴线的关系尺寸有无错误。

（4）阅读楼层及屋面结构平面布置图。

（5）按前述的施工图识读方法，详细阅读各平面图中的每一个构件的编号、断面尺寸、标高、配筋及其构造详图，并与建筑施工图结合，检查有无错误与矛盾。

（6）在前述阅读结构施工图中，涉及采用标准图集时，应详细阅读规定的标准图集。

4. 楼层结构平面图，也称楼层结构平面布置图，是假想将建筑物沿楼板面水平剖开后所得的水平剖面图，是施工时布置或安放各层承重构件的依据。

5. 钢筋混凝土构件详图的主要内容有：

（1）构件名称或代号、比例；

（2）构件定位轴线及其编号；

（3）构件的形状、尺寸和预埋件代号及布置（模板图），构件的配筋（配筋图）。当构件外形简单、又无预埋件时，一般用配筋图来表示构件的形状和配筋；

（4）钢筋尺寸和构造尺寸，构件底面的结构标高；

（5）施工说明等。

6. 钢筋混凝土结构目前常采用平面整体表示法即平法绘制，平法制图的表达方式，是把结构构件的尺寸和配筋等，以整体的形式直接表达在该构件的结构平面布置图上，再与标准构造详图配合，即构成一套完整的结构施工图。

7. 平法施工图注写方法有以下两种。

（1）截面注写法：截面注写法指在柱平面布置图上，在同一编号的柱中选择一个截面，直接在截面上注写截面尺寸和配筋的具体数值。

（2）列表注写法：指在柱的平面布置图上，分别在同一编号的柱中选择一个或几个截面形状画在表格中，并在表格中注写柱的编号、柱段起止标高，几何尺寸和配筋的具体数值，通过表格来查找柱子配筋。

学习情境 10

设备施工图

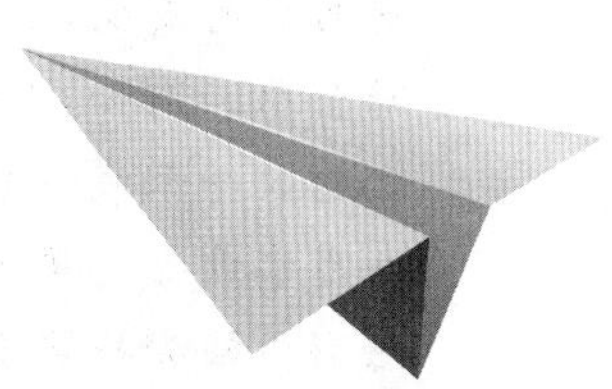

学习目标

1. 知识目标

(1) 了解设备施工图的构成。
(2) 掌握室内给排水工程图的绘制及识读方法。
(3) 掌握采暖系统施工图的绘制及识读方法。

2. 能力目标

(1) 能熟悉设备施工图的构成。
(2) 能够绘制和识读设备施工图。

引例导入

建筑设备是保障一幢房屋能够正常使用的必备条件，也是房屋的重要组成部分。整套的设备工程一般包括：给排水设备；供暖、通风设备；电气设备；煤气设备等。建筑设备施工图所表达的内容就是这些设备的安装与制作。由于各种建筑设备施工图都有自己的特点，并且与建筑结构有着密切的联系，故作为物业管理方面的专业人员，只有很好地识读这些图，才能更好地为小区建设服务。

建筑设备施工图主要表示各种设备、管道和线路的布置、走向以及安装施工要求等。设备施工图又分为给水排水施工图（水施）、供暖施工图（暖施）、通风与空调施工图（通施）、电气施工图（电施）等。一般由基本图和详图两部分组成。基本图包括管线（管路）平面图、系统轴测图、原理图和设计说明；详图包括各局部或部分的加工和施工安装的详细尺寸及要求。基本图有室内和室外之分。建筑设备作为房屋的重要组成部分，其施工图主要有以下特点。第一，各设备系统一般采用统一的图例符号表示，这些图例符号一般并不完全反映实物的原形。因此，要了解这类图纸，首先应了解与图纸有关的各种图例符号及其所代表的内容。第二，各设备系统都有自己的走向，在识图时，应按一定顺序去读，使设备系统一目了然，更加易于掌握，并能尽快了解全局。例如，在识读电气系统和给水系统时，一般应按下面的顺序进行：电气系统，进户线→配电盘→干线→分配电板→支线→用电设备；给水系统，引入管→水表井→干管→立管→支管→用水设备。第三，各设备系统常常是纵横交错敷设的，在平面图上难于看懂，一般需配备辅助图形—轴测投影图来表达各系统的空间关系。这样，两种图形对照阅读，就可以把各系统的空间位置完整地体现出来，更加有利于对各施工图的识读。第四，各设备系统的施工安装、管线敷设需要与土建施工相互配合，在看图时，应注意不同设备系统的特点及其对土建施工的不同要求（如管沟、留洞、埋件等），注意查阅相关的土建图样，掌握各工种图样间的相互关系。

任务 1 室内给水排水工程图

一、概述

给排水系统是为了系统地供给生活、生产、消防用水，以及排除生活或生产废水而建设的一整套工程设施的总称。给排水系统施工图则是表示该系统施工的图样，一般将其分为室内给排水系统和室外给排水系统两部分。室内给排水系统施工图包括：设备系统平面图、轴测图、详图和施工说明。室外给排水系统施工图包括：设备系统平面图、纵断面图、详图以及施工说明。在给排水系统的施工图中，一般都采用规定的图形符号来表示，表 10-1 列出了一些常用的图例符号。

表 10-1　给排水施工图常用图例

名　称	图　　例	名　称	图　　例
管道		雨水斗	
	J P	排水漏斗	
		圆形地漏	
交叉管		自动冲洗水箱	
三通连接		法兰连接	
四通连接		承插连接	
流向		螺纹连接	
坡向		法兰堵盖	
套管伸缩器		偏心异径管	
管道立管[4]	XL　　XL	异径管	
存水弯		管接头	
检查口		弯管	
清扫口		正三通	
通气帽		斜三通	
水盆水池[1]		正四通	
洗脸盆		斜四通	
阀门[1]		浴盆	
闸阀		盥洗槽	

续表

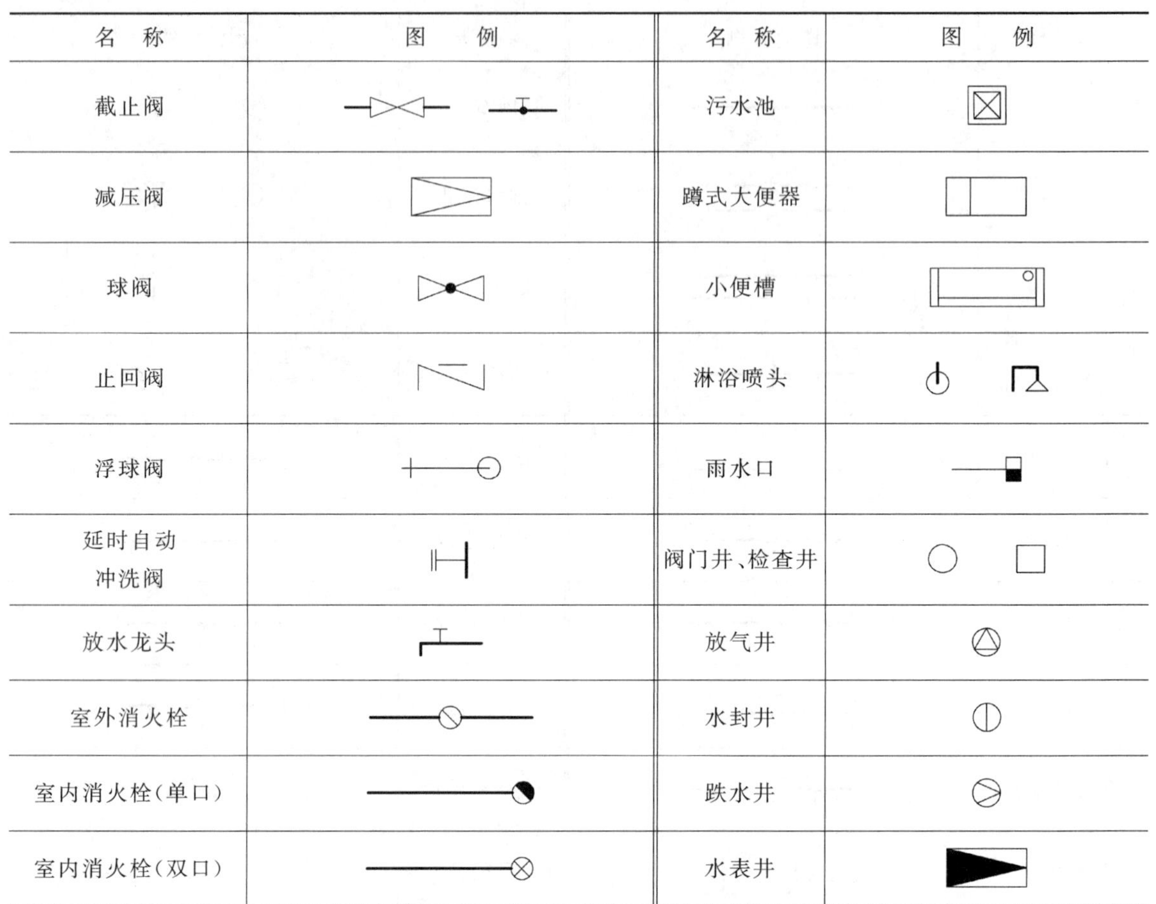

名　称	图　　例	名　称	图　　例
截止阀		污水池	
减压阀		蹲式大便器	
球阀		小便槽	
止回阀		淋浴喷头	
浮球阀		雨水口	
延时自动冲洗阀		阀门井、检查井	
放水龙头		放气井	
室外消火栓		水封井	
室内消火栓(单口)		跌水井	
室内消火栓(双口)		水表井	

二、给水排水管道平面图

管道平面图即室内给排水平面图，它是给排水施工图中最基本的图纸，它主要图示卫生器具、给水排水管道及其附件相对于房屋的平面位置。

1. 管道平面图的图示特点

1）管道平面图的比例

室内给排水平面图一般采用与建筑平面图相同的比例，常采用 1∶100 的比例，必要时也可采用 1∶50、1∶200 或 1∶150 等比例。

2）管道平面图的数量

多层建筑的给排水平面图原则上应分层绘制，管道系统布置相同的楼层，管道平面图可以只绘制一个给排水平面图，但底层管道平面图必须单独画出，一般应画完全的底层平面图。屋面上的管道系统和屋面排水应另画屋顶管道平面图。

由于底层管道平面图中的室内管道与户外管道相连，所以必须单独画出一个完整的底层管道平面图，如图 10-1 所示，各楼层管道系统的布置相同，可以合并绘制一个楼层管道平面图，如图 10-2 所示。

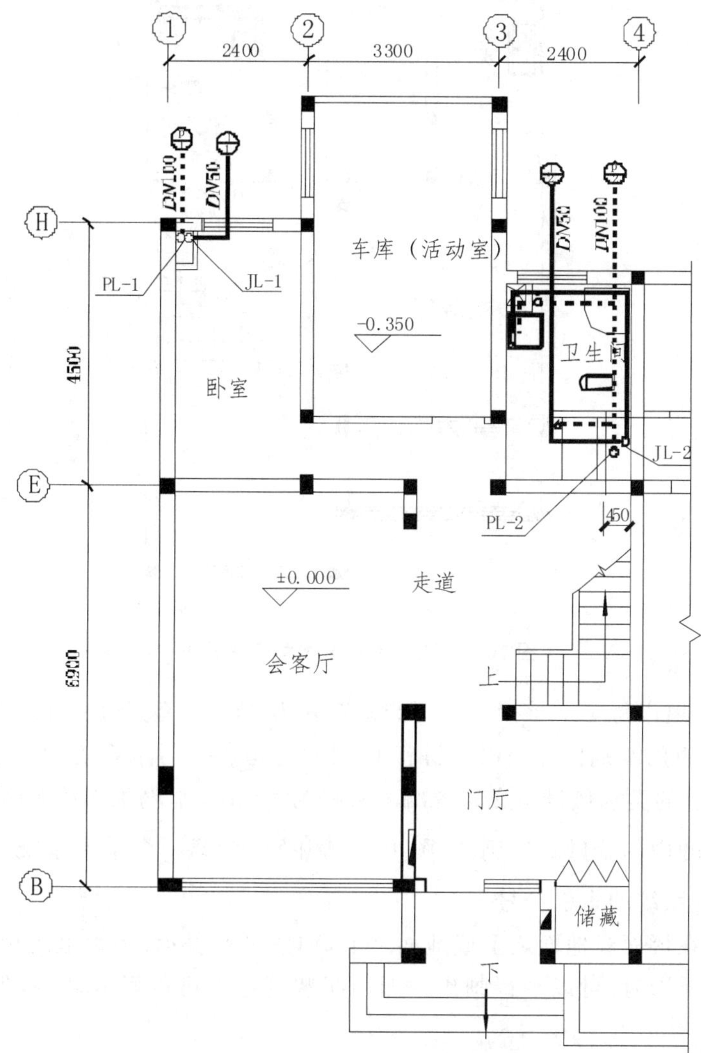

图 10-1　底层给水排水管道平面图

3）管道平面图中的房屋平面图

在管道平面图中所画的房屋平面图，仅作为管道系统各组成部分的水平布局和定位的基准。因此，仅需抄绘房屋的墙身，柱，门窗洞口、楼梯、台阶等主要构件，房屋细部和门窗代号等均可略去。房屋平面图中的轮廓线均用细实线(0.25b)绘制。

4）管道平面图中的图例

管道平面图中的中的图例均应照《给水排水制图标准》(GB/T 50106—2010)中所规定的图例绘制，常用图例见表 10-1。细实线其中管道用粗线 b 绘制外，其余均用 0.25b 绘制。

5）管道的类别代号和管道系统编号

在底层管道平面图中各种管道都要按系统编号，系统的划分一般给水管道以每一个引入管

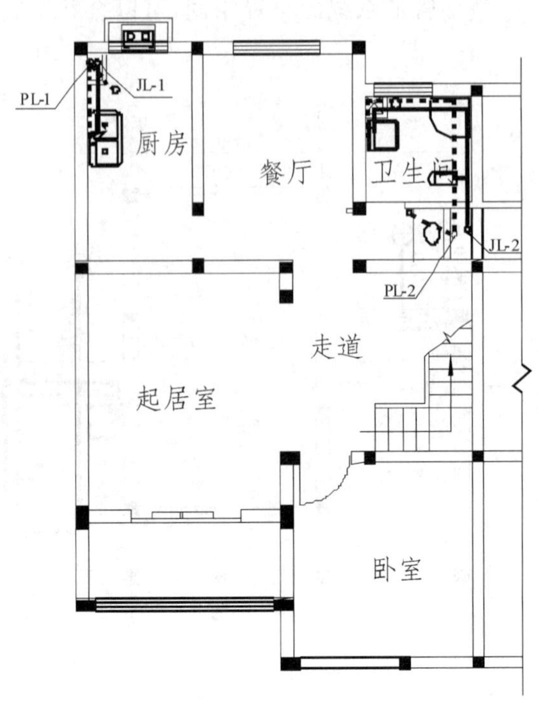

图 10-2　楼层给水排水管道平面图

为一个系统，排水管道以每一个承接排水管的检查井为一个系统。给水管道的类别代号为大写汉语拼音 J，排水管道的类别代号为汉语拼音 P(排水管道若分污水系统和废水系统则其类别代号为 W 和 F)。管道的类别代号写在系统编号直径为 10 mm 上网细实线圆圈内的分子处，管道系统的编号写在圆圈内的分母处。例如，图 10-1 表中$\frac{J}{1}$为第一个给水系统，$\frac{P}{2}$为第二个排水系统，其作用为管道系统的索引符号。

各种管道不论在楼面或地面之上或地面之下，均按可见表示，按管道的规定线画出，当管道在平面图上下投影重影时，可以平行画出。即使明装管道也可以画入墙内，但应说明管道系统是明装的。

给水系统中的引入管和排水系统中的排出管仅需在底层房屋管道平面图中画出，在楼层管道平面图中一律不画。

立管用直径为 $3d$ 的细实线圆表示，并要表示立管的类别和代号，如图 10-1 中 JL-1 表示给水立管 1，PL-2 表示排水立管 2。

6) 管道平面图中的尺寸和标高

在给水排水管道中应该标注墙或者柱的轴线的尺寸，以及室内外地面和楼面的标高。一般不标注卫生器具和管道的定位尺寸，因为卫生器具和管道一般都是沿墙或者靠柱设置的，必要时以墙面或柱面为基准标志尺寸，卫生器具的规格可注在引出线上，或在施工说明中说明。管道的直径、标高和排水管道的坡度均注在管道系统图中。管道的长度用比例尺从图中量出近似尺寸，在安装时以实测尺寸为准，所以在管道平面图中也不标注管道的长度尺寸。

2. 管道平面图的画法

给水排水施工图一般先画底层平面图，再画楼层管道平面图。各层管道平面图的画法应包括如下内容。

(1) 画出房屋的平面图和卫生器具的平面图（一般底层平面图应该全部画出，楼层平面图可以只画局部）。

(2) 画出给水管道的立管。

(3) 画出给水管道的引入管，再按水流方向画出横支管和管道附件，并连接到各卫生器具。

(4) 画出排水管道的立管。

(5) 画出排水管道的排出管，再按水流的逆向画排水管道的横支管和管道附件，并连接到各卫生器具。

(6) 标注尺寸和标高。

三、给水排水系统轴测图

管道系统图是给水排水施工图中的主要图纸，它分给水管道系统图和排水管道系统图，分别表示给水管道系统和排水管道系统的空间走向、各管段的管径、标高、排水管道的坡度，以及各种附件在管道上的位置。

1. 管道系统图的图示特点

1) 管道系统图的比例

管道系统图一般采用与管道平面图相同的比例，当管道系统比较复杂时也可采用放大的比例放大画出，必要时也可不按比例绘制。总之，视具体情况而定，以能清楚表达管路情况为准。

2) 管道系统图的数量和管道系统符号

管道系统图的数量是按给水引入管和排水检查井的数量而定。每一个管道系统图的符号都应与管道平面图中的系统符号相符，注写在直径为 14 mm 的粗实线圆圈内，各管道系统图一般应按系统分别绘制。

3) 管道系统图的轴向和伸缩系数

管道系统图均采用斜等测即正面斜轴测图绘制，在图 10-3 和图 10-4 中 O_1X_1 轴处于水平方向，O_1Z_1 轴处于铅垂方向，O_1Y_1 轴一般与水平方向成 45°（或与水平方向成 30°或 60°）。三个轴向的伸缩系数均为 1。根据正面斜轴测图的性质，在管道系统图中凡是与三个轴平行的线段均反映实长。

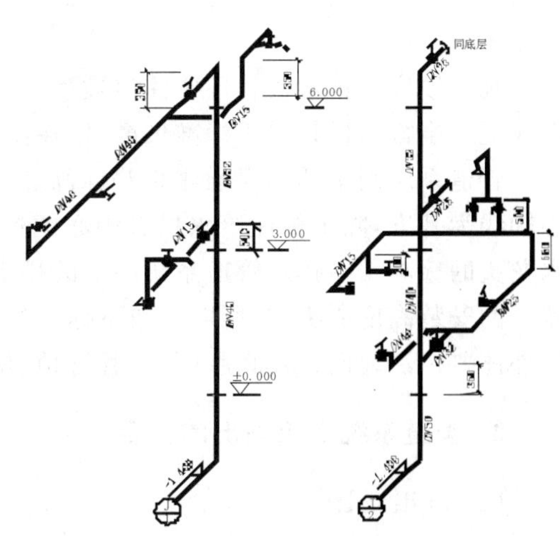

图 10-3 给水管道系统图

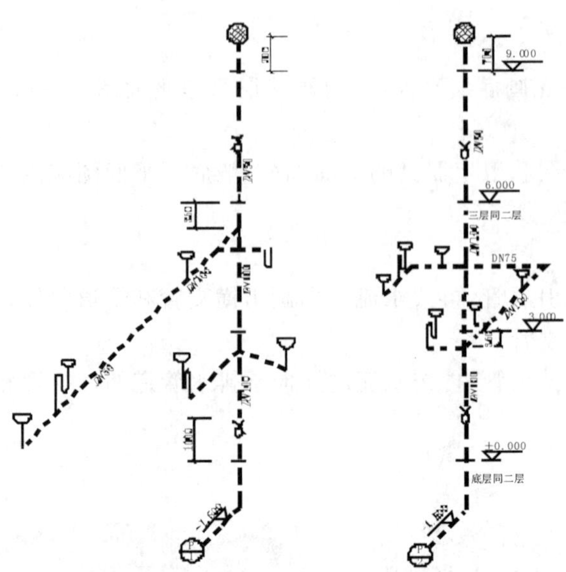

图 10-4　排水管道系统图

在管道系统图中的管道及其附件均需遵照《给水排水制图标准》(GB/T 50106—2010)中规定的图例，并按照轴测图的规律画出。当空间的交叉管道在图中相交时，应将不可见的管道在相交处断开，当给水管道被遮挡时，用粗虚线画出，但此虚线的线段比排水管道粗虚线的线段要短一些。当管道比较集中，不易表达清楚时，可将管道断开并沿管道的轴线移开画出，而在管道的断开轴线处用细点画线连接。

4）在管道系统图中还应画出被管道穿过的墙、柱、地面、楼面和屋面，如图 10-3 和图 10-4 所示，图中被管道穿过的墙、地面、楼面和屋面均用细实线画出其断面。

5）管道系统图中的管径和标高

各种管段的公称直径称为管径(DN)都注在管段的旁边，当位置受限制时也可注在管段的引出线上。管道的管径要逐段标出，当管径相同时，可仅注在该管段的始末处，中间管段可省略不注。

凡有坡度的排水横管还要注出坡度(给水横管没有坡度)。坡度注在排水管道的旁边或引出线上。当排水横管采用标准坡度时，在图中可省略不注，但应在施工说明中加以说明。

管道系统图中的标高均注相对标高。在给水管道系统图中给水横管的标高均以管道的中心轴线为基准，除了标注给水横管中心的标高外，还要注明地面、楼面、屋面、水箱以及阀门和放水龙头的标高。在排水管道系统图中的排水横管的标高以管底为基准，排水横管的标高由卫生器具的安装高度所决定，所以一般不标注排水横管的标高，而只要标注出横管起点的管底标高，另外还要标注地面、楼面、屋面、立管管顶、检查口的标高，如图 10-4 所示。

2. 管道系统图应画出的内容

(1) 画出立管。

(2) 画出立管所穿过额地面、楼面和屋面的断面。

(3) 画出横管。

（4）画出横管所穿过的墙和梁的断面。

（5）画出管道上的附件。

（6）注写各管段的公称直径、标高、坡度等。

3. 给水排水施工图的读图方法

给水排水施工图主要包括管道平面图和管道系统图。这两种图相辅相成、互相补充，共同表达房屋内各种卫生器具和各种管道以及管道上各种附件的的空间位置。在读图时要按照给水和排水的各个系统把这两种图纸联系起来相互对照，反复阅读，才能看懂图纸所表达的内容。

现以某公寓的给水排水管道平面图以及给水管道系统图和排水管道系统图为例，介绍阅读给水排水施工图的一般方法。

1）识读各层管道平面图

识读各层管道平面图，要求先看懂以下一些问题。

（1）在各层管道平面图中，在哪些布置有卫生器具和管道的房间有盥洗间、厕所和浴室。厕所内装有三蹲位的蹲式大便器，浴室中有两个淋浴器，盥洗间有盥洗槽和地漏，所有卫生器具均有给水管道和排水管道与之相连接。所有用水房间的地面标高均比室内地面的标高低 0.020 mm。

（2）给水系统和排水系统的数量根据底层管道平面图的系统索引符号可知，给水系统有$\frac{J}{1}$和$\frac{J}{2}$，排水系统有$\frac{P}{1}$和$\frac{P}{2}$。

2）识读管道系统图

识读管道系统图时必须将每一个系统图与各层管道平面图反复对照，反复识读，才能看懂图纸的内容。首先在底层管道平面图中，按照所标注的管道索引符号找到相应的管道系统图，再对照各层管道平面图找到该系统的立管和与之相连接的横管、卫生器具，以及管道上的附件，再进一步识读各管段的公称直径和标高等。

（1）识读给水管道系统图的一般方法。

识读给水管道系统图一般是按照水的流向顺序进行，一般是按照水的流向顺序进行，一般从室外引入管开始识读，依次为引入管→水平干管→立管→支管→卫生器具；若经水箱供水，则要找出水箱的进水管，依次为水箱的进水管→水箱→水箱的出水管→水平干管→立管→支管→卫生器具。

下面以给水管道系统$\frac{J}{1}$为例，介绍给水管道系统图的一帮的识读方法：

先从底层给水排水管道平面图（见图 10-1）找出$\frac{J}{1}$以及$\frac{J}{2}$管道系统图（见图 10-3），对照两图给水引入管 DN40，管中心的标高为－0.950 m，其上装有阀门，向南穿过Ⓓ轴线墙进入盥洗间，升至标高为－0.300 m 处，引出一立管 JL－1，其管径为 DN32，水平干管继续穿过Ⓒ轴线进入浴室和厕所，分别在浴室和厕所内引出立管 JL－2 和 JL－3，管径均为 DN32. 根据图 10-3 可以看出，在 JL－1 立管标高为 0.880 m 处用 DN20 的横支管连接到盥洗槽放水龙头；在 JL－2 立管标高为 0.980 m 处用 DN20 的横支管连接到浴室，其上安装 2 个淋浴器；在 JL－3 立管标高 2.380 m 处用 DN20 的横支管连接到厕所，其上安装 3 个大便器冲洗水箱。二层、三层给水设备布置与底层相同。

（2）识读排水管道系统图的一般方法。

识读排水管道系统图的方法也是按照水的流向顺序进行，从卫生器具开始直至检查井，依次为卫生器具→弯头→横支管→立管→排出管→检查井。

现以排水管道系统$\frac{P}{2}$为例，介绍识读排水管道系统图的一般方法。

先从底层给水排水管道平面图（10－1）中找出$\frac{P}{2}$及$\frac{P}{2}$的管道系统图（见图 10-4），再与图 10-2 同时对照，可见为公寓各层厕所和浴室的排水系统，本系统有两根排水立管，其中 PL-2 为浴室排水立管，管径为 75 mm，PL-3 为厕所排水立管，管径为 100 mm；厕所内蹲式大便器的污水经 P 字形存水弯排入楼面或地面下的 DN100 横支管，然后排入立管 PL-3，浴室内设有地漏，污水先排入楼面或地面下的 DN50 横支管，然后排入立管 PL-2。两立管在标高为－0.650 m 处与 DN150 的排出管连接后排入$\frac{P}{2}$检查井。在各层立管 PL-2 和 PL-3 上均装有检查口，两立管一直穿出屋面，顶端处装有通气帽。

任务 2 采暖系统施工图

一、概述

供暖系统主要由三大部分组成：热源、输热管道和散热设备。根据供暖面积的大小，供暖系统可分为局部供暖和集中供暖。而集中供暖系统按所用热媒的不同，又可分为三类：热水供暖系统、蒸气供暖系统以及热风供暖系统。此外，供暖管网一般具有四种布置形式：上行式、下行式、单立式和双立式。

供暖系统施工图分为室内和室外两部分。室内部分主要包括：供暖系统平面图、轴测图、详图以及施工说明。室外部分主要包括：总平面图、管道横剖面图、管道纵剖面图、详图以及施工说明。在供暖系统施工图中，各零部件均采用图例符号表示。表 10-2 列出了一些常用的图例符号。

表 10-2　供暖常用图例

序号	名　　称	图　　例	序号	名　　称	图　　例
1	热水给水管	—— RJ —— 或 ————	15	集气罐	
2	热水回水管	—— RH —— 或 - - - - -	16	柱式散热器	
3	蒸汽管	—— Z ——	17	活接头	
4	凝结水管	—— N ——	18	法兰	

续表

序号	名　称	图　例	序号	名　称	图　例
5	管道固定支架		19	法兰盖	
6	补偿器		20	丝堵	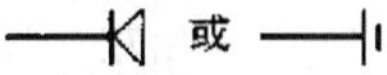 或
7	套管伸缩器		21	水泵	
8	方形伸缩器	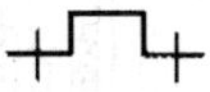	22	散热器跑风门	
9	闸阀	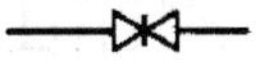	23	泄水阀	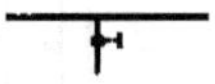
10	球阀		24	自动排气阀	
11	止回阀		25	除污器（过滤器）	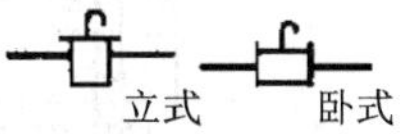 立式　卧式
12	截止阀、阀门(通用)	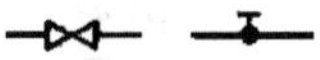	26	疏水阀	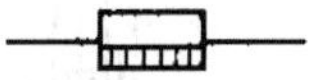
13	膨胀管	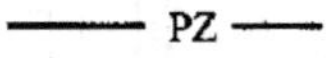 PZ	27	温度计	 T　或
14	绝热管		28	压力表	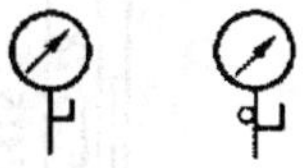

二、供暖平面图

供暖平面图主要表示供暖系统的平面布置，其内容包括管线（热水给水管、热水回水管）的走向、尺寸，以及各零部件的型号和位置等。在识图时，若按照热水给水管的走向顺序读图，则较容易看懂。如图 10-5 所示为一办公楼底层供暖平面图。由图可知：热水给水管和热水回水管由左侧进人地沟，行至轴线⑥处再由立管升至顶层。图中还标注出了散热器的位置、数量以及管线的直径等。

三、供暖轴测图

供暖轴测图是用正面斜轴测投影绘制的供暖系统立体图，图中也标明散热器的位置、数量以及各管线的位置、尺寸、编号等。与平面图对照，沿热水给水管走向顺序读图，可以看出供暖系统的空间相互关系。如图 10-6 所示为一下行上给式供暖系统轴测图。由图可知：从直径为 50 mm 的热水给水管开始，把热能沿管线输送到各散热器，然后再沿各热水回水支管回到热水回水管。图中标

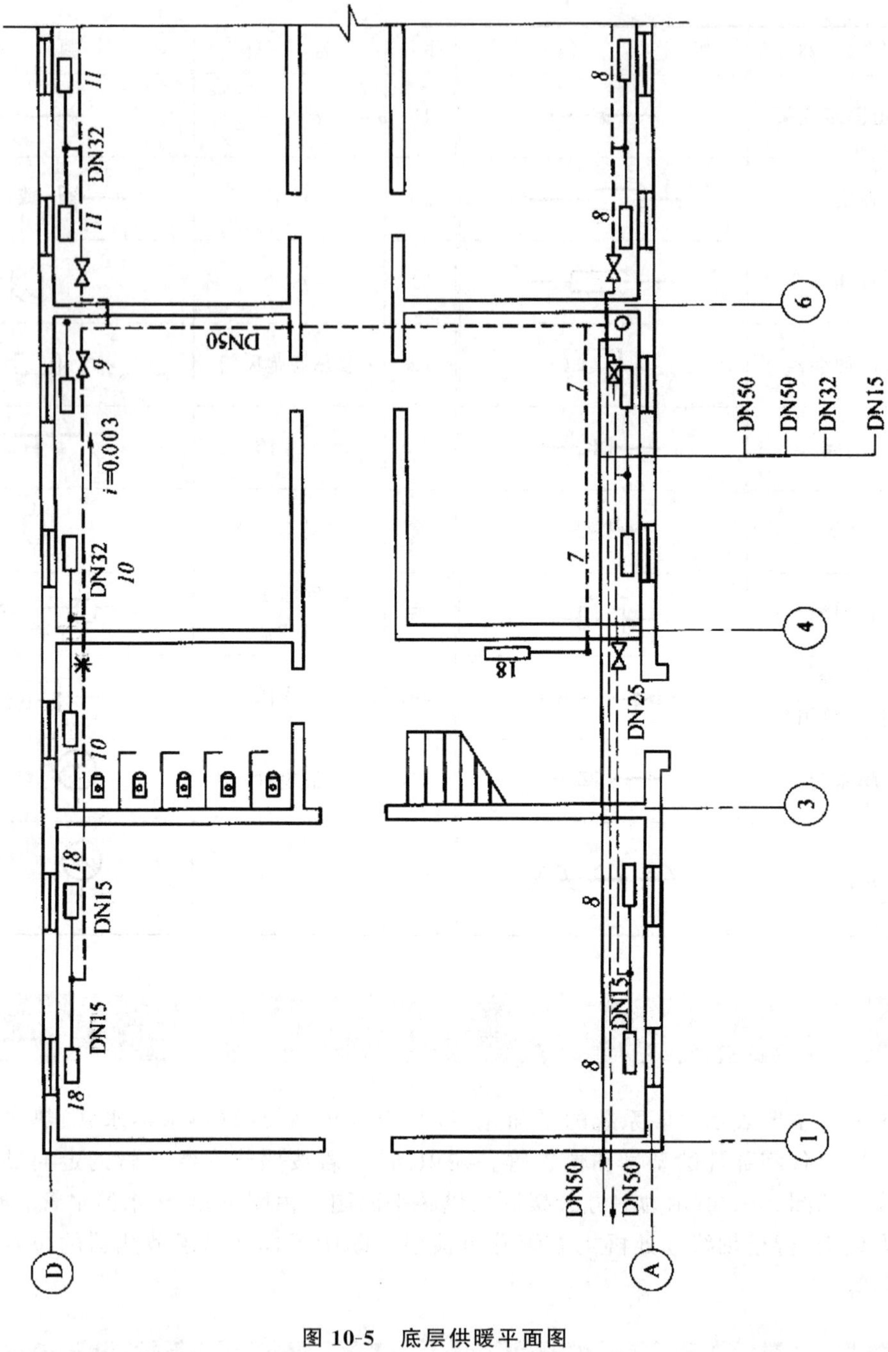

图 10-5　底层供暖平面图

明了入室热水给水管的高度为－1.400 m，各散热器的高度和每组的片数均已标出，而且还标明了阀门的位置等一些重要的尺寸和数据，从而将整个供暖系统展现在读者面前。

综上所述，在识读供暖施工图时，首先应分清热水给水管和热水回水管，并判断出管线的排布方法是上行式、下行式、单立式、双立式中的哪种形式；然后查清各散热器的位置、数量以及其他元件（如阀门等）的位置、型号；最后再按供热管网的走向顺次读图。

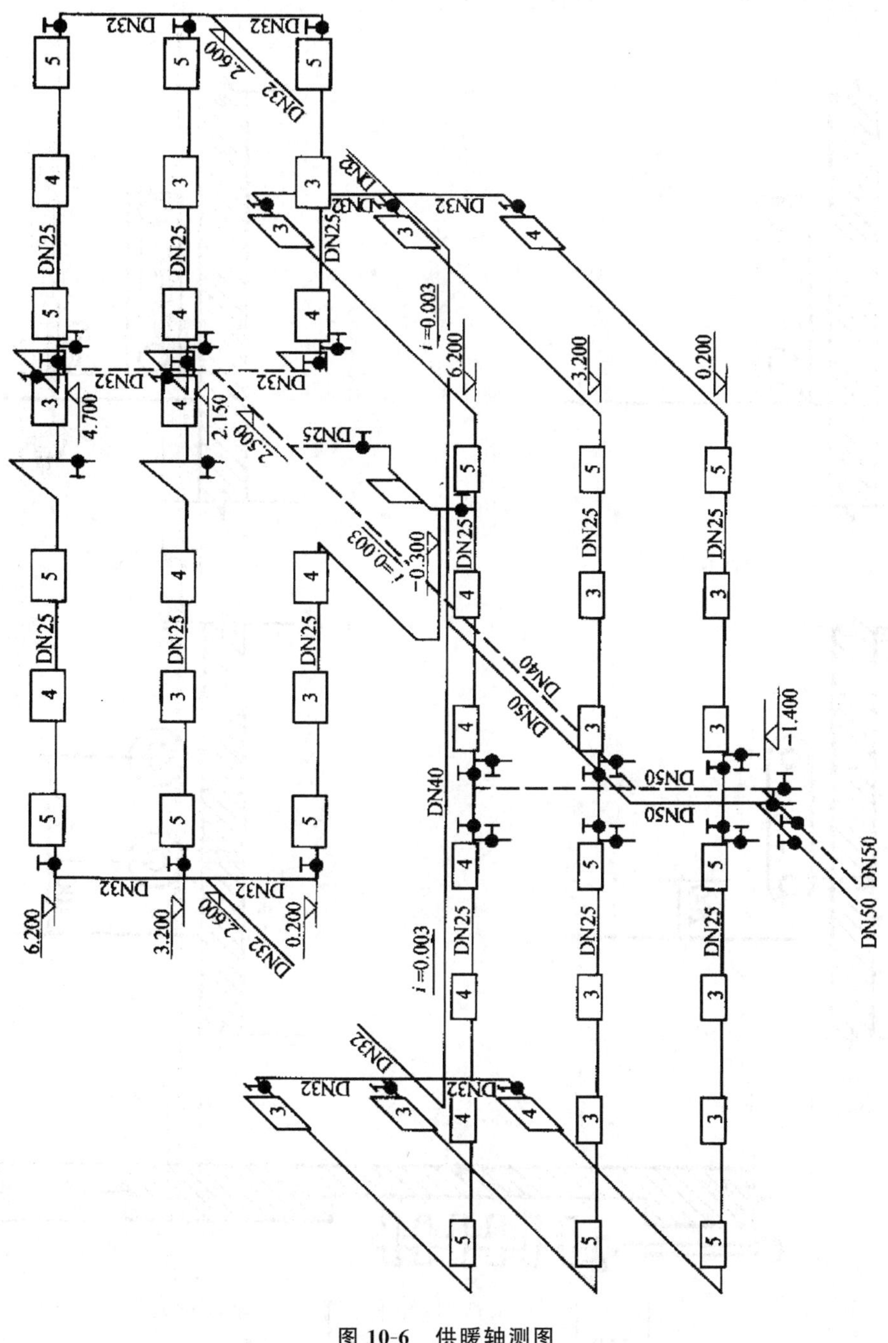

图 10-6　供暖轴测图

四、供暖详图

供暖详图用于详细体现各零部件的尺寸、构造和安装要求，以便施工安装时使用。

如图 10-7 所示为几种不同散热器的安装详图。当采用悬挂式安装时，铁钩要在砌墙时埋人，待墙面处理完毕后再进行安装，同时要保证安装尺寸。

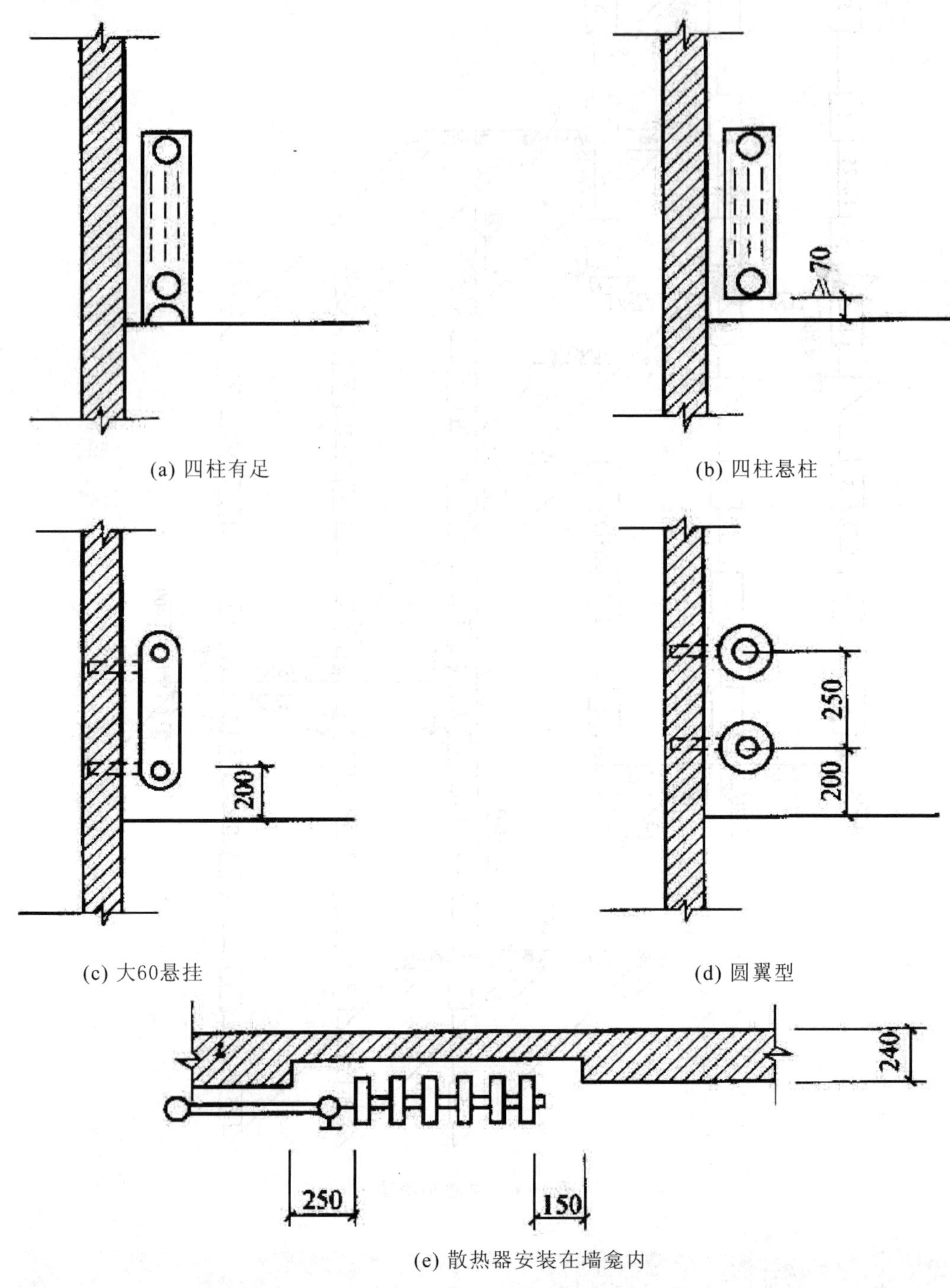

(a) 四柱有足

(b) 四柱悬柱

(c) 大60悬挂

(d) 圆翼型

(e) 散热器安装在墙龛内

图 10-7　散热器安装详图

项目小结

1. 施工图的特点

施工图主要有以下特点：(1)各设备系统一般采用统一的图例符号表示，这些图例符号一般并不完全反映实物的原形；(2)各设备系统都有自己的走向，在识图时，应按一定顺序去读，使设备系统一目了然，更加易于掌握，并能尽快了解全局；(3)各设备系统常常是纵横交错敷设的，在平面图上难于看懂，一般需配备辅助图形—轴测投影图来表达各系统的空间关系；(4)各设备系统的施工安装、管线敷设需要与土建施工相互配合，在看图时，应注意不同设备系统的特点及其对土建施工的不同要求(如管沟、留洞、埋件等)，注意查阅相关的土建图样，掌握各工种图样间的相互关系。

2. 给排水系统施工图

室内给排水系统施工图包括：设备系统平面图、轴测图、详图和施工说明；室外给排水系统施工图包括：设备系统平面图、纵断面图、详图以及施工说明。

3. 管道平面图的画法

(1) 画出房屋的平面图和卫生器具的平面图。

(2) 画出给水管道的立管。

(3) 画出给水管道的引入管，再按水流方向画出横支管和管道附件，并连接到各卫生器具。

(4) 画出排水管道的立管。

(5) 画出排水管道的排出管，再按水流的逆向画排水管道的横支管和管道附件，并连接到各卫生器具。

(6) 标注尺寸和标高。

4. 管道系统图应画出的内容

(1)画出立管；

(2) 画出立管所穿过额地面、楼面和屋面的断面；

(3) 画出横管；

(4) 画出横管所穿过的墙和梁的断面；

(5) 画出管道上的附件；

(6) 注写各管段的公称直径、标高、坡度等。

5. 供暖系统施工图

室内供暖系统施工图主要包括：供暖系统平面图、轴测图、详图以及施工说明。室外供暖系统施工图主要包括：总平面图、管道横剖面图、管道纵剖面图、详图以及施工说明。

参 考 文 献

[1] 庞璐，卢玉玲，齐虹. 土木工程制图[M]. 武汉：武汉理工大学出版社，2005.

[2] 张艳芳. 建筑构造与识图[M]. 北京：人民交通出版社，2007.

[3] 宋兆全. 土木工程制图[M]. 武汉：武汉大学出版社，2000.

[4] 邓建平，张多峰. 建筑制图与识图[M]. 南京：南京大学出版社，2012.

[5] 徐元甫. 建筑工程制图[M]. 2 版. 郑州：黄河水利出版社，2008.

[6] 赵云华. 道路工程制图[M]. 北京：机械工业出版社，2005.

[7] 乐荷卿，陈美华. 土木建筑制图[M]. 3 版. 武汉：武汉大学出版社，2005.

[8] 何斌，陈锦昌，陈炽坤. 建筑制图[M]. 北京：高等教育出版社，2005.

[9] 吴曙球. 民用建筑构造与设计[M]. 天津：天津科学技术出版社，1997.

[10] 魏琳. 建筑构造与识图[M]. 郑州：黄河水利出版社，2010.

[11] 谷云香，徐蔚. 建筑识图与构造[M]. 郑州：黄河水利出版社，2009.

[12] 郑贵超，赵庆双. 建筑构造与识图[M]. 北京：北京大学出版社，2009.

[13] 赵研. 建筑识图与构造[M]. 2 版. 北京：中国建筑工业出版社，2008.

[14] 梁鲜，曹洁. 建筑工程制图与 CAD[M]. 北京：中国建材工业出版社，2012.

[15] 中华人民共和国建设部. 房屋建筑制图统一标准(GB/T 50001—2010)[S]. 北京：中国计划出版社，2010.

[16] 中华人民共和国建设部. 总图制图标准(GB/T 50103—2010)[S]. 北京：中国计划出版社，2010.

[17] 中华人民共和国建设部. 建筑制图标准(GB/T 50104—2010)[S]. 北京：中国计划出版社，2010.

[18] 中华人民共和国建设部. 建筑结构制图标准(GB/T 50105—2010)[S]. 北京：中国计划出版社，2010.